U0234161

“十四五”时期
国家重点出版物出版专项规划项目 · 重大出版工程

空间科学与技术研究丛书

# 热层大气环境及其对航天器轨道的影响

THERMOSPHERIC ATMOSPHERIC ENVIRONMENT AND ITS IMPACT ON SPACECRAFT ORBITS

陈光明 李 勰 刘舒莳 著

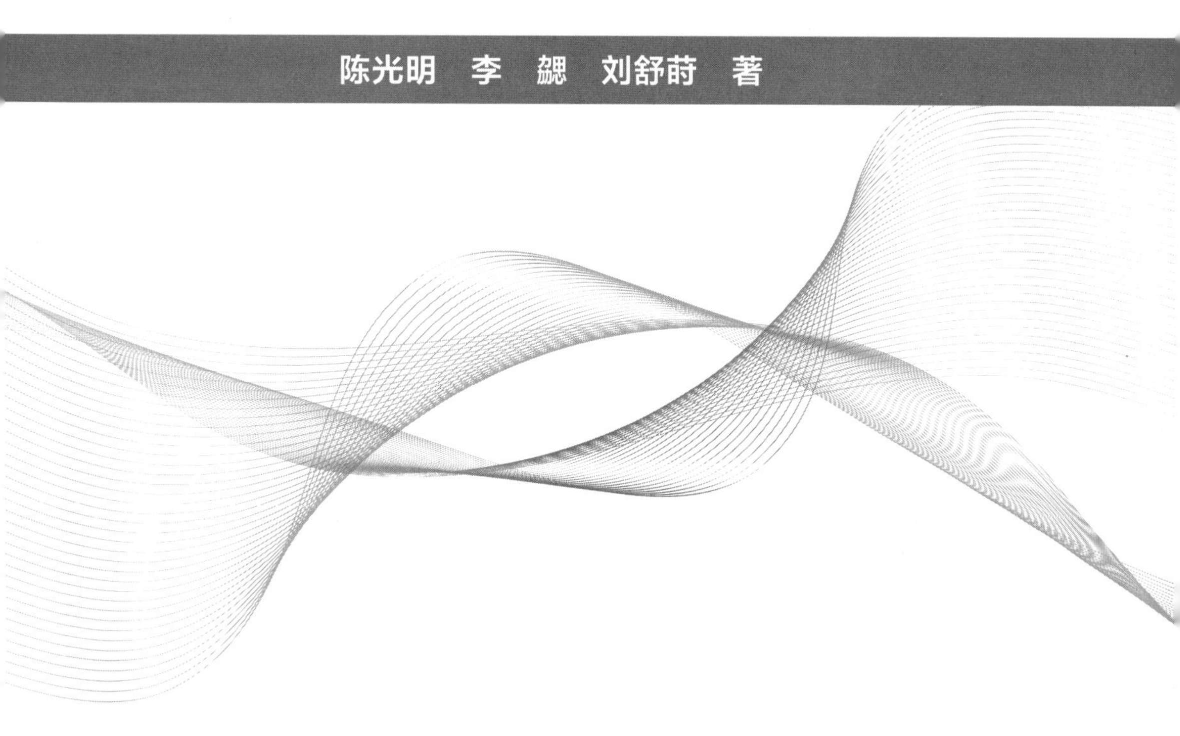

北京理工大学出版社
BEIJING INSTITUTE OF TECHNOLOGY PRESS

## 内容简介

热层大气属于空间物理的研究范畴，热层大气的研究不仅具有深刻的科学意义，还对工程应用有着极其重要的价值。热层大气密度作为航天器定轨预报、飞行寿命预测的重要参数，其变化也成为航天测控领域关注的重要对象。本书介绍了热层大气变化的主要物理过程及其特征、测量热层大气密度的主要方法、当前主要的热层大气模式，分析和探讨热层大气密度对低地球轨道航天器轨道的影响、大气模型在航天器定轨预报业务中的应用情况、大气模型的动态修正方法等内容，旨在提供有关热层大气环境的专业知识和参考。

本书可以作为空间物理、航天测控等专业研究者的参考用书，也可以作为相关专业本科生和研究生的参考教材。



图书在版编目(CIP)数据

热层大气环境及其对航天器轨道的影响 / 陈光明，李勰，刘舒莳著. -- 北京：北京理工大学出版社，2023.2

ISBN 978-7-5763-2171-5

Ⅰ. ①热… Ⅱ. ①陈… ②李… ③刘… Ⅲ. ①大气影响－航天器轨道－研究 Ⅳ. ①V412.4

中国国家版本馆 CIP 数据核字(2023)第 042573 号

责任编辑：封　雪　　文案编辑：封　雪
责任校对：周瑞红　　责任印制：李志强

出版发行 / 北京理工大学出版社有限责任公司
社　　址 / 北京市丰台区四合庄路 6 号
邮　　编 / 100070
电　　话 / (010) 68944439 (学术售后服务热线)
网　　址 / http://www.bitpress.com.cn

版 印 次 / 2023 年 2 月第 1 版第 1 次印刷
印　　刷 / 三河市华骏印务包装有限公司
开　　本 / 710 mm × 1000 mm　1/16
印　　张 / 14
彩　　插 / 6
字　　数 / 214 千字
定　　价 / 68.00 元

# 前言

在人类发射首颗人造卫星之前，对于100公里以上的高度是否存在大气层一直是个未知之谜。随着1957年苏联Sputnik卫星的发射，人们发现了卫星轨道存在着由大气引起的扰动现象，这促使人们开始关注并研究热层大气的密度。20世纪五六十年代，研究者主要通过分析卫星轨道变化来间接获取热层大气的密度信息，即利用大气阻力引起的轨道变化与大气密度之间的函数关系进行反演计算。到了70年代，星载探测设备的应用开启了对热层大气的直接观测时代，其中包括质谱计、加速度计和真空计等仪器，90年代末，遥感探测设备进一步丰富了热层大气的探测手段。基于丰富的探测数据，高层大气理论逐渐发展，形成了多种大气模型。

热层大气的研究不仅具有深刻的科学意义，还对工程应用有着极其重要的价值。举例来说，大气阻力是影响空间站等低轨道航天器的主要非保守力，它会消耗航天器的动能和角动量，导致轨道半长轴和偏心率的衰减。因此，为了精确计算和预报低轨航天器的轨道，必须获得高精度的大气密度以确定大气阻力的大小。由此可见，大气模型在空间天气研究和航天工程领域都扮演了不可或缺的角色。然而，在某些应用场景中，现有通用大气模型无法满足科学研究和航天工程对大气密度高精度计算的需求。采用最新的观测数据动态修正这些模型，是提升其精度的一种有效手段。

本书共分为六章，第1章概述了热层大气变化的主要物理过程及其特征；第2章介绍了测量热层大气密度的主要方法；第3章评述了当前主要的热层大气模式；第4章讨论了热层大气密度对低地球轨道航天器轨道的影响；第5章开展了大气模型在航天器定轨预报业务中的应用情况分析；第6章则探讨了大气模型的动态修正方法。本书旨在为航天工程技术人员提供有关热层大气环境的专业知识，也可作为空间天气从业人员了解热层大气应用需求的参考读物，还可以作为高等教育相关专业学生以及对高层大气环境感兴趣的非专业人员的参考读物。

本书内容是在北京航天飞行控制中心、北京理工大学编辑部和编委会的大力支持下完成的，得到了满海钧、曹建峰、鞠冰等多位同事的大力协助；另外，本书大量参考了国内外的论文等材料，在此对其作者表示衷心感谢。

由于编写者水平、时间有限，书中错误、疏漏和不妥之处在所难免，敬请同行、读者指正。

作　者

2023 年 1 月

# 目　录

第 1 章　热层大气变化的主要物理过程与变化特征 …… 1
1.1　地球大气的分层结构 …… 1
1.1.1　按温度变化分层 …… 1
1.1.2　按成分分层 …… 3
1.1.3　按电离化程度分层 …… 3
1.2　热层大气的加热机制 …… 4
1.2.1　太阳辐射对热层大气的加热 …… 4
1.2.2　磁层能量注入对热层大气的加热 …… 5
1.2.3　低层大气波动对热层大气的加热 …… 7
1.3　热层大气的冷却机制 …… 8
1.3.1　红外辐射冷却 …… 8
1.3.2　热传导 …… 14
1.4　热层大气密度的变化特征 …… 15
1.4.1　太阳辐射引起的热层大气密度变化 …… 15
1.4.2　地磁活动引起的热层大气密度变化 …… 19
第 2 章　热层大气密度测量 …… 33
2.1　基于轨道动力学的大气密度反演 …… 33
2.1.1　基于精密星历的热层大气密度反演 …… 34
2.1.2　基于双行根数的热层大气密度反演 …… 38
2.1.3　基于落球探测的临近空间大气参数反演 …… 40

2.2 天基原位热层大气密度测量 …… 43
2.2.1 质谱计的基本原理、测量要素与方法 …… 43
2.2.2 星载加速度计测量热层大气密度的方法 …… 46
2.2.3 压力规的基本原理、测量要素与方法 …… 54
2.3 大气密度遥感探测 …… 56
2.3.1 天基遥感探测 …… 57
2.3.2 地基遥感探测 …… 60
**第3章 热层大气模式** …… 62
3.1 物理模式 …… 62
3.1.1 物理模式基本建模思想 …… 63
3.1.2 物理模式的发展趋势 …… 66
3.1.3 常用物理模式介绍 …… 69
3.2 经验模式 …… 81
3.2.1 经验模式建模数据与建模方法 …… 81
3.2.2 常用经验模式介绍 …… 82
3.2.3 常用模式的精度评估 …… 89
**第4章 热层大气对低轨航天器轨道的影响分析** …… 95
4.1 大气密度影响航天器轨道的基本原理 …… 95
4.2 磁暴期间热层密度变化引起的卫星轨道扰动 …… 97
4.2.1 个例分析 …… 97
4.2.2 统计分析 …… 108
4.2.3 暴时热层密度与轨道的数学关系 …… 114
4.3 阻力系数计算方法 …… 116
4.3.1 自由分子流气面作用原理 …… 116
4.3.2 常用阻力系数计算方法 …… 117
4.3.3 典型卫星的阻力系数变化特征 …… 123
4.4 大气阻力计算误差对轨道预报的影响 …… 126
4.4.1 大气密度模式或大气阻力系数误差对轨道预报的影响 …… 127
4.4.2 空间环境参数误差对轨道预报的影响 …… 128

4.4.3 大气阻力加速度误差变化对轨道预报的影响 …… 131
**第5章 面向航天器定轨预报的大气模式应用** …… 135
5.1 大气密度模式在航天器定轨和轨道预报中的应用效果评估 …… 135
5.1.1 大气密度模式在航天器定轨中的应用效果评估 …… 135
5.1.2 大气密度模式在航天器轨道预报中的应用效果评估 …… 138
5.2 轨道预报中的大气阻力系数解算 …… 141
5.2.1 大气阻力系数的常用解算方法 …… 141
5.2.2 大气阻力系数补偿算法 …… 142
5.2.3 大气阻力系数补偿算法在轨道预报中的应用 …… 146
5.3 大气模式在航天器再入陨落预报中的应用 …… 147
5.3.1 航天器再入陨落轨道预报方法 …… 148
5.3.2 TLE 异常数据处理 …… 148
5.3.3 航天器再入陨落预报中弹道系数解算方法 …… 150
5.3.4 “天宫一号”陨落预报验证分析 …… 153
**第6章 经验大气模式动态修正** …… 157
6.1 基于轨道的大气模式动态修正 …… 157
6.1.1 基于尺度因子方法的模式修正 …… 158
6.1.2 基于模式参数的动态修正 …… 167
6.2 基于实测密度数据的大气模式修正 …… 178
6.2.1 修正参数选取 …… 178
6.2.2 动态修正算法 …… 179
6.2.3 偏导数计算 …… 181
6.3 连续磁暴期间的大气模式的修正 …… 184
6.3.1 基于冷却效应对大气模式的修正方法 …… 184
6.3.2 对修正 JACCHIA70 模式的验证与分析 …… 187
**参考文献** …… 193
**索引** …… 209

# 第 1 章

# 热层大气变化的<br>主要物理过程与变化特征

在人造卫星上天以前，人们并不知道 100 km 高度以上的高度还存在着大气，随着 1957 年 Sputnik 卫星的发射，人们才发现卫星的轨道存在着大气引起的扰动，才逐渐开始对热层大气密度的研究。

## 1.1 地球大气的分层结构

地球大气是指包围地球的空气总体，大气总质量约 $5.3\times10^{18}$ 千克，约占地球总质量的百万分之一。由于地心引力的作用，大气质量的 99.9% 聚集在离地表 48 km 高度以下的大气层内。大气的温度、成分、密度、电子浓度等参数随高度变化呈现不同的梯度变化，见图 1.1，因此，对大气层的垂直分层有多种方式：按温度变化分层，按大气的混合状态分层、按大气的成分分层和按电离化程度分层。

### 1.1.1 按温度变化分层

根据大气温度在垂直方向上的变化，一般可将大气层分为五层，自下而上依次为对流层、平流层、中间层、热层和外层，相应交界面称为对流层顶、平流层顶与中间层顶和热层顶。

地表以上是对流层，由于对流层主要能量来源是地面长波辐射，温度随高度急剧下降，以约 -6 K/km 的梯度递减，温度达到最小值的高度称为对流层顶。对流层顶随纬度和季节变化，在低、中和高纬度区，分别位于 17 ~ 18 km、10 ~ 12 km 和 8 ~ 9 km 高度处。对流层低高度处空气受热上升，较高高度处冷空气下

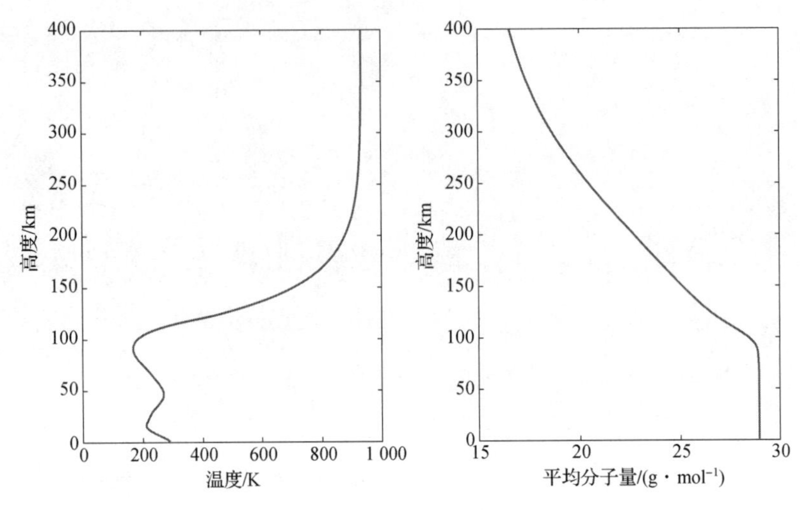


**图 1.1 大气的温度和平均分子量（个例）**

沉，这样就发生了对流运动，云、雾、雨、雪等主要天气现象都发生在对流层中，故对流层又称为天气层。

从对流层顶至 50~55 km 处，空气以水平运动为主，气流运动较为平衡，故称为平流层，该层是航空飞行和临近空间平台长期驻留的理想空域。由于大气中 90% 的臭氧（$O_3$）集中在该区域，对波长大于 242 nm 的太阳紫外辐射有强烈吸收作用，温度随高度增加而升高，温度达到最大值的高度称为平流层顶。

从平流层顶至 85~90 km 处为中间层，温度随高度升高而下降，是大气层最冷的部分，存在强烈的对流运动。该区域 $O_3$ 与水汽含量极低，而可被氧气分子吸收的波长小于 200 nm 的极紫外辐射被更高层大气所吸收，中间层大气无法吸收足量太阳辐射以维持高温。与此同时，二氧化碳（$CO_2$）通过红外辐射向地球高空辐射能量是地球大气主要的冷却过程。因此，中间层温度随高度递减，致使中间层顶成为大气层最冷的区域。

从中间层顶到 800 km 高度左右称为热层，由于大气直接吸收波长小于 200 nm 的太阳极紫外辐射，加上高纬度地区高能粒子沉降带来的能量，因此，温度随高度的增加而升高，在 300 km 高度上温度高达 1 000 K 以上，是大气层最热的部分，在此高度以上，温度仅随时间变化而基本上不随高度变化。热层是低轨航天器的驻留区域，热层大气阻力是影响低轨航天器轨道、寿命的重要因素。

热层以上为外层，又称为逃逸层、散逸层，大气非常稀薄且大部分电离，其上边界没有严格的界限，由于温度高、粒子运动速度快，且受地心引力相对较小，大气粒子常向行星际逃逸。

### 1.1.2　按成分分层

地球大气根据成分可分为均质层和非均质层，其中，均质层也称为湍流层。均质层和非均质层的边界称为湍流层顶。

离地表约 100 km 高度以下为均质层，湍流扩散起主导作用，各种成分因湍流均匀混合在一起，大气各类成分比例随高度变化保持不变，平均摩尔质量为常数，处于完全混合状态，$N_2$ 和 $O_2$ 各占 78% 和 21%，其余的少量成分约占 1%。

100 km 高度以上为非均质层。在 100 ~ 120 km 区域，随着大气数密度降低，分子平均自由程增大，碰撞频率显著降低，大气各成分无法充分混合，大气状态逐渐由完全混合过渡到扩散平衡，同时存在湍流混合、分子扩散和光离解作用。120 km 以上分子扩散起主导作用，不同种类的大气分子在重力的作用下根据分子量的不同，各自达到扩散平衡（Wang 等，1999），层内大气成分按重力分离后，重的成分集中于低层，高层则主要是轻的气体。如在低热层，大气的主要成分为 $N_2$ 和 $O_2$；90 km 以上，由于太阳紫外辐射使 $O_2$ 分解，原子氧的比例随高度开始增加，在 500 km 以上，占统治地位的是原子氧、原子氢和 $O_2$；600 ~ 700 km 处，氧成为主要的大气成分；在 1 000 km 高度，大气的主要成分只有原子态的氢、氧。非均质层大气的平均分子量不再是常数，而是随着高度减小。

### 1.1.3　按电离化程度分层

按大气的电离化程度可以分为中性层、电离层和磁层。从地面至 60 km 高度的大气以中性成分为主，称为中性层。60 ~ 1 000 km 高度区域的地球高层大气受太阳极紫外（EUV）与软 X 射线等短波辐射的光致电离作用，处于部分电离状态，称为电离层。从电离层向外直至若干个地球半径的范围内，大气是完全电离的，电离气体的运动完全受地磁场的控制，称为磁层。

中性层和电离层、电离层和磁层以及电离层内部的中性成分和带电粒子之间存在强烈的耦合作用。60 km 以下的中性大气层是电离层的下界面，其中的环流及其变化所造成的大气成分变化可显著影响电离层底部的电离状况及热层的下边界条件；对流层中各种尺度的运动或波动在一定条件下会向电离层传播，其能量耗散在电离层中会影响电离层中湍流状况及分布；起源于电离层的等离子扰动也会影响下层大气。

电离层是中性成分和带电粒子共存的区域，其耦合作用主要通过以下几种方式实现（刘振兴，2005）：第一，中性粒子、离子和电子之间存在着复杂的化学过程，如：中性成分电离、离子－电子复合、离子－原子交换等，带电粒子浓度会随着中性成分变化而发生改变；第二，在电场和磁场作用下运动的离子通过与中性成分发生碰撞，将动量和能量传递给中性成分，对热层中性风产生很大的影响；第三，磁暴期间，极区电离层电场和电流增强并产生很强的焦耳加热，该加热量将影响中性大气温度、环流、成分与密度；第四，中性粒子运动会推动带电粒子沿磁力线运动或者切割磁力线产生发电机电场，从而改变电离层电场和电流的大小和方向，以及等离子体密度的分布。

磁层－电离层耦合是日地关系链中的重要一环，而电离层和磁层物理耦合中关键的因素是在两区域间沿场线流动的电流。太阳风与磁层相互作用在磁层中产生场向电流，场向电流将能量沿磁力线传输到极光电离层，在电离层中以焦耳加热和电子沉降等形式耗散掉，电离层的状态变化尤其是电导率变化，反过来又会反馈于磁层场向电流。

## 1.2 热层大气的加热机制

热层大气的能量来源主要是太阳，通过太阳辐射和磁层能量注入传输到地球热层大气，使大气温度升高。此外，底层大气波动在向上传播过程中，也会将能量输运至热层，深刻影响热层大气大尺度循环的动力学过程。

### 1.2.1 太阳辐射对热层大气的加热

太阳辐射是地球高层大气的主要能量来源，在太阳辐射的能量中，大约50%为红外辐射，40%为可见光，10%在小于可见光波长的区域，其中对热层大气的加热主要发生在小于可见光波长的紫外（UV）和X射线波段，这两个波段仅占太阳电磁辐射总能量的 9% 左右，但它们随太阳活动的变化很大，可达到一个数量级以上。紫外辐射谱段可划分为：300 ~ 400 nm 的近紫外（NUV）辐射，200 ~ 300 nm 的中紫外（MUV）辐射，120 ~ 200 nm 的远紫外（FUV）辐射，30 ~ 120 nm 的极紫外（EUV）辐射，1 ~ 30 nm 的 X 光紫外（XUV）辐射和小于 1 nm 的 X 射线辐射。

EUV 和 XUV 辐射使大气层中性成分光电离，从而形成电离层，光电离产生的光电子通过与其他粒子发生一系列碰撞将光电子能量转换成热能，能量较高的光电子还能进一步电离中性粒子产生次级电子，或者激发原子和分子进入更高能级，导致激发、分裂、二次电离，离子则会和中性气体发生解离复合反应释放出化学能。在 150 km 以下，热层主要热源是氧气分子吸收 Schumann – Runge 连续谱（130 ~ 175 nm）。而在 150 km 以上，热层的主要加热过程是氧气、氮气和氧原子通过吸收 EUV 波段的太阳辐射产生光电离和光解离（Roble，1995），光子的能量被转化为电子的动能和离子的化学能，其中一部分能量通过碰撞进一步转化为大气的热能。

太阳辐射对大气的光化学和加热效应随高度变化，并且强烈依赖太阳辐射的波段以及大气成分的吸收截面。单位柱状体中接收到的辐射能流约为 3 $erg \cdot cm^{-2} \cdot s^{-1}$，由于高层大气稀薄，热容量也很小，即使吸收较少的能量也足以使热层维持很高的温度。太阳辐射引起热层大气温度变化，热层大气近似满足静力平衡，即温度增大造成热层大气膨胀，较低高度上较重的大气成分随之上升，导致固定高度的大气密度增加。

### 1.2.2　磁层能量注入对热层大气的加热

磁暴是指由速度或密度增强的太阳风或者磁云与地球磁场相互作用产生的地球磁场扰动，通常剧烈的磁暴是由太阳的日冕物质抛射（CME）或者太阳冕洞产生的共转相互作用驱动的。磁暴期间，通过极光椭圆带从磁层向热层有相当大的能量注入，能流达到 100 $erg \cdot cm^{-2} \cdot s^{-1}$，比太阳辐射的能流（3 $erg \cdot cm^{-2} \cdot s^{-1}$）大得多。就全球热层总输入能量来说，在极光带输入的能量是很小的，但对短期、局域热层大气的运动起控制作用，并对全球热层温度、密度、成分和潮汐风场有较大影响。

磁层能量加热大气的一个主要机制是焦耳加热。在电离层 100 ~ 500 km 区域内，沿磁力线的电导率很大，由于带电粒子与中性粒子互相碰撞的结果，在垂直于磁场的方向也有电导率。在磁场作用下，与电场平行和垂直方向都有电流出现，其中，平行于电场且垂直于磁场的电流，称为 Pedersen 电流，Pedersen 电流是产生焦耳加热的主要原因，如式（1 - 1）所示。

$$Q_J(h) = \sigma_P(h)[\boldsymbol{E}_\perp + \boldsymbol{u}(h) \times \boldsymbol{B}]^2 \tag{1-1}$$

式中，$\sigma_P(h)$是 Pedersen 电导率，随着高度 $h$ 变化；$\boldsymbol{E}_\perp$是对流电场；$\boldsymbol{u}(h)$是中性风；$\boldsymbol{B}$ 是地磁场强度。Pedersen 电流起源于离子和电子碰撞后在平行于电场方向的加速，磁暴发生时地磁场发生剧烈变化，引起电场和电流的增强，进而引发 Pedersen 电流增强，它引起的焦耳加热耗散改变热层 - 电离层的热状况和全球热循环状态。焦耳加热主要在 115 ~ 150 km 的高度范围内产生，有时也会扩展到更高高度，因此对于热层大气的动力过程来说更为重要。

焦耳加热通过多种方式影响热层。它局部加热大气，造成高纬度地区大气膨胀抬升，可产生 100 m/s 以上的垂直速度，将较重的 $N_2$ 和 $O_2$ 成分带到较高的高度上，大气环流会把这些重的成分带到中低纬区域，然后在赤道区下沉，在下降的过程中又经历了一定程度的绝热压缩，从而受到进一步的加热，这一过程使焦耳加热被传播到全球各处。焦耳加热还会改变热层的全球环流，在地磁平静期，热层大气在夏季半球抬升，在较高高度上流向冬季半球，并在冬季半球下沉，暴时焦耳加热在南北半球产生了额外的极区抬升和向赤道的流动，有时该赤道向流很大，足以使原有冬季半球的极向流反转。

目前，对于焦耳加热还没有直接观测手段，通常使用非相干散射雷达获得的区电子密度分布数据计算 $\sigma_P(h)$，使用中性大气风场模式计算 $\boldsymbol{u}(h)$，并由区等离子体漂移观测数据来计算 $\boldsymbol{E}_\perp$。

磁层能量加热大气的另一个机制是通过高能粒子沉降（energetic partical precipitations，EPP）。高能粒子来源于太阳耀斑爆发或日冕物质抛射驱动激波加速产生的高能粒子、来自太阳系外部的极高能质子和重离子、磁层亚暴期间在磁尾被加速的极光电子，以及磁暴期间范艾伦辐射带中被加速的电子。在较高纬度上，地磁场几乎垂直，太阳风携带的高能粒子沿磁力线运动可以到达热层大气，这些粒子与大气分子碰撞失去能量，这个现象称为高能粒子沉降。

EPP 主要通过四种方式改变中性大气的热力学状态。第一，粒子加热：沉降粒子通过与中性成分的碰撞把传输到磁层内的太阳风动量传输到热层；第二，焦耳加热：沉降粒子使电离层电子密度升高，导致 Pedersen 电导率增大，从而使焦耳加热率增强；第三，化学加热：EPP 产生的大量活性离子、分子参与的化学反应有吸热或者放热；第四，辐射加热/冷却：EPP 导致辐射活性气体（如 $O_3$、NO）数量的变化，进一步改变大气热辐射速率。

### 1.2.3　低层大气波动对热层大气的加热

热层大气能量变化还受到低层大气重力波的影响。重力波是由于空气微团离开初始位置，受到重力和浮力的共同作用使其恢复到初始位置而形成的一种震荡，分为内波和外波，外波发生在大气上下边界处，内波发生在大气内部的不连续面上，我们常说的重力波一般指内波。

内部重力波一般由低层大气的扰动引发，包括对流层的水平风剪切、强对流天气以及地形起伏，如气流通过山地、大尺度的海洋膨胀（海啸）。观测表明，极区和高纬区的重力波活动比中低纬区的更强烈、更频繁，而且与磁暴相关的重力波能以超声速的水平传播速度从极区向赤道方向传播数千公里，因此推断极区是重力波的一个重要源区，可能的源机制是极光带电集流的扰动、粒子沉降和超声速运动的极光带电急流弧。在热层大气中观测到的许多重力波活动无法在对流层中找到相应源机制，因此人们推测热层大气的重力波在很大程度上来自其内波背景流动的不稳定性以及大尺度波动之间的相互作用。

重力波主要通过拖曳力和破碎两种方式影响热层大气。重力波拖曳在夏季半球产生沿纬度圈的东向加速，在冬季半球则产生西向加速度。冬夏季节，在科氏力作用下，两个半球相反的风产生夏季半球到冬季半球的环流；春秋季节，重力波产生的加速度很小，而且两半球之间在方向上没有明显差异。这导致了垂直运动的季节性变化，进而可能影响热层成分。热层 - 电离层电动力学耦合模式 TIE - GCM 仿真结果表明，重力波拖曳对 400 km 高度处的大气密度产生 2% 左右的影响（Qian，2009）。

重力波的饱和、破碎和耗散等过程将能量和动量从低层大气输运到中高层大气中，是大气大尺度循环中的重要动力学过程。绝大多数的重力波在低层大气斜向上传播的过程中，受到大气的吸收、滤波、耗散和反射效应影响而消失，当重力波水平传播方向与背景风场相反时，吸收现象不再显著，重力波可以自由向上层大气传播。在传播过程中，重力波振幅增大到一定程度使温度或风场梯度过大，以致大气分子的扰动不再处于稳定状态，随着重力波传播到达所谓的临界高度，垂直波长趋近于零，也可以产生不稳定状态的大气进而引发波的不稳定性。此时，单纯依靠重力和浮力作为恢复力是无法支撑重力波继续传播的，因此重力波振幅将不再增大，波动也会因饱和而破碎，并产生湍流，重力波的动量、能量便通过湍流的混合作用传递给背景大气。重力波的饱和与破碎效应，可以极大地改变中层大气的背景风场以及背景大气的垂直稳定分层结构，甚至由此还主导了中层大气全球大尺度环流的形成。

## 1.3 热层大气的冷却机制

热层主要的能量消散机制是热传导和红外辐射，热传导是物质互相接触时因温差产生的热量传递，辐射不需要接触和介质，以电磁波的形式进行能量交换。辐射冷却效率与辐射粒子的密度成正比，密度越大，辐射效率越高，由于各类成分随高度迅速降低，因此辐射冷却主要作用于200 km 以下的大气。200 km 以上，热传导起主要作用。

### 1.3.1 红外辐射冷却

在电磁波谱中，红外辐射虽然只占有小部分波段，但是它的热效应比可见光强得多，是地球和大气释放电磁能量的最主要波段。红外辐射根据产生的机理不同，按波长可以分为三个区域（张建奇，2004）：

近红外区：0.75～2.5 μm，对应原子能级之间的跃迁和分子振动泛频区的振动光谱带；

中红外区：2.5～25 μm，对应分子转动能级和振动能级之间的跃迁；

远红外区：25～1 000 μm，对应分子转动能级之间的跃迁。

产生红外辐射的粒子主要有 $CO_2$、NO、O 原子、$O_3$ 和水蒸气，表 1－1 给出了各种粒子成分的辐射波长和作用高度（LIOU，2004），$O_3$ 和水蒸气辐射的作用高度比较低，能够对中高热层能量平衡产生影响的只有 $CO_2$、NO 和 O 原子，因此本节重点阐述这三种粒子的红外辐射作用。

**表 1－1　各种粒子成分的辐射波长和作用高度**

| 粒子 | 辐射波长/μm | 作用高度/km |
|---|---|---|
| $CO_2$ | 15 | 20～140 |
| NO | 5.3 | 100～180 |
| O | 63 | 130～200 |
| $O_3$ | 9.6 | 15～95 |
| $H_2O$ | 6.7，25～1 000 | 20～70 |

#### 1.3.1.1　NO 的辐射冷却

NO 主要由基态氮原子 $N(^4S)$、激发态氮原子 $N(^2D)$ 和氧分子发生化学反应产生，促使反应发生的外部能量主要来自软 X 射线、极紫外辐射、高纬度沉降粒子能量和焦耳加热（Barth，1992；Siskind，1989）。110 km 高度附近，在软 X 射线和极区电子沉降作用下，激发态的氮原子和氧分子反应是 NO 增加的主要原因，如式（1－2）。140 km 以上的高纬度地区，在焦耳加热作用下，基态的氮原子和氧分子反应是产生 NO 的主要机制，如式（1－3），这个反应对温度非常敏感。

$$N(^2D)+O_2 \rightarrow NO(v)+O \tag{1-2}$$

$$N(^4S)+O_2 \rightarrow NO(v)+O \tag{1-3}$$

NO 损失过程较为复杂，NO 通过与基态的氮原子 $N(^4S)$ 反应、与氧气离子 $O_2^+$ 进行电子交换，以及通过光解和光电离等过程产生消耗，反应过程如式（1－4）～式（1－7）。

$$NO(v)+N(^4S) \rightarrow N_2+O \tag{1-4}$$

$$NO(v)+O_2^+ \rightarrow NO^+ +O_2 \tag{1-5}$$

$$NO(v)+hv \rightarrow N(^4S)+O \tag{1-6}$$

$$NO(v)+hv \rightarrow NO^+ +e \tag{1-7}$$

NO 红外辐射来自处于振动激发态的 NO 退激发辐射过程。NO 与氧原子和氧气分子碰撞产生第一振动能级的 NO，即激发态的 NO，如式（1－8）和式（1－9），第一振动能级的 NO 通过退激发过程辐射出波长为 5.3 μm 的光子。整个过程使动能迅速转化为 NO 内部的振动能，再由 NO 的自发辐射散发掉，导致了大气的冷却。NO 也会与其他粒子碰撞，比如电子、$O_2$ 和 $N_2$，但对改变 NO 振动能级的效率比较低（Mlynczak，2003）。

$$NO + O \rightarrow NO(v=1) + O \tag{1-8}$$

$$NO + O_2 \rightarrow NO(v=1) + O_2 \tag{1-9}$$

磁暴期间，上述物理过程依然发生，并且出现以下特征：第一，在极区电子沉降和焦耳加热作用下，使反应式（1-2）和式（1-3）加速，导致 NO 和 O 原子密度急剧增加；第二，温度控制 NO 碰撞激发的效率，更高的温度意味着产生更多激发态的 NO，因此激发态 NO 与 O 原子的碰撞更加频繁，从而使暴时 NO 冷却率迅速增大。NO 冷却率与地磁活动有较强的相关性，对 ap 指数的响应时间大约为 5 h，如图 1.2 所示，而热层大气密度对 ap 指数的响应时间大约为 2 h。Mlynczak（2005）结合 TIMED/SABER 观测数据和 ASPEN 模式计算了磁暴期间各类能量损失，认为 $CO_2$ 和 O 原子辐射的能量与平静期几乎相等。在磁暴这种短期扰动条件下，NO 冷却率对热层温度、密度的影响更大（Mlynczak，2003），NO 也因此被称为热层的“调温器”（natural thermostat）。

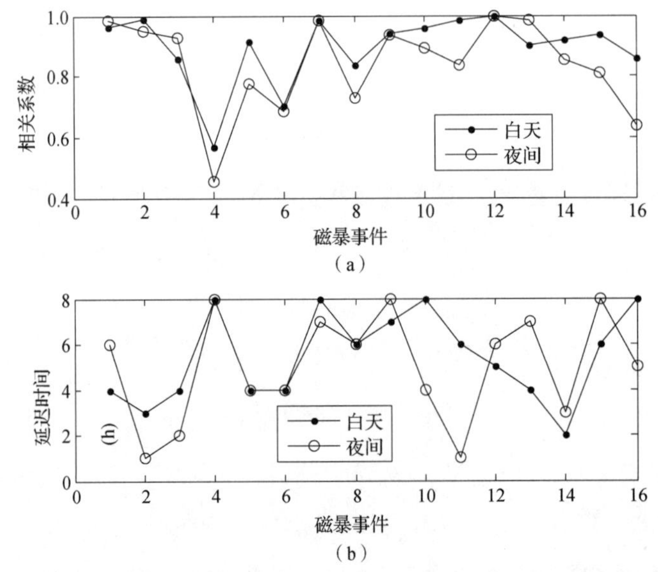


**图 1.2 NO 冷却率与 ap 指数的相关性（a）以及相对 ap 指数的延迟时间（b）**

（a）NO 冷却率与 ap 指数的相关性；（b）NO 冷却率相对 ap 指数的延迟时间

暴时增强的NO辐射抵消了来自热层顶部的能量输入，并且NO辐射比热层大气密度恢复得慢，如图1.3所示，使NO辐射在热层恢复阶段始终保持较高水平，因此，对热层密度的影响主要体现在三个方面：一是导致了热层密度的快速恢复；二是引起了热层密度恢复相的过冷却；三是抑制了多阶磁暴中后发生磁暴密度的涨幅（见图1.4）。

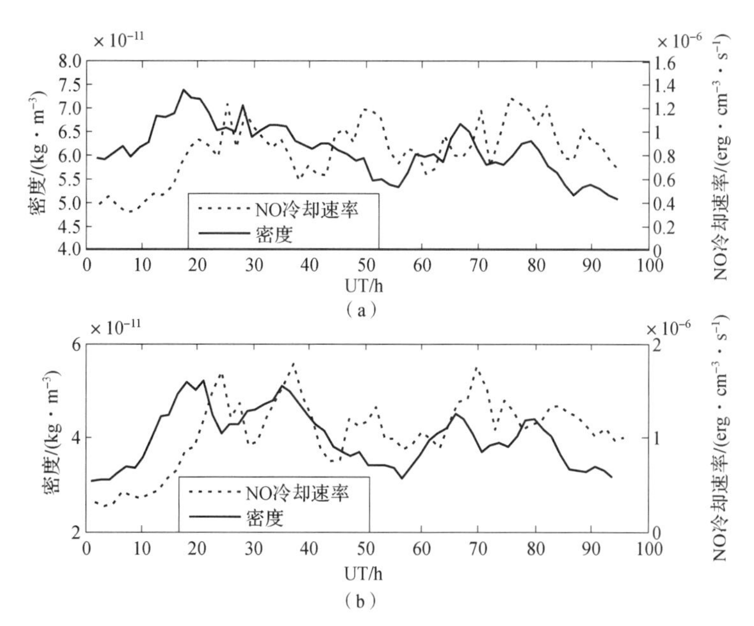


**图1.3　2002年4月17—20日白天（a）和夜间（b）热层密度与NO冷却率随时间的变化**

（a）2022年4月17—20日白天；（b）2002年4月17—20日夜间

#### 1.3.1.2　$CO_2$的辐射冷却

$CO_2$辐射是80~110 km最主要的大气冷却机制，尽管$CO_2$相对于主要大气成分$N_2$和$O_2$浓度很低，但大气能量向$CO_2$内能的转换是通过$CO_2$与O原子的碰撞实现的，如式（1-10）（Castle，2006）所示。

$$O + CO_2(00^0 0) \xrightarrow{k_1} O + CO_2(01^1 0) \tag{1-10}$$

其中$k_1$是振动速率系数，处于（$00^0 0$）振动态的$CO_2$与O原子碰撞，转为（$01^1 0$）振动态，同时在15 μm波段辐射能量，实现大气的冷却。碰撞过程不仅提高了$CO_2$的振动温度，而且增加了激发态的$CO_2$数量，从而增强了单位体积的辐射量和总辐射能量。

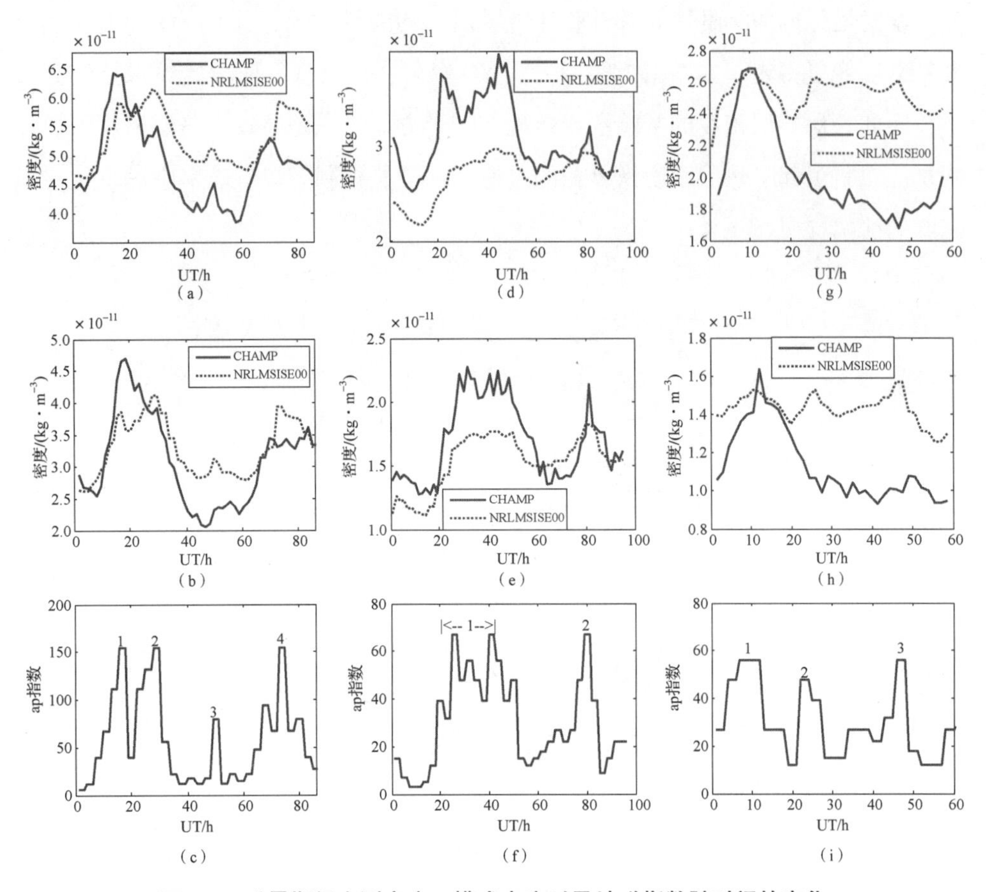


**图 1.4 磁暴期间实测密度、模式密度以及地磁指数随时间的变化**

(a) 2022 年 10 月 1—4 日（白天）；(b) 2003 年 2 月 1—4 日（白天）；

(c) 2003 年 6 月 6—4 日（白天）；(d) 2022 年 10 月 1—4 日（夜间）；

(e) 2003 年 2 月 1—4 日（夜间）；(f) 2003 年 6 月 2—4 日（夜间）；

(g) 2002 年 10 月 1—4 日 ap 指数；(h) 2003 年 2 月 1—4 日 ap 指数；(i) 2003 年 6 月 2—4 日 ap 指数

TIMED/SABER 对 $CO_2$ 全球冷却速率的探测表明，$CO_2$ 辐射主要集中在 110 km 以下，从 2002 年到 2008 年冷却速率的幅度呈逐年少许下降的趋势，这种下降与太阳活动第 23 周期的下降阶段同时发生。图 1.5 给出了 $CO_2$ 辐射高度 - 纬度分布，可以看出 $CO_2$ 辐射在高纬度略高，但并没有明显的纬度依赖性，这说明 $CO_2$ 辐射受地磁活动的影响较小。Mlynczak 对 2002 年 4 月磁暴期间的 $CO_2$ 辐射分析也证明了这一点，暴时辐射能量的日均值仅比磁暴前增大了 15% 左右。$CO_2$ 冷却速率随太阳活动变化不明显，有以下 3 个原因：一是 $CO_2$ 辐射发生在较低层大气，这里气体稠密，受太阳活动影响较小；二是 $CO_2$ 辐射过程对温度不敏感；三是 $CO_2$ 含量变化受太阳活动影响较小。

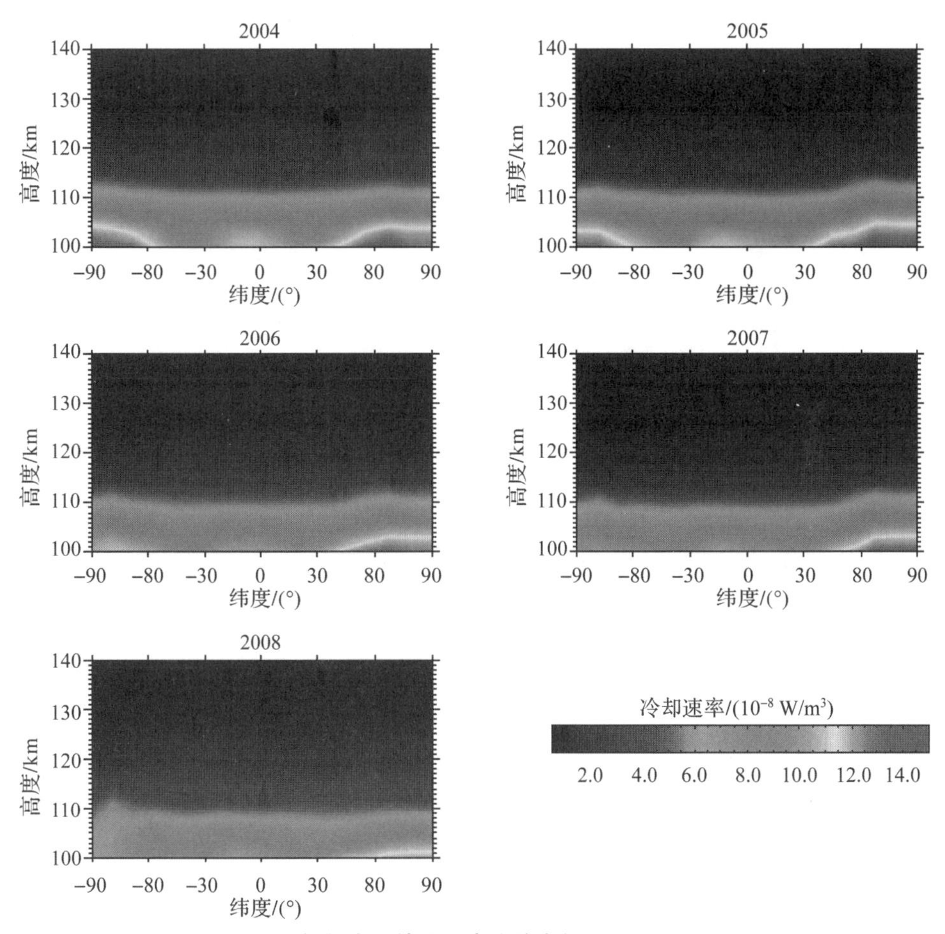


**图 1.5　$CO_2$ 辐射率随纬度和高度的变化（Mlynczak，2010）**

#### 1.3.1.3　原子氧的辐射冷却

Bates（1951）提出，原子氧精细结构在 63 μm 的发射是热层的重要辐射源，但由于信号微弱难以观测，且受制于远红外波长辐射测量技术，目前还没有大量的天基观测数据。地面仪器也无法进行观测，因为对流层的水蒸气完全吸收了该波段的辐射。仅有一些火箭实验，探空气球搭载的远红外光谱仪以及航天飞机上搭载的 CRISTA 仪器观察到了原子氧 63 μm 发射线（Mlynczak，2004）。

Mlynczak 利用 ASPEN 模型计算了 2002 年 4 月磁暴期间原子氧在 100～210 km 范围内的冷却速率，结果如图 1.6 所示，磁暴前原子氧的冷却率大约为 NO 的

10%，磁暴期间并没有显著增加。可能的原因是：首先，在精细结构线局部热力学平衡的假设条件下，原子氧发射源函数与温度成线性比例，相比之下，NO 辐射对温度的敏感度为原子氧的 12 倍。其次，ASPEN 模型预测并非完全准确，模型仅考虑了单一原子氧辐射率的变化，而未考虑原子氧数量和发射源函数对磁暴的响应。

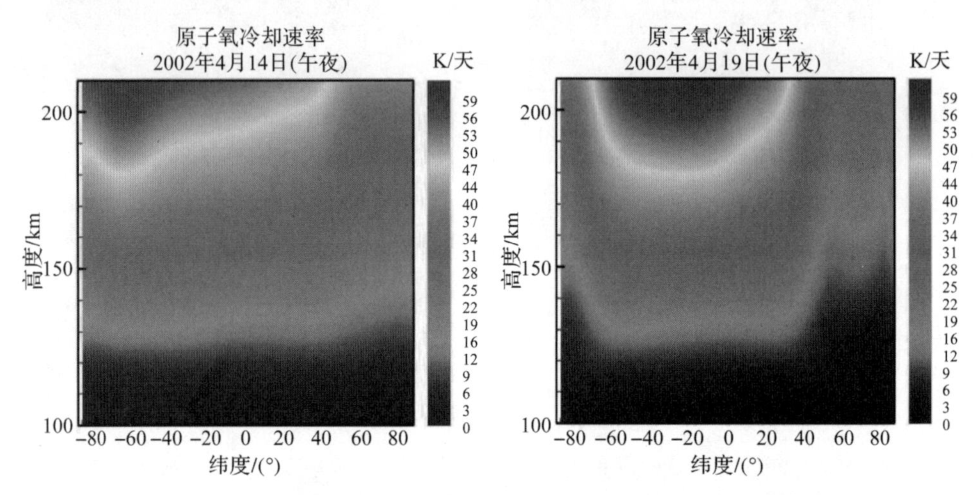


图 1.6　磁暴前（a）和磁暴期间（b）原子氧的冷却速率

## 1.3.2　热传导

热传导是分子做不规则热运动时所引起的动能交换，从宏观上来看，物质互相接触时因温差产生热量传递；从微观上来看，热运动速率不同的分子碰撞产生能量交换。热传导与温度的梯度以及温度本身有关，式（1－11）给出了分子扩散和湍流扩散引起的垂直方向热传导的计算方法（Dickinson 等，1981）。

$$\frac{\partial T_n}{\partial t}=\frac{g\mathrm{e}^{z}}{p_0C_p}\frac{\partial}{\partial Z}\left(\frac{K_T}{H}\frac{\partial T_n}{\partial Z}\right) \tag{1-11}$$

式中，$T_n$ 为中性大气温度；$t$ 为时间；$g$ 为重力加速度；$C_p$ 为气体比热容；$z=\ln(p_0/p)$ 为垂直气压坐标；$p$ 为大气压强；$p_0=5\times10^{-4}$ μb 为参考压强；$H$ 为大气标高；$K_T$ 表示分子扩散系数。

热层中的温度梯度足够大且温度较高，因此分子热传导成为一种重要的冷却机制。向下的热传导通过分子扩散将热能从较高的高度传输到低热层的过程，是赤道附近热层大气的主要冷却机制，而在中纬度热层，由向上的风引起的垂直热对流与垂直热传导是主要的冷却过程（任德馨，2021）。

向下的热传导通过分子扩散将来自太阳的能量从较高高度传输到低热层，磁暴期间，热层急剧升温，并且温度变化率随着高度增加而增加，从而使磁暴期间的热传导持续发生并引起变化。Mlynczak（2005）使用热层大气环流模型 ASPEN 评估了 2002 年 4 月磁暴期间由热传导引起的热层能量传输变化的幅度，如图 1.7 所示，暴时热传导产生的能量损失较平静期增加了约 4%，并未显著增加。

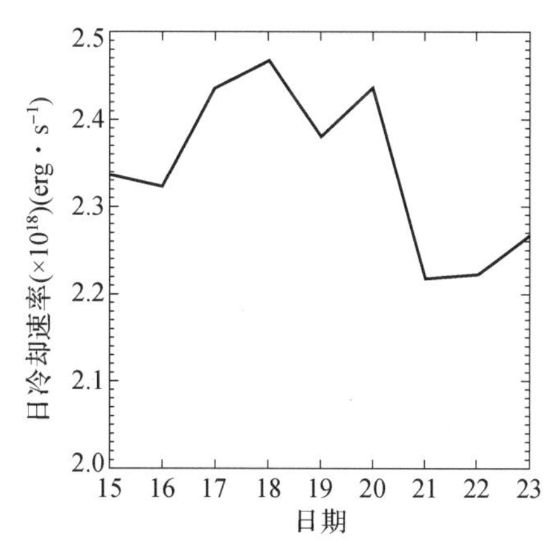


**图 1.7 ASPEN 模型计算的 2002 年 4 月磁暴期间（17—20 日）热传导的冷却速率（Mlynczak，2005）**

## 1.4 热层大气密度的变化特征

受太阳辐射、地磁活动和低层大气波动等驱动源变化的影响，热层密度的变化性具有多种时间尺度，包括几分钟、小时、多天甚至年际与太阳活动周等。这些变化既包括突发性的扰动，也有周期性的变化。低层大气波动对热层大气密度的影响相对较小，在本文中我们主要介绍太阳辐射和地磁活动引起的热层密度变化。

### 1.4.1 太阳辐射引起的热层大气密度变化

太阳辐射是热层大气能量的主要来源，太阳辐射强度的变化会对热层大气产生重要影响，太阳辐射控制着热层大气温度、密度和成分的多种周期性和纬度变化。最为显著的是昼夜变化，热层在白天的温度可高达几百度到上千度，同时大气膨胀，密度增加，而夜间太阳辐射消失，温度急剧下降，同时大气收缩，密度减小，在 400 km 高度热层密度的昼夜变化为 2 ~ 4 倍，而在 600 km 高度上可以达到 10 倍。图 1.8 给出了 NRLMSISE00 模式计算的 2020 年秋分和冬至前后 400 km 高度上热层大气密度的纬度地方时分布，可以看出热层密度存在着明显的随地方时和纬度的变化，最大密度出现在 15 点左右，最小密度出现在 4 点左右。在地磁平静期，分点前后白天低纬度的大气密度通常高于高纬度的大气密度，夜间极区的密度反而可能高于低纬度的大气密度。

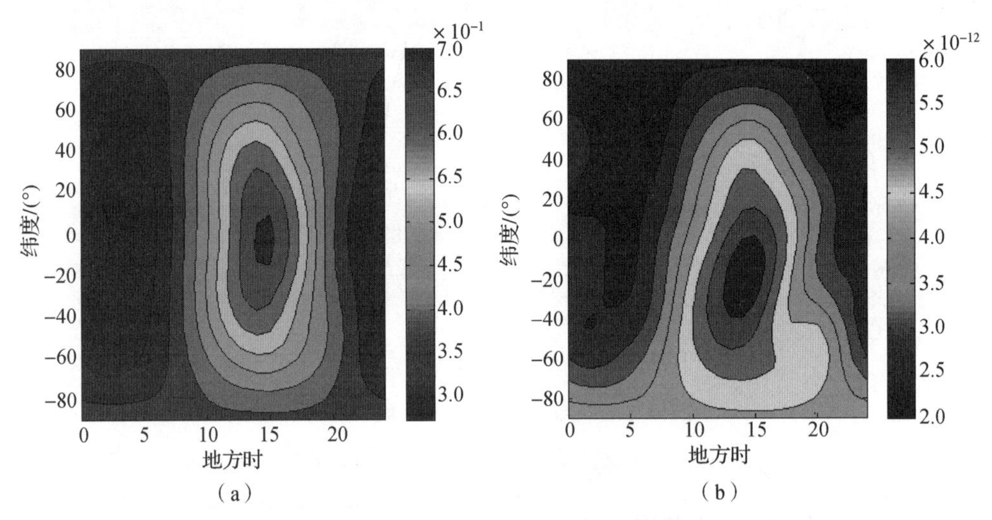


**图 1.8　2020 年在 9 月分点（a）和 12 月至点（b）时 400 km 高度 NRLMSISE00 模式热层大气密度纬度地方时分布**

由于太阳直射点的变化，热层大气存在着明显的季节变化。早在 1961 年，Paetzold 和 Zschörner 就通过卫星阻力数据首先发现了高层大气密度具有明显的年周期和半年周期的震荡。夏季的热层大气密度通常大于冬季的，如图 1.8 所示，在至点前后，大气密度峰值通常出现在夏季半球，夏季半球的密度大于冬季半球相同纬度的。这是由于当太阳直射夏季半球时，夏季半球受到的太阳辐射大于冬季半球，底层大气吸收的能量多，向上膨胀，分子量重的气体逐渐上升，致使热层大气密度增加，因此夏季半球热层大气密度值大于冬季半球。在较低纬度，热层大气密度在 4 月份和 10 月份通常存在着最大值，在 1 月份和 7 月份存在着最小值，如图 1.9 所示，在赤道附近，GOCE 卫星观测、JB2008 模式和 MSISE00 模式的密度均存在着类似的半年变化特征。

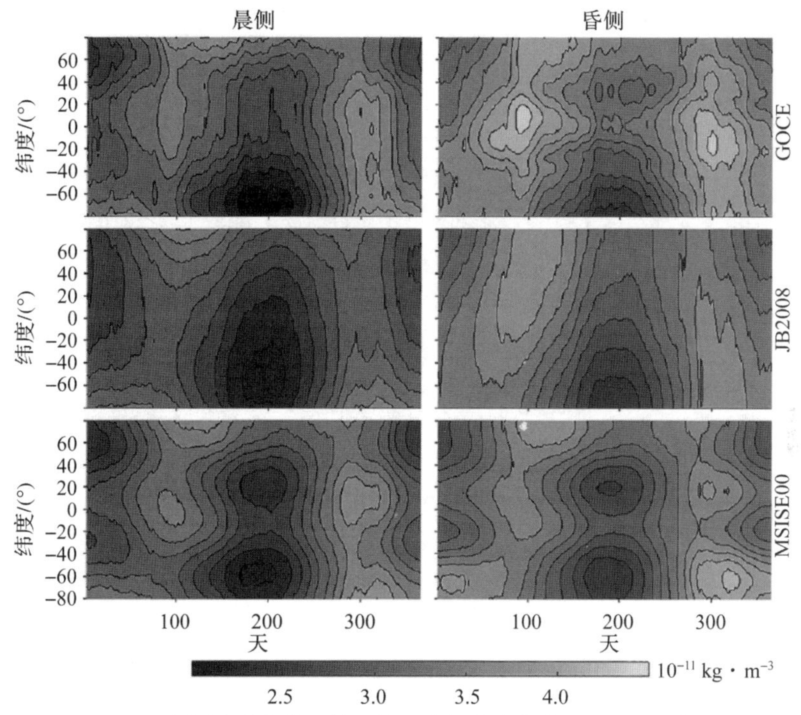


**图 1.9　太阳活动中等条件下热层大气密度变化（$F_{10.7}$ = ~120）**

（由上到下依次为 GOCE 卫星观测、JB2008 模式值和 MSISE00 模式值）（Zhang 等，2022）

卫星观测发现，热层大气密度变化与太阳活动密切相关，热层温度在太阳活动高年和低年也显著不同。太阳光谱中的极紫外（EUV）和远紫外（FUV）辐射与太阳活动紧密联系，EUV 和 FUV 辐射的扰动与太阳活动 11 年周期和 27 天太阳自转周期密切相关，其扰动会引起高层大气密度和其他参量的变化。虽然 $F_{10.7}$ 太阳辐射通量并不会直接影响高层大气，但它和太阳 EUV 和 FUV 强度有很强的相关性，因此热层大气密度的变化与 $F_{10.7}$ 太阳辐射通量也有很强的相关性。图 1.10 给出了 1967—2010 年 400 km 高度处热层大气密度（图 1.10（a））和 $F_{10.7}$ 太阳辐射通量（图 1.10（b））的变化对比，可以看出它们存在着强烈的相关性。

地基的非相干散射雷达观测也发现热层大气的温度与 10.7 cm 波段的太阳辐射通量（即 $F_{10.7}$）密切相关，在太阳活动低年 400 km 高度处热层大气的温度为 700 ℃左右，而在太阳活动高年，高强度的太阳极紫外可使 400 km 高度处热层

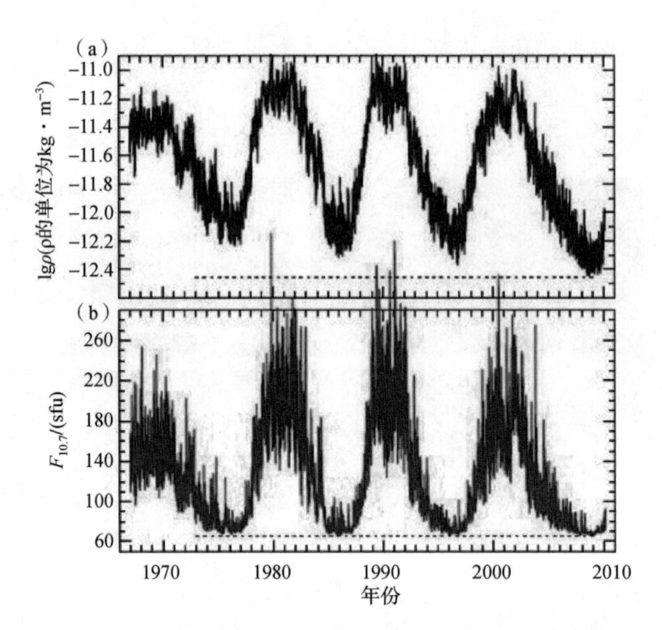


**图 1.10 1967—2010 年 400 km 高度处热层大气密度和 $F_{10.7}$ 太阳辐射通量的变化对比**

(a) 400 km 高度处热层大气密度；(b) $F_{10.7}$ 太阳辐射通量

大气的温度达到 1 500 ℃左右，热层大气温度日变化和季节变化的振幅会随着太阳活动的增强而增强，其中，夜间温度与太阳活动的相关性小于白天。在 2007—2009 年低太阳活动期间，太阳极紫外辐射水平相比于以往的低太阳活动时期更低（Solomon 等，2010），地球热层大气的温度也比预期的要低，大气密度也比以往时下降。

由于太阳的自转，太阳辐射存在着 27 天左右的变化周期，这也会引起热层大气密度相应周期的变化，如图 1.11 所示（Xu 等，2010），太阳 EUV 辐射通量和热层大气密度都存在着明显的 27 天周期变化，大气密度明显受到太阳辐射变化的控制，当太阳 EUV 变化为 10% 时，大气密度变化幅度可达 50%。

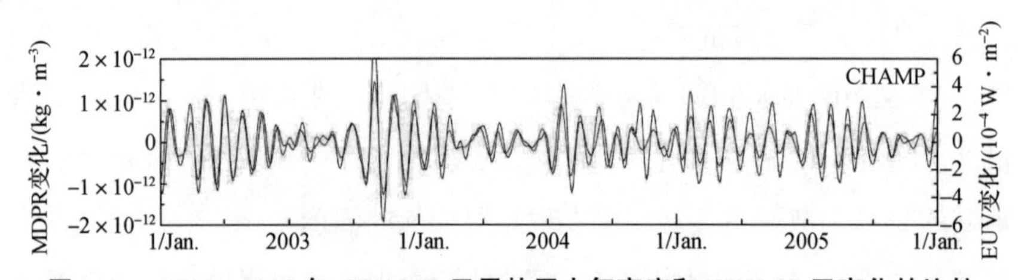


**图 1.11 2003—2005 年 CHAMP 卫星热层大气密度和 EUV 27 天变化的比较**

[(这些变化是 22～32 天带通滤波后的结果)(Xu 等，2010)]

研究（如 JACCHIA，1966，1971；Cook，1967，1969；Guo 等，2008；Lei 等，2012）发现热层大气的季节变化特性与太阳活动密切相关。图 1.9 和图 1.12 分别为中等和低太阳活动条件下观测和模拟的不同纬度热层大气密度的季节变化。从观测可以看出，太阳活动低年相对于太阳活动中年，中高纬度上的热层密度年变化更加突出，峰值出现在当地夏季，谷值出现在冬季。而 MSISE00 模式和 JB2008 模式的密度，无论是在太阳活动低年还是在太阳活动中年，最突出的都是半年变化特征，说明在太阳活动低年，高估了热层密度的半年变化特征。

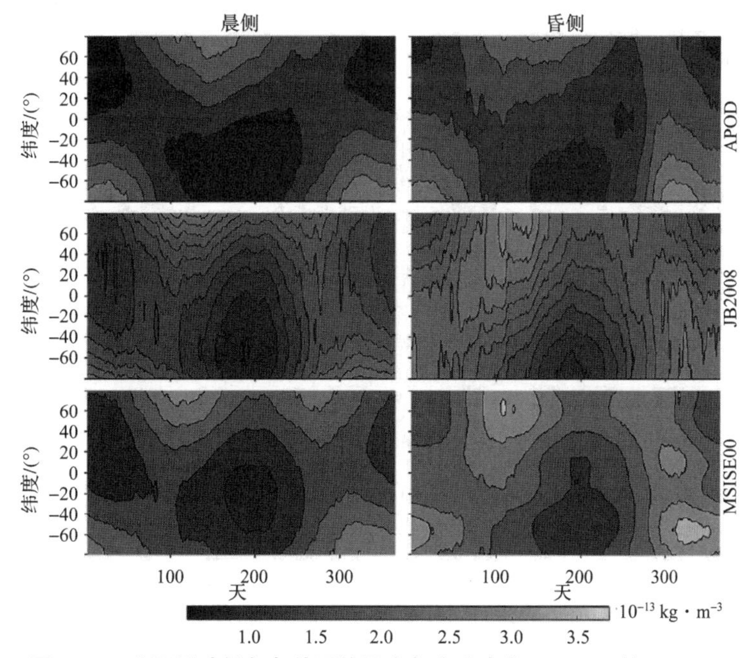


**图 1.12　太阳活动低年条件下热层大气密度变化（$F_{10.7}$：约 70 ~ 80）**

（由上到下依次为 APOD 卫星观测、JB2008 模式值和 MSISE00 模式值）（Zhang 等，2022）

热层大气的风场也受到太阳辐射的控制。热层大气密度和温度的纬度和经度变化产生压力梯度，并驱动全球风场，日半球和夜半球的压力梯度驱动风场从日半球吹向夜半球，大气环流的纬度结构非常复杂，分点时，低纬到高纬的气压梯度力使得风场由赤道吹向两极；在至点时，南北半球的气压梯度力非常突出，使热层风由夏季半球吹向冬季半球。

## 1.4.2　地磁活动引起的热层大气密度变化

除了太阳辐射之外，太阳风能量也是热层大气能量的重要来源，一部分太阳风能量会经由磁层沉降到大气中，地磁活动是太阳风和磁层能量沉降的主要控制因素。地磁暴期间，很强的磁层能量通过焦耳加热和粒子沉降两种方式注入极区热层大气中（Whilson 等，2006），使许多热层大气参数发生改变，如密度、成分、温度和风场等。

#### 1.4.2.1 暴时热层大气的纬度变化特征

在地磁平静期，太阳辐射是热层大气的主要热源，150 km 以上的热层风还很大程度地受到高纬地区磁层能量注入的影响，磁层能量以焦耳加热和高能粒子沉降两种方式注入热层大气/电离层，会引起极区热层大气的气压升高，从而产生吹往赤道方向的风，而较低高度上（如 150 km 以下），强的太阳辐射加热作用仍然占据主要地位。高纬地区赤道向风的强度受到地磁活动的影响，在磁暴发生时，由于磁层能量注入增加，原本赤道向风仅发生在极区，这时会向中低纬方向扩展，如图 1.13 所示。另外，既然太阳 EUV 辐射和地磁活动的强度都与太阳活动有关，那么热层大气的风场也有与太阳活动相关的变化（Wang，1999）。

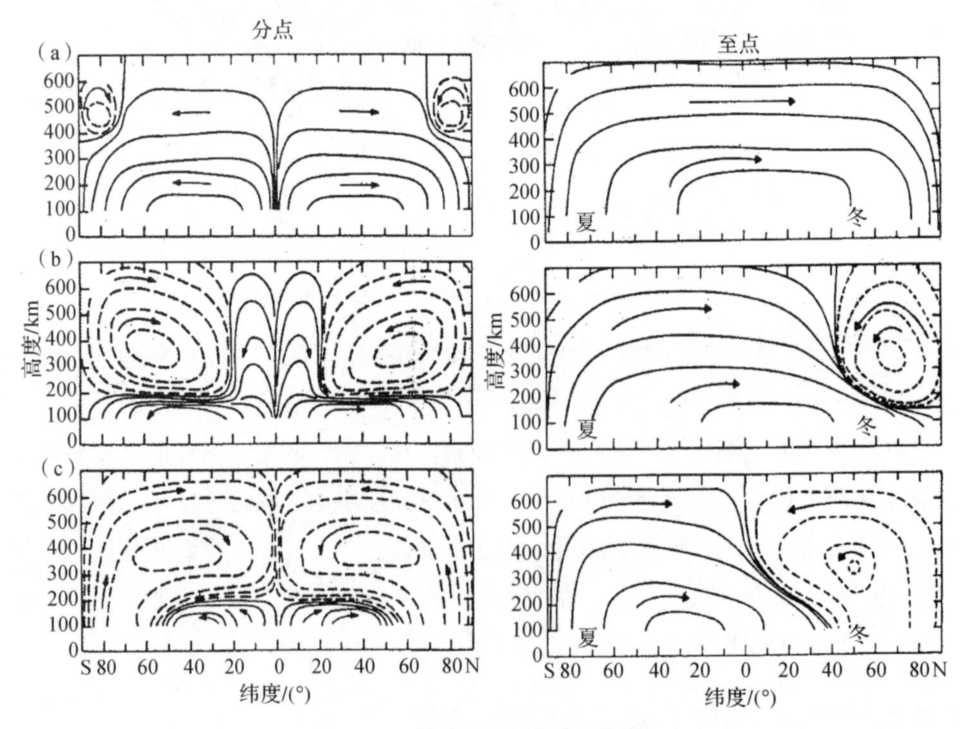


**图 1.13 纬度平均的经向风场图**

［左图为分点时，右图为至点时，(a)，(b)，(c) 图分别为地磁活动平静、中等和强烈时的（Roble，1977）］

热层大气密度会随着地磁活动的增强而增大。图 1.14 给出了 2003 年 10 月发生的两次特大磁暴期间 CHAMP 卫星观测的 400 km 高度热层大气密度变化，在 2003 年第 300 天，处于地磁活动平静期，ap 指数在 10 左右，而到了第 301 天有中等地磁暴发生，ap 指数最大时达到 39，到了第 302 天发生了强烈磁暴，ap 指数最大时达到 400，在第 303 天逐渐减弱到 39，但随后又逐渐升高，并在第 303 天 18 时左右再次发生强烈磁暴，ap 指数再次增大到 400，随后逐渐减弱。而大气密度的变化特征明显地受到了地磁活动的影响，在第 300 天大气密度较小，赤道附近的大气密度在 $3\times10^{-12}$ kg/m$^3$ 左右，在第 301 天，受中等磁暴的影响，各纬度的大气密度明显增加，赤道区的大气密度增大到在 $5\times10^{-12}$ kg/m$^3$ 左右，而受第 302 天强烈磁暴的影响，大气密度在第 302 天进一步增加，在第 303 天的 3—6 时密度达到最大，在赤道区达到 $1\times10^{-11}$ kg/m$^3$ 左右，在极区达到 $2\times10^{-11}$ kg/m$^3$。随后，随着地磁活动的减弱，各纬度的大气密度也逐渐减小，在第 303 天 12 时左右赤道区的大气密度恢复到 $4\times10^{-12}$ kg/m$^3$ 左右。受第 303 天强烈磁暴的影响，大气密度再次迅速增大，在 304 天的 6 时左右赤道区大气密度再次增大到 $1\times10^{-11}$ kg/m$^3$ 左右，随后随着地磁指数的降低，大气密度又一次减小。

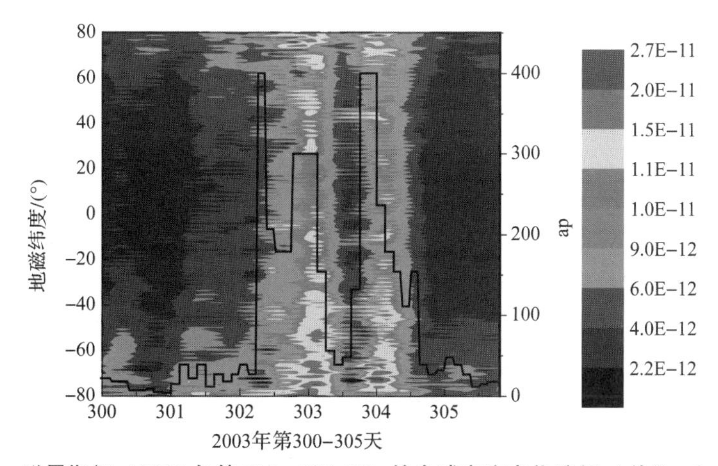


**图 1.14　磁暴期间（2003 年第 300—305 天）的全球密度变化特征（单位：kg · m$^{-3}$）**

（图中黑线表示 3 h ap 指数的变化）

除了经向风之外，磁暴期间极区的沉降能量还能通过大尺度重力波的形式向中低纬传播，甚至穿过赤道进入另外一个半球，这种现象又称为大尺度行进式大气扰动。由图 1.14 可以看出磁暴期间大气密度存在着全球尺度的波动。

#### 1.4.2.2 暴时大气密度季节变化特征

本节介绍利用 APOD（atmospheric density and precise orbit determination）卫星密度探测数据分析暴时大气密度季节变化特征的结果。

选取典型磁暴，并将磁暴前一天（地磁平静期）和磁暴发生时的大气密度分别做平均，得到大气密度随纬度变化的曲线，如图 1.15（a）所示，对 MSISE 计算的密度做同样处理，如图 1.15（b）所示。APOD 探测结果与模式计算结果均表明，磁暴期间各纬度上大气密度明显增加，磁暴前后的夏季半球密度绝对值大于冬季半球。

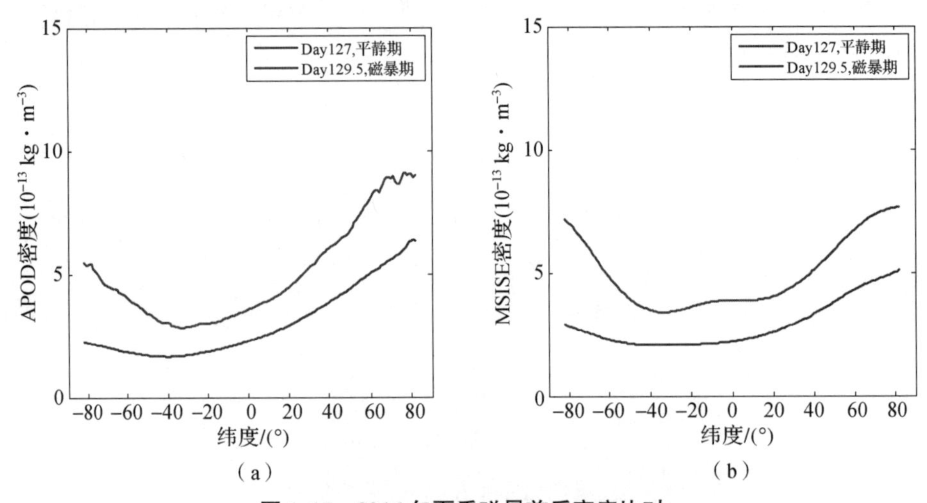


**图 1.15 2016 年夏季磁暴前后密度比对**

（a）APOD 实测；（b）MSISE

将图 1.15 中暴时密度减去平静期密度，得到密度涨幅绝对值随纬度变化的曲线，如图 1.16（a）所示。将暴时密度除以平静期密度，如式（1-12）所示，得到密度的相对涨幅，如图 1.16（b）所示。

$$\Delta\rho_{暴时} = \rho_{暴时} - \rho_{平静}$$

$$\Delta R = \frac{\rho_{暴时}}{\rho_{平静}} \tag{1-12}$$

按照上述处理方法，对 2015 年 12 月和 2016 年 6 月磁暴期间，APOD 探测的晨侧和昏侧密度分别减去平静期密度，得到暴时密度的绝对涨幅和相对涨幅，如图 1.17、图 1.18 和表 1-2 所示。

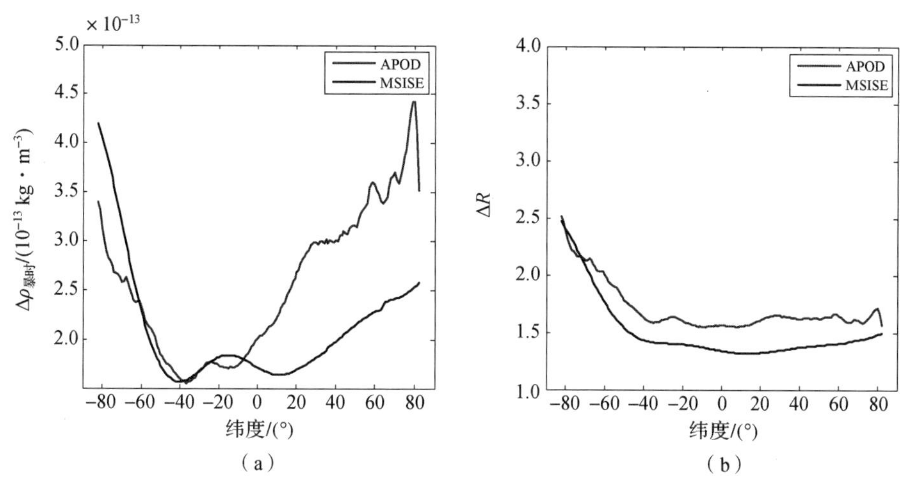


**图 1.16　2016 年夏季磁暴期间密度涨幅随纬度的变化**

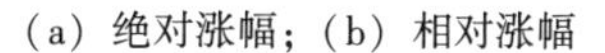

(a) 绝对涨幅；(b) 相对涨幅

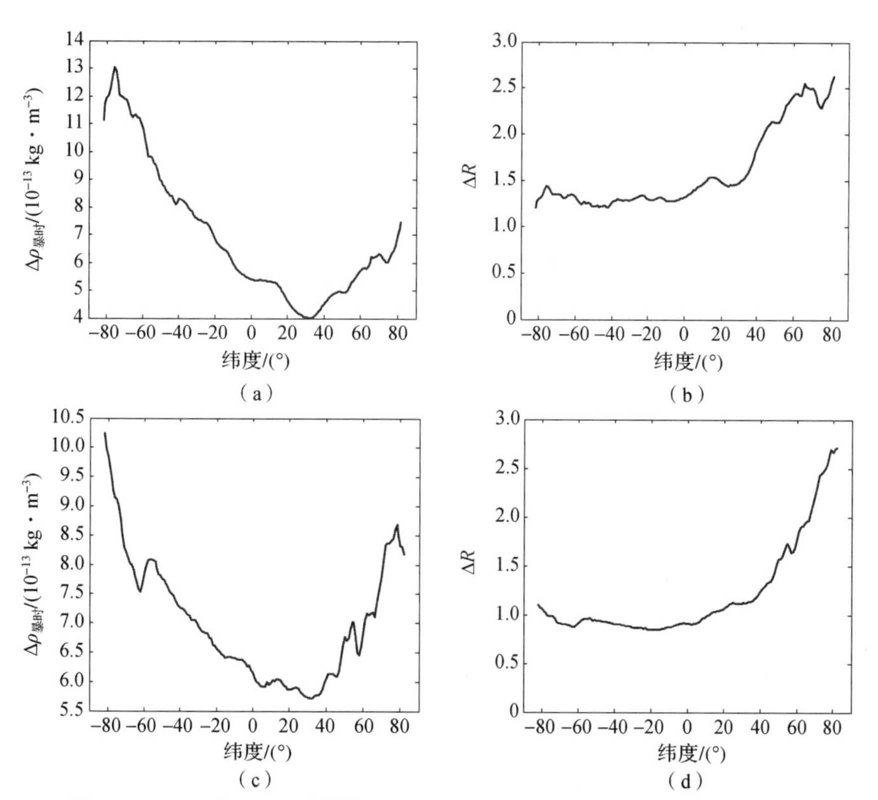


**图 1.17　2015 年 12 月磁暴期间 APOD 探测密度的绝对涨幅和相对涨幅**

(a) 晨侧，绝对涨幅；(b) 晨侧，相对涨幅；

(c) 昏侧，绝对涨幅；(d) 昏侧，相对涨幅

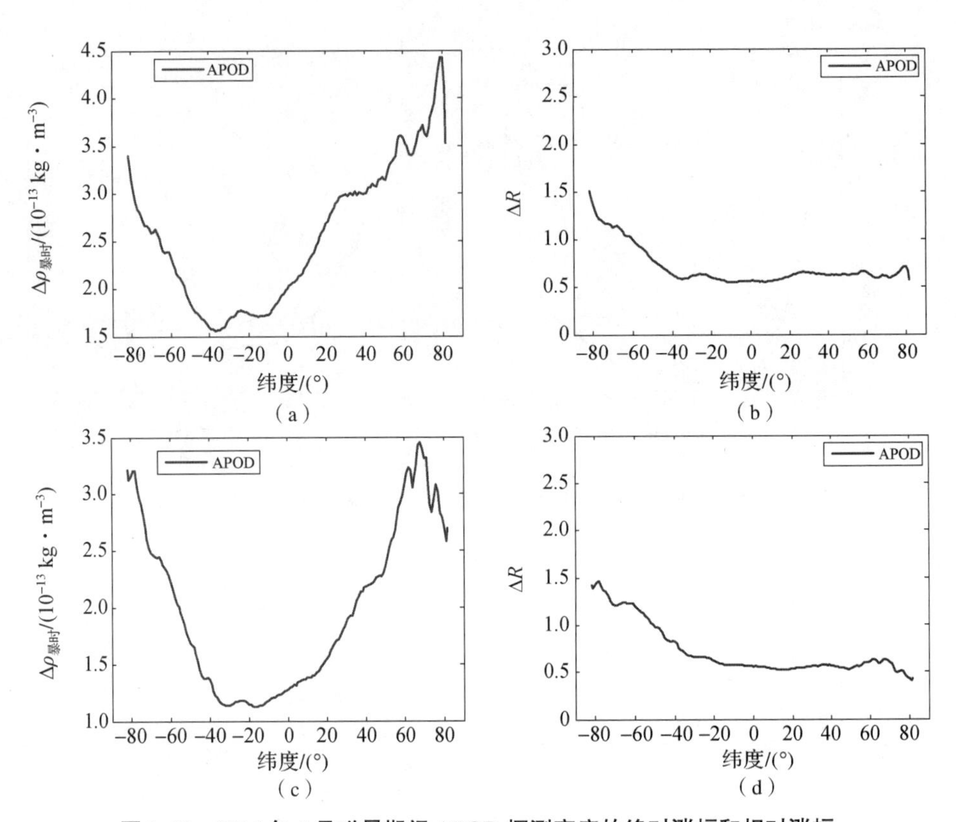


**图 1.18 2016 年 6 月磁暴期间 APOD 探测密度的绝对涨幅和相对涨幅**

(a) 晨侧，绝对涨幅；(b) 晨侧，相对涨幅；(c) 昏侧，绝对涨幅；(d) 昏侧，相对涨幅

**表 1－2 冬夏季半球暴时密度涨幅比较**

| 密度涨幅 | 2015 年 12 月磁暴（晨侧） | 2015 年 12 月磁暴（昏侧） | 2016 年 6 月磁暴（晨侧） | 2015 年 12 月磁暴（昏侧） |
|---|---|---|---|---|
| 夏季半球绝对涨幅 $\Delta\rho_{暴时}$ 单位：$10^{-13}\ kg\cdot m^{-3}$ | 13.00 | 10.30 | 4.40 | 3.45 |
| 冬季半球绝对涨幅 $\Delta\rho_{暴时}$ 单位：$10^{-13}\ kg\cdot m^{-3}$ | 7.50 | 8.80 | 3.40 | 3.20 |
| 夏季半球相对涨幅 $\Delta R$ | 1.48 | 1.10 | 0.70 | 0.70 |
| 冬季半球相对涨幅 $\Delta R$ | 2.60 | 2.75 | 1.50 | 1.49 |

表 1－2 统计了冬夏半球暴时密度绝对涨幅和相对涨幅的最大值，从密度的绝对涨幅来看，夏季半球密度涨幅明显大于冬季半球，在晨侧表现得尤为明显，2015 年磁暴期间晨侧夏季半球最大涨幅达到 $13\times10^{-13}$ kg/m$^3$，而北半球最大涨幅仅为 $7.5\times10^{-13}$ kg/m$^3$，最大涨幅都出现在极区附近。造成这个现象的主要原因可能是焦耳加热率的不同，磁暴期间从磁层注入的能量以焦耳加热的方式对大气加热，夏季半球的焦耳加热率是冬季半球的两倍（Forbes，1996），当太阳风携带高能粒子进入极区时，不同的焦耳加热率导致大气升温幅度不同，这是造成夏季极区密度的绝对涨幅大于冬季半球的一个重要原因。此外，磁层能量从极区注入，再向低纬度地区扩散，大气环流一般从夏季半球流向冬季半球，因此夏季半球高纬度积聚的能量更容易向低纬度扩散，造成夏季半球密度整体涨幅都大于冬季半球。冬季半球的相对涨幅大于夏季半球，这可能是因为平静期冬季半球的密度比较低，相当于式（1－12）中的分母较小，因此冬季半球的密度相对涨幅反而可能更大。

#### 1.4.2.3　暴时大气密度演化规律

磁暴发生时，太阳风携带高能粒子从极尖区进入地球磁层，在焦耳加热和粒子沉降的作用下，首先引起高纬度地区的大气升温膨胀，密度增大，随后在大气环流、热传导和大气行进式扰动（TAD）的作用下向低纬度扩散，引起全球热层大气密度增大。本节以 2015 年 12 月磁暴为例，分析大气密度在磁暴不同阶段的演化特征。

图 1.19 给出了 2015 年 12 月 20.04 日昏侧从南极至北极半个圈次的 APOD 探测的和 NRLMSISE00 模式计算的大气密度数据，右图给出了截至 20.04 日的空间环境参数。可以看出，在该时刻地磁指数 ap 和激光电集流指数 AE 都比较小，说明地磁活动较平静，行星际磁场 $B_z$ 为正（$B_z$ 为负时太阳风能量容易进入地球磁层，易发生磁暴）。APOD 探测和 NRLMSISE00 模式计算的密度从纬度分布上来看都比较平缓，幅度也近似。

图 1.20 给出了截至 2015 年 12 月 20.23 日昏侧半个圈次的密度数据和相应的空间环境参数，此时行星际磁场 $B_z$ 转为负值，地磁指数显著增大，ap 达到 80，AE 达到 1 300，APOD 探测密度在高纬度地区急剧增加，最大增幅超过 200%，而 NRLMSISE00 模式计算密度仅在高纬度小幅增加，增幅大约为 30%。

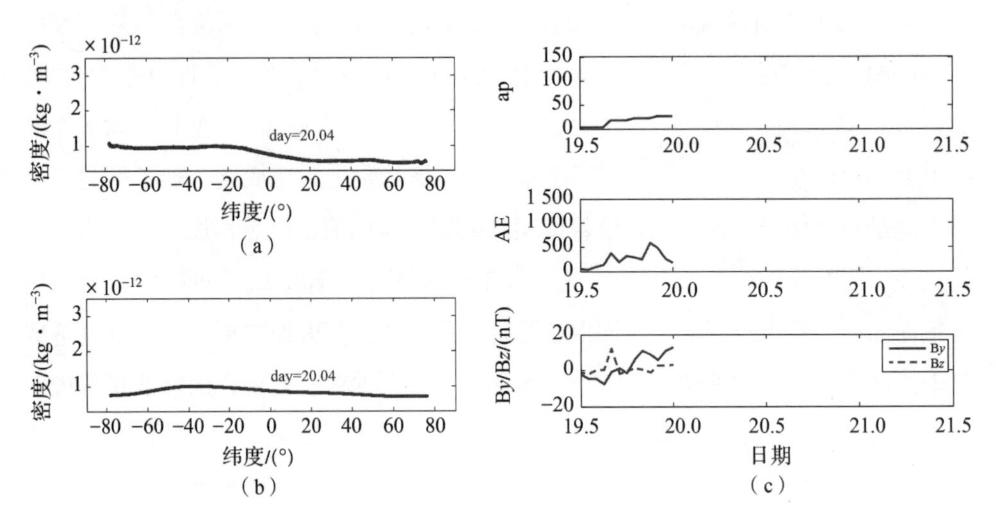


**图 1.19　2015 年 12 月 20.04 日昏侧大气密度随纬度分布和空间环境参数**

(a) APOD；(b) MSISE；(c) ap 指数、AE 指数及行星际磁场

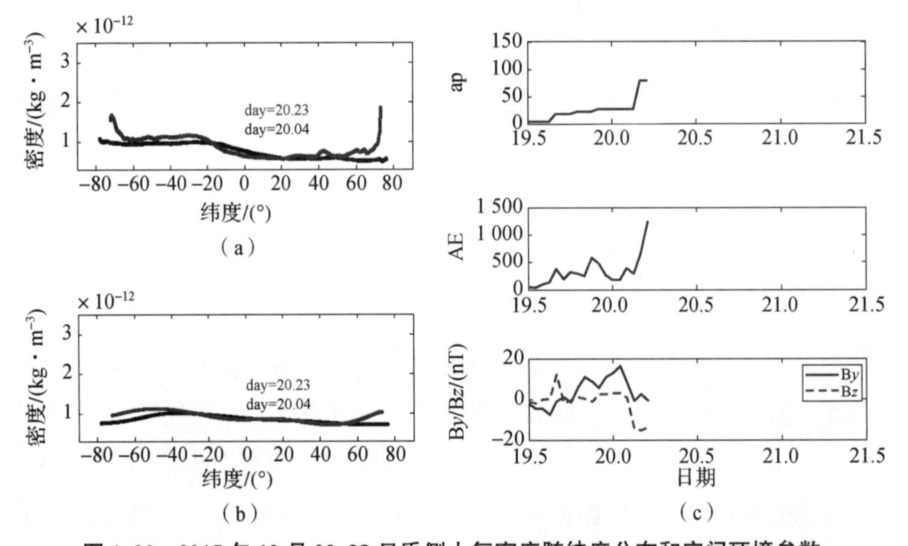


**图 1.20　2015 年 12 月 20.23 日昏侧大气密度随纬度分布和空间环境参数**

图 1.21 给出了截至 2015 年 12 月 20.3 日昏侧半个圈次的密度数据和相应的空间环境参数。从 20.3 日开始，APOD 探测密度显示，密度增加已扩散至夏季半球较低纬度 20°S，冬季半球仅 50°纬度以上的密度增加，这说明夏季半球密度增加向低纬度扩散的较快。NRLMSISE00 模式计算结果显示密度增加仍然局限在高纬度地区。

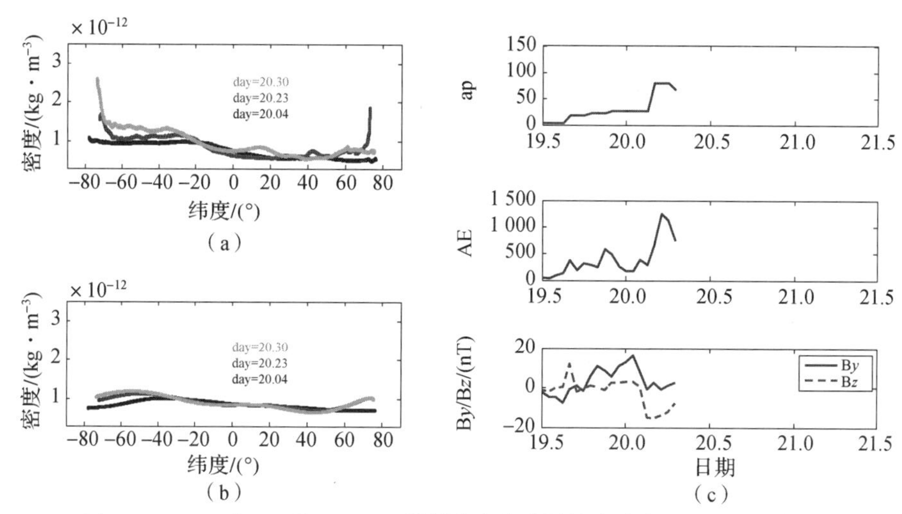


**图 1.21　2015 年 12 月 20.30 日昏侧大气密度随纬度分布和空间环境参数**

（a）APOD；（b）MSISE；（c）ap 指数、AE 指数及行星际磁场

图 1.22 给出了截至 2015 年 12 月 20.88 日昏侧半个圈次的密度数据和相应的空间环境参数。20.69 日，APOD 探测数据显示，密度增强扩散至冬季半球低纬度和赤道地区，NRLMSISE00 模式显示密度增强同时扩散至全球。20.88 日，ap 指数达到最大，此时 APOD 探测密度和 NRLMSISE00 模式计算密度在全球范围也达到最大。

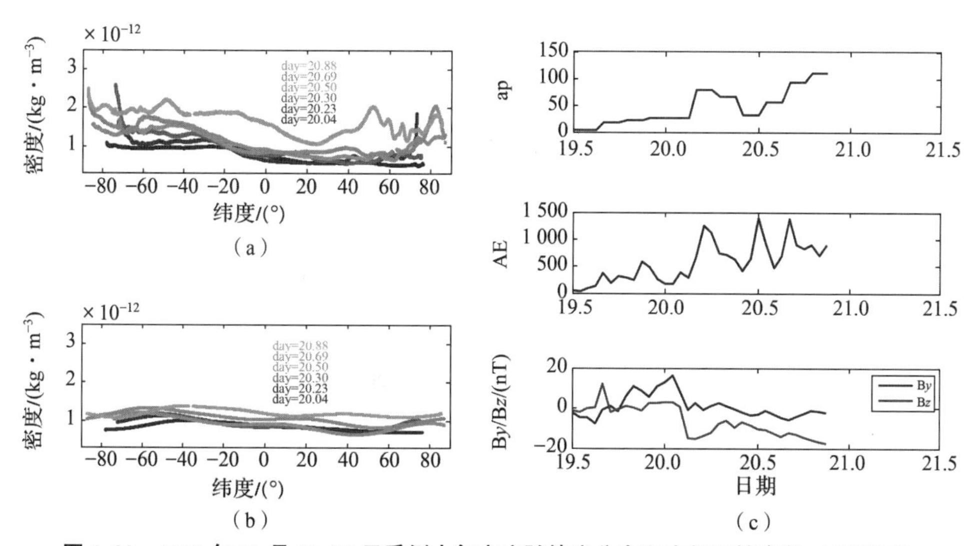


**图 1.22　2015 年 12 月 20.88 日昏侧大气密度随纬度分布和空间环境参数（附彩图）**

（a）APOD；（b）MSISE；（c）ap 指数、AE 指数及行星际磁场

图 1.23 给出了截至 2015 年 12 月 21.34 日昏侧半个圈次的密度数据和相应的空间环境参数。此时，地磁活动趋于平稳，行星际磁场 Bz 也转为正向。APOD 探测数据显示，40°S～60°N 地区的密度迅速减小，NRLMSISE00 模式计算的密度在该纬度区域也逐渐减小，但在赤道附近的密度依然较大。

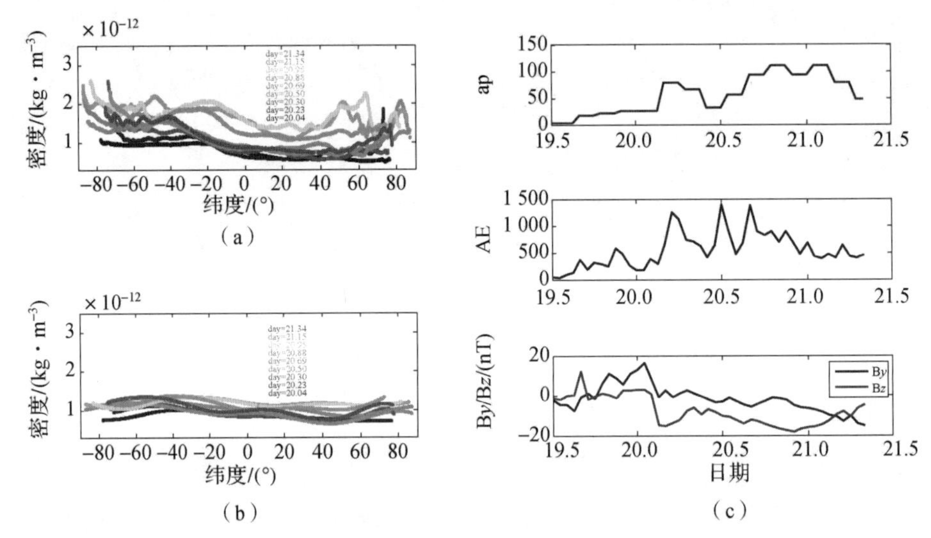


**图 1.23 2015 年 12 月 21.34 日昏侧大气密度随纬度分布和空间环境参数（附彩图）**

（a）APOD；（b）MSISE；（c）ap 指数、AE 指数及行星际磁场

从密度对磁暴的初始响应来看，APOD 与 NRLMSISE00 模式的结果几乎同时在高纬度地区出现了密度增加现象，而 APOD 探测密度的增幅远大于 NRLMSISE00 模式计算密度；从密度增强的扩散来看，APOD 结果显示夏季半球先于冬季半球出现密度增大，NRLMSISE00 模式结果未显示冬夏半球密度响应的差异；全球密度开始增加并达到最大值的时刻，两者结果接近；磁暴恢复期，APOD 探测结果显示中低纬度的密度先于高纬度密度回落，而 NRLMSISE00 模式结果显示，中纬度密度先于赤道和高纬度密度回落。

#### 1.4.2.4 连续磁暴期间大气密度的变化特征

本书第 1.3.1 节阐述了磁暴期间红外辐射冷却对大气密度的影响，增强的 NO 辐射抵消了来自热层顶部的能量输入，并且由于 NO 辐射率比热层大气密度恢复得慢，使 NO 辐射在磁暴后期和恢复阶段始终保持较高水平，因此，会抑制连续磁暴中后发生磁暴期间大气密度的涨幅，并引起磁暴恢复相热层大气密度的过冷却。从卫星观测密度中能够看到热层大气密度的这些变化特征，但是常用的大气密度模式不能刻画这些现象。本小节通过实测数据与模式模拟对比的方法，重点分析连续磁暴期间热层大气密度的变化特征。

2002 年 4 月 17—20 日发生的 4 阶磁暴是由 2 个 CME 引起的，其中，第 1、3 阶磁暴是由鞘区磁场引起的，第 2、4 阶磁暴是由 CME 本身引起的。地磁活动和太阳辐射变化如图 1.24 所示，由于太阳辐射对大气密度的影响有 1 天的滞后时间，故图中给出的是前 1 天的 $F_{10.7}$值。2002 年 4 月 17 日 T11：07 地磁扰动开始增强，ap 指数在 15—18 UT 第 1 次达到最大值，经过一段地磁平静的间歇期，19 日 08：35 第 3 阶磁暴引起的地磁扰动开始增强，ap 指数在 20 日 03—06 UT 第 2 次达到最大值，两次最大值均为 154。

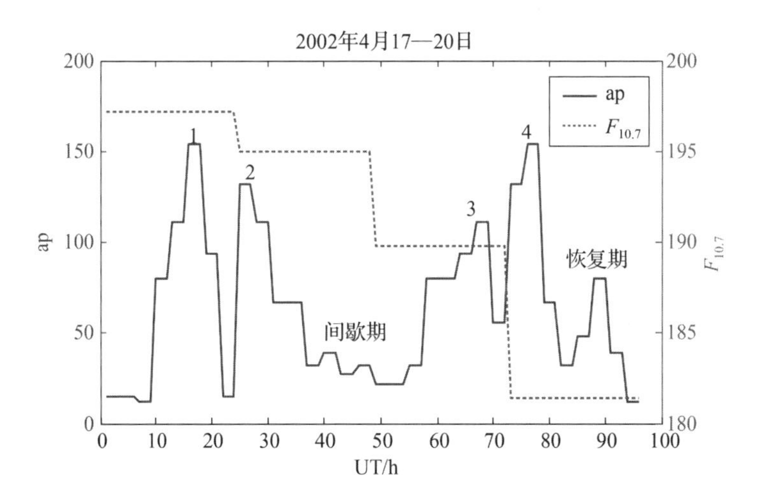


**图 1.24　2002 年 4 月 17—20 日地磁指数 ap 和太阳辐射指数 $F_{10.7}$ 随时间的变化**

图 1.25 给出了 2002 年 4 月 17—20 日磁暴期间 CHAMP 卫星轨道位置的加速度计反演的和 NRLMSISE00 模拟的大气密度。对于 17 日发生的第 1 阶磁暴，NRLMSISE00 模式预测的白天大气密度最大值与实测值相当，夜晚预测值较小。模式预测的白天最大值都出现在低纬度地区，而 CHAMP 卫星不仅在低纬区观测到密度迅速增大，在高纬度地区也观测到小范围的扰动。模式预测的夜晚最大值出现在高纬度地区，次大值出现在低纬度地区，与 CHAMP 卫星的观测基本吻合。可见，经验模式对第 1 阶磁暴期间大气密度扰动的幅度和纬度分布预测的比较准确。

19 日发生了第 2 个 CME 事件，与上个 CME 事件引起的地磁扰动相当，并引发了第 3、4 阶磁暴。实测密度在 20 日 07 h 左右达到最大值，从实测密度分布来看，第 3、4 阶磁暴引起的密度扰动幅度、纬度分布范围和持续时间都明显小于第 1 阶磁暴，密度值降低了 12% ~ 33% 。而 NRLMSISE00 的预测结果显示，第 3、4 阶磁暴引起的密度扰动幅度、纬度分布范围和持续时间与第 1 阶磁暴相当。

图 1. 24 显示在强烈的地磁活动中有 3 个相对平静的时间段：17 日 0—9 h，该时段记为 T1，磁暴发生前地磁活动平静，ap 指数为 12 ~ 15；两个磁暴的间歇期为 42 ~ 57 h，记为 T2，地磁扰动相对较小，ap 指数为 22 ~ 39；磁暴后期 81 ~ 96 h，记为 T3，地磁扰动趋缓，ap 指数为 12 ~ 80。由于热层密度对地磁活动的响应有延迟，分析这 3 个阶段的密度特征时应考虑 2 h 的时延。这 3 个时间段 ap 指数依次增大，NRLMSISE00 模式预测值也相应依次增大，T2 比 T1 密度增大了 20% ，T3 比 T2 增大了 10% 。但实测密度显示的结果恰恰相反，T2 比 T1 密度减小了 10% ，而 T2 的 ap 指数是 T1 的 2 倍；T3 比 T2 密度减小了 5% ，而 T3 的 ap 指数是 T2 的 1. 5 倍。总之，实测密度幅度在这 3 个时段的变化与地磁活动不一致，而 NRLMSISE00 模式不能刻画这种异常变化。

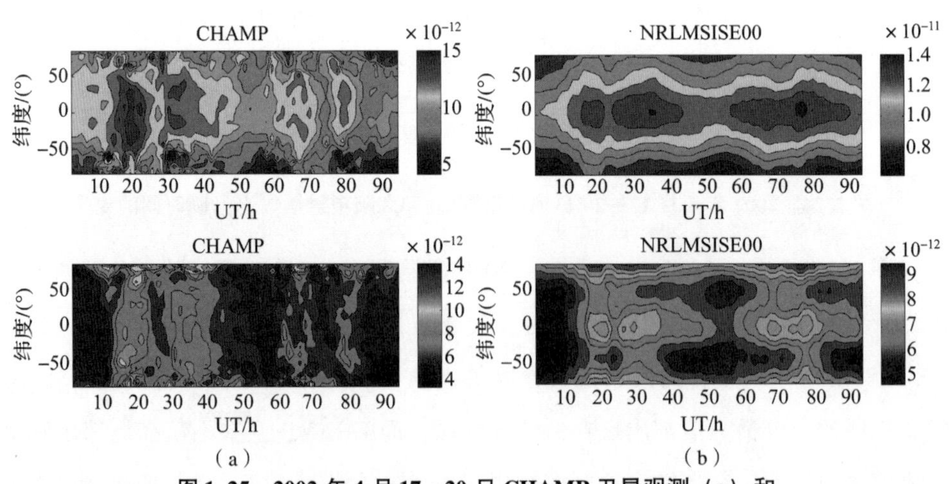


**图 1. 25　2002 年 4 月 17—20 日 CHAMP 卫星观测（a）和 NRLMSISE00 模拟（b）的热层密度分布**

2004 年 11 月发生的磁暴强度更大，引起的实测密度扰动也呈现类似的异常，如图 1. 26（a）图所示，连续发生的两个 CME 引起的地磁扰动 ap 都达到

300，但是第二个 CME 引起的密度扰动幅度比第一个小 20% 左右，纬度分布范围也较小；磁暴后期，即 106 h 之后实测密度低于暴前平静期 11%，此时的 ap 值为 9～32，大于平静期 ap（3～15）。NRLMSISE00 对相同时段、相同位置的密度模拟如图 6.4（b）所示，可以看出，无论是白天还是夜晚，第二个磁暴引起的密度扰动幅度都大于第一个磁暴；在磁暴后期，NRLMSISE00 模式预测值比暴前平静期大 7%（白天）和 20%（夜晚），这与 CHAMP 卫星的观测结果相反。

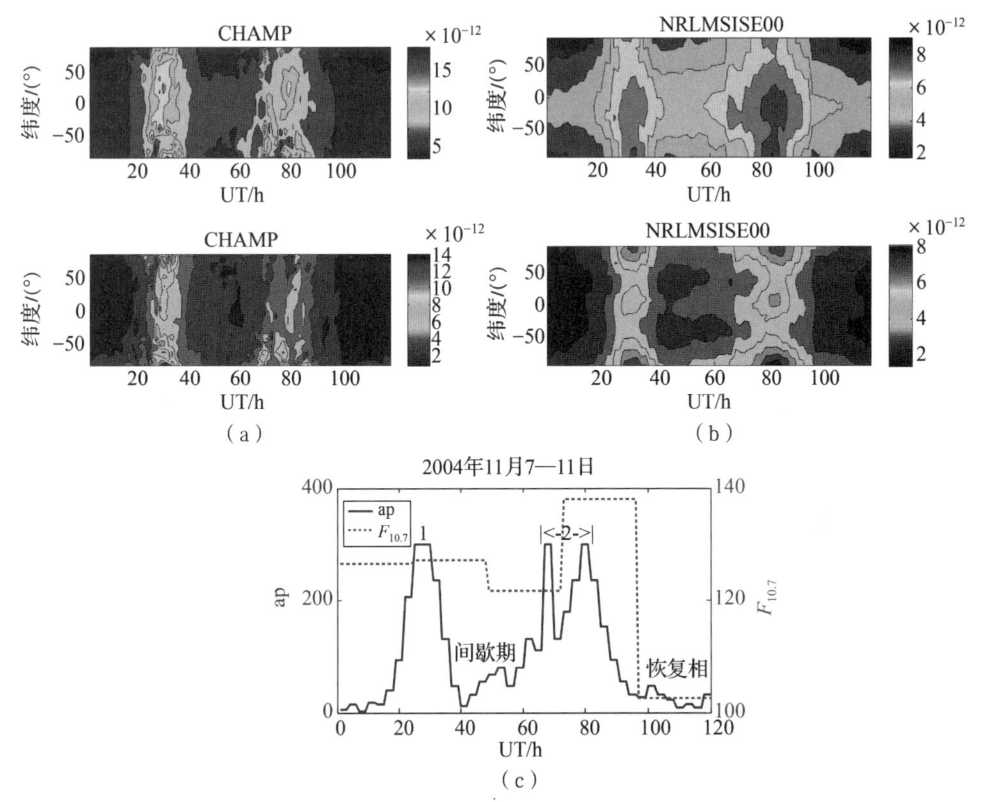


**图 1.26　2004 年 11 月 7—11 日 CHAMP 卫星观测（a）、NRLMSISE00 模拟（b）的热层密度分布，地磁指数 ap 和太阳辐射指数 $F_{10.7}$（c）的变化**

图 1.27 给出了实测密度和模式密度在上述连续磁暴期间的最大值，其中白天统计的是低纬度密度最大值，夜晚统计的是高纬度密度最大值。可以看出实测密度对第一个磁暴的响应幅度明显大于第二个磁暴，而 NRLMSISE00 模式预测的密度对两个连续磁暴的响应幅度相同。

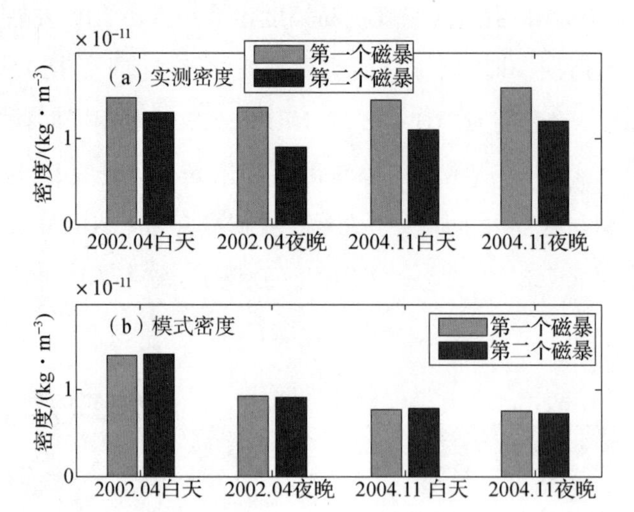


**图 1.27　连续磁暴期间实测密度（a）和模式密度（b）的最大值**

# 第 2 章 热层大气密度测量

热层大气非常稀薄，而且所处高度很高，这给大气密度的测量带来了很大困难。在 20 世纪五六十年代只能利用卫星轨道动力学分析法反演卫星轨道上的大气密度，即根据卫星所受大气阻力与大气密度的函数关系来计算大气密度；20 世纪 70 年代，人们开始利用星载仪器对热层大气密度进行专门探测，探测仪器包括质谱计、加速度计、压力规等。21 世纪，加速度计和遥感仪器的测量精度有了明显提高，加速度计测量得到了更加广泛的应用，天基遥感探测也逐渐开始运用。此外，地基的非相干散射雷达也可以测量大气密度。

## 2.1 基于轨道动力学的大气密度反演

轨道动力学法是最早使用的热层大气密度测量方法，利用卫星轨道分析航天器的受力，再根据卫星所受大气阻力与大气密度的函数关系，来计算大气密度。在 20 世纪六七十年代，Jacchia 等人曾研究了十几年内发射的 100 多颗卫星的轨道，得到了 50 000 组左右的数据；这些数据在当时非常珍贵，对大气密度研究起了很重要的作用，早期的大气模式基本是利用这类数据建立的，如著名的 Jacchia 71 模式（Jacchia，1971）。该方法虽然比较准确，但所得到的数据极为稀疏，现在这种方法常用来对大气密度探测仪器进行校准。

### 2.1.1 基于精密星历的热层大气密度反演

#### 2.1.1.1 基本原理

在航天器无摄运动（二体问题）轨道方程的基础上，建立有摄运动的轨道方程如式（2－1）所示。

$$\ddot{\vec{r}}=-\frac{\mu}{r^3}\vec{r}+\vec{a}_{\mathrm{p}}(\vec{r},\dot{\vec{r}},t) \tag{2-1}$$

式中，$\mu=GM_{\oplus}$为引力常数；$\vec{a}_{\mathrm{p}}$为摄动加速度。根据常数变易原理，将二体问题中决定无摄椭圆轨道的常数根数变易为随时间变化的函数，用变化的椭圆轨道来描述卫星的真实运动轨迹。“变化的椭圆轨道”实际上是密切轨道。假设卫星在运行过程中自某时刻起不受任何摄动力作用，它将以此时运动状态沿着椭圆轨道运动，该椭圆轨道称为这一时刻的密切轨道。相应地，描述该无摄椭圆轨道的根数称为这一时刻的密切轨道根数，也叫瞬时轨道根数。经过推导，有摄二体问题的运动方程可以转化成六个轨道根数的摄动运动方程：

$$\begin{cases}\dfrac{\mathrm{d}a}{\mathrm{d}t}=\dfrac{2}{n\sqrt{1-e^2}}(e\sin f\cdot S+T(1+e\cos f))\\[2ex]\dfrac{\mathrm{d}e}{\mathrm{d}t}=\dfrac{\sqrt{1-e^2}}{na}(S\sin f+T(\cos f+\cos E))\\[2ex]\dfrac{\mathrm{d}i}{\mathrm{d}t}=\dfrac{r\cos u}{na^2\sqrt{1-e^2}}W\\[2ex]\dfrac{\mathrm{d}\Omega}{\mathrm{d}t}=\dfrac{r\sin u}{na^2\sqrt{1-e^2}\sin i}W\\[2ex]\dfrac{\mathrm{d}\omega}{\mathrm{d}t}=\dfrac{\sqrt{1-e^2}}{nae}\left[-S\cos f+T\left(1+\dfrac{r}{p}\right)\sin f\right]-\cos i\dfrac{\mathrm{d}\Omega}{\mathrm{d}t}\\[2ex]\dfrac{\mathrm{d}M}{\mathrm{d}t}=n-\dfrac{1-e^2}{nae}\left[-S\left(\cos f-2e\dfrac{r}{p}\right)+T\left(1+\dfrac{r}{p}\right)\sin f\right]\end{cases} \tag{2-2}$$

式中，$u=f+\omega$；$p=a(1-e^2)$；$a$、$e$、$i$、$\Omega$、$\omega$、$M$分别表示轨道半长轴、偏心率、倾角、升交点赤经、近地点辐角和平近点角；$f$表示真近点角；$n$为平均角速度；$S$、$T$、$W$分别为摄动加速度$\vec{a}_p$的径向、横向、轨道面法向分量。

由上式知，大气阻力引起的轨道半长轴衰减可以用阻尼摄动加速度在$S$和$T$方向的分量表示。如图2.1所示，假设来流速度方向与航天器速度方向相反，则

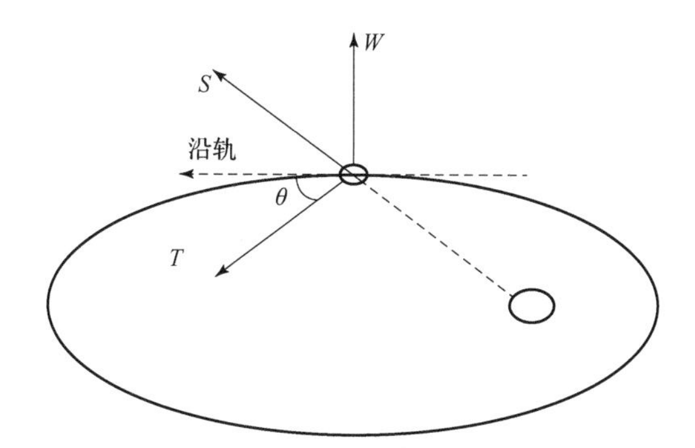


**图 2.1　航天器在轨道坐标系中运动示意图**

阻尼加速度沿航天器速度反方向。

$$\begin{cases} S_{\text{drag}} = -\dfrac{1}{2}\dfrac{C_{\text{D}}A_{\text{ref}}}{m}\rho V_{\text{r}}^{2}\sin\theta \\ T_{\text{drag}} = -\dfrac{1}{2}\dfrac{C_{\text{D}}A_{\text{ref}}}{m}\rho V_{\text{r}}^{2}\cos\theta \end{cases} \tag{2-3}$$

其中，$\theta$ 为 $T$ 方向与沿迹方向的夹角。根据密切轨道根数间的转化关系，$\theta$ 正弦函数和余弦函数表示如式（2－4）所示。

$$\begin{cases} \sin\theta = \dfrac{e\sin f}{\sqrt{1+2\cos f+e^{2}}} \\ \cos\theta = \dfrac{1+e\cos f}{\sqrt{1+2\cos f+e^{2}}} \end{cases} \tag{2-4}$$

因此：

$$\left.\frac{\mathrm{d}a}{\mathrm{d}t}\right|_{\text{drag}} = -\frac{C_{\text{D}}A_{\text{ref}}}{m}\rho V_{\text{r}}^{2}\frac{\sqrt{1+e^{2}+2e\cos f}}{n\sqrt{1-e^{2}}} \tag{2-5}$$

上式中各轨道根数都是关于时间的函数，两边对 $t$ 积分得到式（2－6）。

$$\Delta a_{\text{drag}} = \int_{t_1}^{t_2} -\frac{C_{\text{D}}A_{\text{ref}}}{m}\rho V_{\text{r}}^{2}\frac{\sqrt{1+e^{2}+2e\cos f}}{n\sqrt{1-e^{2}}}\mathrm{d}t \tag{2-6}$$

假设大气密度 $\rho$ 在积分区间内为常数，则利用物理阻尼系数模型以及轨道半长轴衰减的提取方法，就可以实现航天器精密星历反演大气密度。

$$\bar{\rho} = \frac{\Delta a_{\text{drag}}}{\displaystyle\int_{t_1}^{t_2} -\frac{C_{\text{D}}A_{\text{ref}}}{m}V_{\text{r}}^{2}\frac{\sqrt{1+e^{2}+2e\cos f}}{n\sqrt{1-e^{2}}}\mathrm{d}t} \tag{2-7}$$

在上式中，$\Delta a_{\mathrm{drag}}$精度主要取决于精密星历的精度，可以通过选取一定时长内带大气阻力轨道积分与不带大气阻力积分的差得到，见式（2-8）。

$$\left.\frac{\mathrm{d}a}{\mathrm{d}t}\right|_{\mathrm{drag}}^{t_0,\mathrm{app}}=\frac{a_{t_1}^{\mathrm{drag-fre}}-a_{t_1}^{\mathrm{true}}}{t_1-t_0} \tag{2-8}$$

由活力公式可知轨道半长轴和航天器位置、速度大小满足式（2-9）所示关系。

$$a=\left(\frac{2}{r}-\frac{v^2}{\mu}\right)^{-1} \tag{2-9}$$

根据间接测量的误差传递公式，可得式（2-10）。

$$\sigma_a^2=\left(\frac{\partial a}{\partial r}\right)^2\sigma_r^2+\left(\frac{\partial a}{\partial v}\right)^2\sigma_v^2=4a^2\left(\frac{1}{r^4}\sigma_r^2+\frac{v^2}{\mu^2}\sigma_v^2\right) \tag{2-10}$$

其中，

$$\begin{cases}\sigma_r^2=\left(\dfrac{\partial r}{\partial r_x}\right)^2\sigma_{r_x}^2+\left(\dfrac{\partial r}{\partial r_y}\right)^2\sigma_{r_y}^2+\left(\dfrac{\partial r}{\partial r_z}\right)^2\sigma_{r_z}^2\\ \sigma_v^2=\left(\dfrac{\partial v}{\partial v_x}\right)^2\sigma_{v_x}^2+\left(\dfrac{\partial v}{\partial v_y}\right)^2\sigma_{v_y}^2+\left(\dfrac{\partial v}{\partial v_z}\right)^2\sigma_{v_z}^2\end{cases} \tag{2-11}$$

$x$、$y$、$z$分别代表位置、速度在$S$、$T$、$W$的分量。

#### 2.1.1.2 时间分辨率选取原则

对于$\Delta a_{\mathrm{drag}}$的计算，本书采用数值积分方法，考虑除大气阻力以外完备的动力学模型，对历元时刻轨道进行一定时间长度的数值积分，并认为积分终点时刻的状态与实际状态的差异完全是由大气阻力引起的，从而通过轨道半长轴的变化提取阻力信息。积分时间长度越短，反演密度的时间分辨率就越高，如式（2-7）所示。

存在一个前提，即积分时间间隔内，由大气阻力造成的实际轨道衰减应显著大于轨道本身的精度。因此，轨道精度、积分间隔内轨道平均衰减量共同决定了反演密度的时间分辨率。

以APOD卫星轨道为例进行说明。在460 km轨道高度，APOD卫星定轨精度达到以下水平：$\sigma_r=0.1$ m，$\sigma_v=0.01$ mm/s，利用活力公式，可得到轨道半长轴的精度约为0.26 m，因为积分不考虑大气影响，没有显著的模型误差传递，则认为$t_1\sim t_0$时间段内轨道半长轴具有相同的精度水平，则式（2-7）中分子的精度为$\sqrt{2}a$，约0.38 m。

图 2.2（a）给出了 APOD 卫星 1.5 天轨道半长轴的衰减变化，可得其轨道半长轴平均衰减率为 -0.41 mm/s，对应地磁指数 ap 如图 2.2（b）图所示（空间环境非常宁静）。

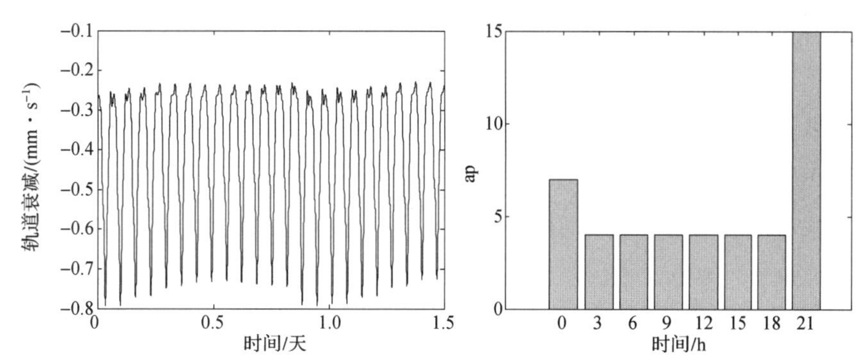


**图 2.2 APOD 卫星在地磁宁静时的平均轨道衰减及对应地磁指数变化**

表 2-1 出了在 460 km 高度，不同积分时间对应的累积 APOD 卫星半长轴衰减。可以看出，在空间环境平静的条件下，所需的积分时间较长，时间分辨率达到 5 400 s，即 1 圈的情况下，轨道累计衰减远大于半长轴精度。如果地磁活动水平增强，则轨道平均衰减量将显著提高，则所需积分间隔可以进一步减小。当地磁指数 ap 达到 100 时，轨道平均衰减量达到 4 mm/s，则反演时间分辨率可以达到 10 min 量级，这对开展地磁扰动时期的大气密度的快速变化及响应研究，获取高时间分辨率密度数据，具有十分重要的意义。

**表 2-1 不同地磁条件下时间分辨率与轨道衰减的关系**

| 地磁指数 ap | 轨道平均衰减率 | 积分间隔 | 轨道累积衰减 | 半长轴精度 |
|---|---|---|---|---|
| 5 | 0.4 mm/s | 600 s | 0.24 m | 0.38 m |
| | | 1 200 s | 0.48 m | |
| | | 1 800 s | 0.73 m | |
| | | 2 400 s | 0.96 m | |
| | | 5 400 s | 2.16 m | |
| 100 | 4 mm/s | 300 s | 1.2 m | |
| | | 600 s | 2.4 m | |

### 2.1.2 基于双行根数的热层大气密度反演

美国空间监视网对大部分在轨目标进行监视、编目和维护，北美防空司令部将目标的轨道信息以双行根数（two - line element，TLE）形式发布在 Space - Track 网站，是目前关于空间目标种类最完善、唯一公开发布的轨道数据库，被广泛应用于热层大气密度反演。TLE 数据包含经典轨道六根数（轨道倾角、升交点赤经、离心率、近地点角距、平近点角和平均运动）和一个与阻力相关的参数，去除了地球非球形引力摄动的周期项影响，能够反映卫星轨道的长期变化趋势。

大气阻力对卫星产生的加速度 $\ddot{r}_{\mathrm{drag}}$ 由式（2 - 12）表示，$\rho$ 为大气密度，$B$ 为卫星弹道系数，$v$ 是卫星速度，$v_w$ 是大气来流的速度，$\boldsymbol{e}_{v-v_w}$ 是卫星速度相对大气来流速度的方向矢量。

$$\ddot{r}_{\mathrm{drag}} = -\frac{1}{2}\rho B\,(v - v_w)^2 \boldsymbol{e}_{v-v_w} \tag{2-12}$$

大气阻力使卫星轨道逐渐衰减，主要体现为半长轴 $a$ 的长期衰减效应，如式（2 - 13）。

$$\frac{\mathrm{d}a}{\mathrm{d}t} = \frac{2a^2 v}{\mu}\ddot{r}_{\mathrm{drag}} \tag{2-13}$$

式中：$\frac{\mathrm{d}a}{\mathrm{d}t}$ 为半长轴的衰减率；$\mu$ 为地球引力常数；$\ddot{r}_{\mathrm{drag}}$ 为阻力摄动加速度。半长轴 $a$ 与 TLE 根数中的平均运动 $n$ 的关系如式（2 - 14）。

$$n = \sqrt{\mu / a^3} \tag{2-14}$$

对式（2 - 14）求 $n$ 对时间的导数，结合式（2 - 12），可得到式（2 - 15），$F$ 是无量纲因子，见式（2 - 16），表示旋转大气对卫星轨道的影响，由于大气来流速度 $v_w$ 相对卫星速度 $v$ 是个较小量，$F$ 可简化为式（2 - 17），$r$ 表示卫星到地心的距离，$w$ 表示地球旋转角速度，$i$ 表示卫星轨道倾角。

$$\frac{\mathrm{d}n}{\mathrm{d}t} = \frac{3}{2} n^{1/3} \mu^{-2/3} \rho B v^3 F \tag{2-15}$$

$$F = \frac{(v - v_w)^2}{v^2} e_{v-v_w} \cdot e_v \tag{2-16}$$

$$F \cong \left(1 - \frac{rw}{v}\cos i\right)^2 \tag{2-17}$$

针对 $t_1$ 和 $t_2$ 两个历元时刻的 TLE 根数，对式（2-15）$t_1 \sim t_2$ 时刻积分，方程左边可记为 $\Delta n = n_{t_2} - n_{t_1}$，由于 $n$ 的变化较小，右式 $n^{1/3}$ 可直接移至积分号外，并用平均值 $\bar{n} = (n_{t_2} + n_{t_1})/2$ 代替，大气密度 $\bar{\rho}$ 可由式（2-18）求出，对于积分过程中用到的卫星速度由 SGP4（Simplified General Perturbation Version 4）模型计算。

$$\bar{\rho} = \frac{2\Delta n \mu^{2/3}}{3\bar{n}^{1/3} B \int_{t_1}^{t_2} v^3 F \mathrm{d}t} \tag{2-18}$$

$$B = \frac{C_{\mathrm{D}} s}{m} \tag{2-19}$$

弹道系数 $B$ 的估算对于大气密度反演至关重要，其定义见式（2-19），其中 $C_{\mathrm{D}}$ 为阻力系数，$s$ 为卫星迎风面积，$m$ 为卫星质量，目前主要有两种手段估算弹道系数。一是在长期的多次精密定轨中估计平均弹道系数，Bowman 给出了 HASDM 项目中部分空间目标的弹道系数（Bowman，2003），其中每个目标的弹道系数利用 1970 年到 2001 年间精密的轨道监测数据，每 3 天进行一次定轨并估计弹道系数，将总共约 3 200 次估计的弹道系数平均值作为目标的精确弹道系数。二是利用连续若干天 TLE 根数半长轴的衰减估算弹道系数（Sang，2013；Saunders，2012），具体方法如下。

对于任意两个历元 $t_1$，$t_2$ 间隔的 TLE 根数，将 $\Delta a_{\mathrm{tle}} = a_{\mathrm{tle2}} - a_{\mathrm{tle1}}$ 作为半长轴衰减观测量，在 $t_1 \sim t_2$ 时间范围内，对式（2-13）进行积分，即可获取半长轴衰减的理论解算结果，即式（2-20），将式（2-12）代入式（2-20），即可得到式（2-21），积分过程中的卫星位置、速度通过 SGP4 模型计算，大气密度 $\rho$ 可利用大气密度模型 NRLMSISE00 计算。

$$\int \frac{\mathrm{d}a}{\mathrm{d}t} \cdot \mathrm{d}t = \int \frac{2a^2 v}{\mu} \ddot{r}_{\mathrm{drag}} \mathrm{d}t \tag{2-20}$$

$$\Delta a_{\mathrm{comp}} = \int \frac{\mathrm{d}a}{\mathrm{d}t} \cdot \mathrm{d}t = -\int \frac{2a^2 v}{\mu} \cdot \left(\frac{1}{2} B\rho v^2\right) \mathrm{d}t = -\int \frac{B\rho a^2 v^3}{\mu} \mathrm{d}t = -\sum \frac{B\rho a^2 v^3}{\mu} \Delta t \tag{2-21}$$

对式（2-21）展开，并略去高阶项，得到式（2-22），$\Delta B$ 为弹道系数改进量，由于该式为超定方程，需积累一定弧段的 TLE 根数，采用最小二乘迭代求解，从而得到最终的弹道系数。

$$\Delta a_{\text{tle}} = \Delta a_{\text{comp}} + \frac{\partial \Delta a_{\text{comp}}}{\partial B} \cdot \Delta B \tag{2-22}$$

图 2.3 给出了基于 APOD 卫星 TLE 根数反演密度与 APOD 卫星探测密度的比较（2015 年 12 月 1 日至 2016 年 6 月 30 日），时间分辨率为 TLE 根数相邻历元的时间差。通过统计分析，反演密度数据相对于探测数据的平均偏差优于 1%，标准偏差为 14.2%。

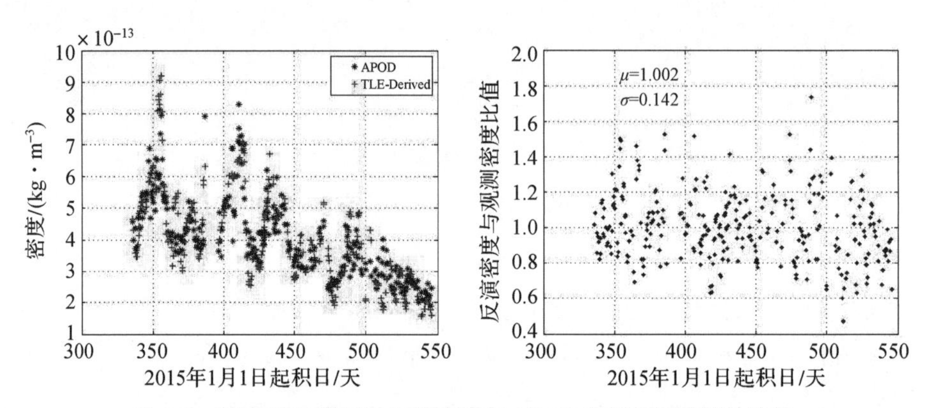


**图 2.3 基于 TLE 数据的反演密度与 APOD 卫星探测数据的比较**

## 2.1.3 基于落球探测的临近空间大气参数反演

落球法是临近空间大气探测的经典方法之一，落球探测大气环境参数的方法是以火箭作为动力，将球体送到一定高度后抛出，球开始无动力下落，跟踪测量设备测量落球的位置、速度或加速度等信息，利用落球轨迹信息求解落球动力学方程组，计算得到下落途径大气的密度、风向、风速；根据计算得到的大气密度，结合流体静力学方程和理想气体状态方程，求解气压和温度。

按球体压缩方式分，落球可以分为膨胀落球和硬质落球。膨胀落球球体通常采用聚酯薄膜等，球体内有充气介质，在高空充气介质气化使球体充盈，常用的膨胀落球直径一般为 1 m 左右，一般采用雷达来进行膨胀落球的位置测量；与膨胀落球不同，硬质落球的球体不可伸缩，通常质量更大，体积较小，一般需要搭载加速度计等仪器来获取其准确运动信息。

美国从 20 世纪 50 年代开始研制落球探测器，开展临近空间大气参数的测量，20 世纪六七十年代，美、欧等西方国家进行了多次火箭飞行试验，积累了大量探测数据，这些数据为建立大气密度、温度、风场模型提供了有力支持。经过多年的研制试验，落球技术现在已成为临近空间环境探测的常规手段。研究表明，落球探测大气参数的精度主要受到测控设备误差和阻力系数误差的影响，此外还与落球的面积、质量等相关。落球探测最常用的测控设备为单脉冲雷达，美国主要采用 FPS－16、MPS－19、FPQ－6 等型号的脉冲雷达对落球跟踪测量，以得到视距方向的斜距、方位角和仰角，根据这些观测量计算落球的轨迹。要想获取较高精度的测量结果，对于落球位置的测量误差通常不大于 100 m。

在膨胀落球探测技术的发展过程中，最有影响力的是美国空军组织实施的 Robin（火箭落球仪器）项目以及美国宇航局组织实施的 Super－Loki 项目。1965 年美国空军开始实施 Robin 项目，连续发射了多次落球探测试验，获得了 70 km 以下的大气密度风场等剖面数据，并通过密度测量进一步计算得到气压和温度数据。为提高探测高度，在 1970 年又实施了 Robin1970 计划，将抛球高度提高到 125 km，使落球探测密度的有效高度增加到 100 km 高度。在将 Robin1965 项目中开发的数据处理方法用于更高高度上的密度计算时，发现存在着明显的偏差，为减小计算速度和加速度的计算误差，该项目开发了最优平滑算法，发现在计算速度和加速度时分别采用 19 点线性－21 点样条平滑或 31 点线性－7 点线性平滑，反演得到的密度误差最小，而风场采用 51 点样条－35 点样条平滑可以达到最好的效果，并指出该结果仅限于 Robin 落球系统。此后又实施了 Robin1972 计划，数据处理沿用了之前的方法，在 70～95 km 高度上速度和加速度引起的密度误差在 3%～4%，温度误差在 3～7 K，而在 100 km 上的密度误差可达 10%，85 km 以上的风场测量存在明显的不合理。

落球探测中大气密度的计算公式如式（2－23）所示。

$$\rho=\frac{m(g-\ddot{z})}{1/2C_{\mathrm{d}}A|v_{\mathrm{r}}|(\dot{z}-W_z)+V_{\mathrm{b}}g} \tag{2-23}$$

式中，$m$ 为落球的质量；$g$ 为重力加速度；$\rho$ 为大气密度；$C_{\mathrm{d}}$ 为落球的阻力系数；$A$ 为落球的截面积；$v_{\mathrm{r}}$ 为落球相对于大气的速度；$V_{\mathrm{b}}$ 为落球的体积；$W_z$ 为垂直方向风速；$\dot{z}$ 和 $\ddot{z}$ 为落球在垂直方向的速度和加速度。落球的阻力系数 $C_{\mathrm{d}}$ 是密度反演过程中的一个重要参数，落球从 110 km 高度下降至地面过程中，所处的大气环境从自由分子流、滑移流过渡到连续流，阻力系数发生了较大变化。需要根据落球所处的高度、速度计算马赫数和雷诺数，寻找对应的阻力系数。

风速分量计算如式（2-24）所示。

$$
\begin{aligned}
W_x &= \dot{x} - \frac{\dot{z}\left(\ddot{x} + C_x - g_x - \dfrac{g_x V_b \rho}{m}\right)}{\ddot{z} + C_z - g_z - \dfrac{g_z V_b \rho}{m}} \\
W_y &= \dot{y} - \frac{\dot{z}\left(\ddot{y} + C_y - g_y - \dfrac{g_y V_b \rho}{m}\right)}{\ddot{z} + C_z - g_z - \dfrac{g_z V_b \rho}{m}}
\end{aligned}
\tag{2-24}
$$

式中，$W_x$、$W_y$ 分别为东西风和南北风分量；$\dot{x}$、$\dot{y}$、$\dot{z}$ 和 $\ddot{x}$、$\ddot{y}$、$\ddot{z}$ 分别为落球在 $x$、$y$、$z$ 方向的速度和加速度；$C_x$、$C_y$ 和 $C_z$ 为科氏力的分量；$g_x$、$g_y$ 和 $g_z$ 为重力加速度的分量。

温度结合大气静力学方程和理想气体状态方程进行计算，如式（2-25）所示。

$$
T_z = T_a \frac{\rho_a}{\rho_z} + \frac{M}{R\rho_z}\int_h^a \rho_h g \mathrm{d}z \tag{2-25}
$$

式中，$T_a$ 为基准高度 $a$ 上的温度；$T_z$ 为高度 $z$ 上的温度；$\rho_a$ 和 $\rho_z$ 分别为基准高度 $a$ 和高度 $z$ 上的大气密度。

气压根据理想气体状态方程进行计算。

$$
P_0 = T_0 \rho_0 \frac{R}{M} \tag{2-26}
$$

式中，$T_0$、$\rho_0$ 和 $M$ 分别为初始高度上的温度、大气密度以及大气平均分子量；$R$ 为通用气体参数。

通过受力分析，计算出重力、科氏力和离心力，进一步计算得到落球的阻力加速度。利用 Robin 计划提供的阻力系数表计算阻力系数，并反演大气密度等参数。

对于 100 km 高度以下的大气参数计算，考虑成本因素，球体可以采用膨胀落球，利用地面高精度雷达或者球载 GPS 测量落球位置或速度，通过位置或速度的微分来计算落球加速度，从而计算大气参数；对于 100 km 高度以上的热层大气，对于加速度的精度要求较高，常采用球载加速度计测量落球加速度，结合跟踪设备来测量位置，进一步计算大气参数。

根据误差传播理论，密度反演的相对误差如式（2－27）所示。

$$\left(\frac{\sigma_\rho}{\rho}\right)^2=\left(\frac{\sigma_{C_D}}{C_D}\right)^2+\left(\frac{\dot{x}-W_x}{v_r^2}\sigma_{W_x}\right)^2+\left(\frac{\dot{y}-W_y}{v_r^2}\sigma_{W_y}\right)^2+\left(\frac{2\sigma_{W_z}}{\dot{z}-W_z}\right)^2+\left(\frac{2\sigma_{\dot{z}}}{\dot{z}}\right)^2+\left(\frac{\sigma_{\ddot{z}}}{\ddot{z}-g_0}\right)^2+\left(\frac{2\Delta\dot{z}}{\dot{z}}+\frac{\Delta\ddot{z}}{\ddot{z}-g_0}\right)^2 \tag{2-27}$$

等式右端第一项是阻力系数误差项；第二项和第三项是水平相对速度误差引起的密度误差；第四项是垂直风引起的误差，由于垂直风的影响很小，该项可以忽略；第五项和第六项是垂直速度和加速度的噪声误差引起的密度误差；第七项是垂直速度和加速度的偏差误差引起的密度误差。

风速误差由噪声误差和偏差误差构成，由于垂直风速相对落球的速度很小，可以忽略不计，水平方向噪声误差 $\sigma_{W_x}$、$\sigma_{W_y}$ 可以用以下两式计算。

$$\sigma_{W_x}^2=\sigma_{\dot{x}}^2+\left(\frac{\dot{z}}{\ddot{z}-g}\sigma_{\ddot{x}}\right)^2+\left(\frac{\ddot{x}}{\ddot{z}-g}\sigma_{\dot{z}}\right)^2+\left[\frac{\ddot{x}\dot{z}}{(\ddot{z}-g)^2}\sigma_{\ddot{z}}\right]^2 \tag{2-28}$$

$$\sigma_{W_y}^2=\sigma_{\dot{y}}^2+\left(\frac{\dot{z}}{\ddot{z}-g}\sigma_{\ddot{y}}\right)^2+\left(\frac{\ddot{y}}{\ddot{z}-g}\sigma_{\dot{z}}\right)^2+\left[\frac{\ddot{y}\dot{z}}{(\ddot{z}-g)^2}\sigma_{\ddot{z}}\right]^2 \tag{2-29}$$

## 2.2 天基原位热层大气密度测量

常用的天基原位热层大气密度测量方式主要有质谱计法、星载加速度计法、压力规法等。

### 2.2.1 质谱计的基本原理、测量要素与方法

质谱计的测量原理是先对大气进行采样，通过电磁波对采样气体电离，然后利用电磁场对电离的气体偏转分离，对分离的结果进行分析来确定大气各成分的密度，各成分密度的总和就是大气的总密度。

利用质谱计可以获得大量卫星轨道处的数据，质谱计测量的密度数据在大气模式研究中得到了广泛的应用。表 2－2 给出了 20 世纪热层大气密度的主要探测

卫星，表2－3 搭载加速度计的卫星著名的 MSIS 系列模式（Hedin 等，1987；Picone 等，2000）就是以这些卫星的数据为基础建立的。但是，我们从表 2－2 可以看出，用于热层大气密度探测的卫星并不多，卫星寿命和轨道设计进一步限制了数据的获得：这些卫星中只有 AE－C、AE－E 和 CASTOR－D5B 等卫星的寿命超过了两年；有些大气密度探测卫星的纬度覆盖不好，如 AE－E 卫星和 CASTOR－D5B 卫星的数据仅覆盖低纬度；就高度覆盖而言，载有加速度计的 SETA 卫星的高度太低；另外，大多数密度探测卫星的轨道为大椭圆轨道（如 DE－2、AE－D 和 AE－E 卫星），由于密度对卫星轨道影响最大的是在低轨道，这样这种轨道设计使只能在卫星近地点时才能得到有效数据。质谱计也存在一些问题，它在测定大气密度之前要先对采样气体进行电离，所以无法准确判别氧分子和氧原子的含量。

**表 2－2　20 世纪热层大气密度的主要探测卫星（NRLMSISE00 模式数据集）**

| 卫星 | 仪器 | 时间 | 高度/km | 纬度/(°) |
|---|---|---|---|---|
| OGO 6 | 质谱计 | 1969 年 6 月—1971 年 5 月 | 400～600 | －90；90 |
| SanMarco－3 | 质谱计 | 1971 年 4 月—1971 年 11 月 | 160～250 | |
| Aeros－A | 质谱计 | 1973 年 1 月—1973 年 8 月 | 200～870 | －83；83 |
| ESRO－4 | 质谱计 | 1972 年 11 月—1974 年 4 月 | 240～320 | |
| AE－C | 质谱计；加速度计 | 1973 年 12 月—1978 年 12 月 | 130～4 300 | －68；68 |
| AE－E | 质谱计；加速度计 | 1975 年 12 月—1980 年 12 月 | 160～3000 | －20；20 |
| AE－D | 质谱计；加速度计 | 1975 年 10 月—1976 年 1 月 | 150～3 800 | －90；90 |
| CASTOR－D5B | CATUS 加速度计 | 1975 年 1 月—1978 年 1 月 | 225～1 200 | －30；30 |
| DE－2 | 质谱计 | 1981 年 8 月—1983 年 2 月 | 305～837 | －90；90 |
| SETA2 | 加速度计 | 1982 年 5 月—1982 年 11 月 | 170～240 | －83；83 |
| SETA3 | 加速度计 | 1983 年 7 月—1984 年 3 月 | 170～240 | －83；83 |

我国四极杆质谱技术已成功应用于星载大气成分，从 2001 年开始，中国科学院国家空间科学中心研制的基于四极杆质谱计的大气成分探测器开始在“神舟二号”“神舟三号”“神舟四号”飞船轨道舱以及“天宫一号”和“天宫二号”

飞行器上在轨监测地球热层大气成分的时空分布，获得了大量探测数据。

质谱计传感器由离子源、质量分析器和离子检测器组成。离子源用于电离中性气体；质量分析器用于质量分析；离子检测器用于检测离子，通过离子检测器的谱图即可得出大气成分的谱图信息，包括其气体组分及分压力。

常用的质谱计包括四极质谱计、磁偏转质谱计、飞行时间质谱计等。磁质谱计根据带电粒子在磁场中所受洛仑兹力不同而实现离子分离，其优点是质量分辨率高，缺点是体积大、较重、可能会出现漏磁现象。飞行时间质谱计根据相同能量离子在无场漂移管中的飞行时间长短来实现离子分离，优点是测定快速、质量数分辨率高，缺点是体积和重量都较大。四极杆质谱计重量轻、质量数分辨率较高，环境适应性强，并且不存在漏磁问题，在近 30 年来的空间环境探测活动中应用最为广泛。下面以四极质谱计为例介绍测量原理。

轨道空间环境大气经测孔进入取样室，在离子源区被充分电离，被会聚送入四极滤质器，受分析场的电场调制，离子按其 $m/e$ 比大小被分开，在扫描中由离子检测器检测得到离子按 $m/e$ 比大小顺序排列的质谱图，由谱峰在质谱图上的位置确定该谱峰所标志的大气成分，由谱峰峰值电压值来得到该谱峰成分的数密度量值。电子线路在完成上述功能同时将传感器所得大气成分综合质谱、取样室温度等科学数据物理量电信号转换成模拟电压信号。

四极质谱计的工作原理是将不同质荷比的离子在直流/高频双曲面场中运动轨迹的稳定性来实现质量分离，当离子在场轴（$Z$ 轴）方向做匀速运动，则离子在 $X$ 和 $Y$ 方向做稳定运动的特征方程为经典马修方程形式。当质荷比为 $m/e$ 的离子沿分析场的场轴（$Z$ 轴）进入分析场时，离子的运动方程如式（2-30）

$$\left.\begin{aligned} &\frac{\mathrm{d}^2 x}{\mathrm{d}t}+\frac{2e}{mr_0^2}(U-V\cos\omega t)x=0 \\ &\frac{\mathrm{d}^2 y}{\mathrm{d}t}-\frac{2e}{mr_0^2}(U-V\cos\omega t)y=0 \\ &\frac{\mathrm{d}^2 z}{\mathrm{d}t}=0 \end{aligned}\right\} \tag{2-30}$$

式中，（$U-V\cos\omega t$）为加在四极杆上的直流/高频叠加电场，其中 $U$ 为直流分量，$V$ 为高频分量的幅度值，$\omega$ 为高频分量的角频率；$m/e$ 为离子质荷比；$r_0$ 为分析场的场半径。将在轨测得的质谱图与大气质谱标定结果进行比对，即可获得轨道空间的大气成分以及各成分数密度等信息。

如图2.4所示，横坐标代表扫描时间，谱峰出现的时刻及位置代表了该类组分的质量数，而谱峰的高度则代表了该组分的数密度和质量密度。

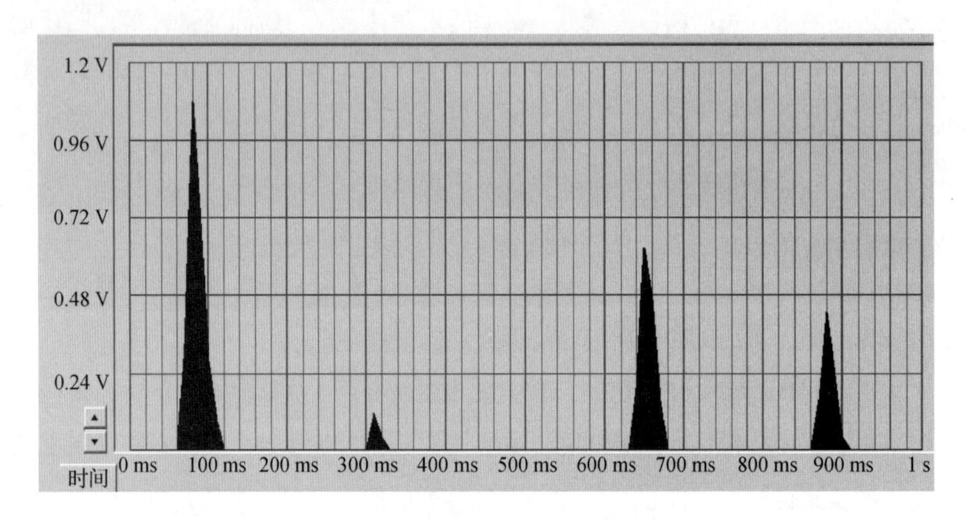


**图2.4 质谱计大气成分谱图示意**

### 2.2.2 星载加速度计测量热层大气密度的方法

星载加速度计法与轨道法类似，也是利用卫星所受大气阻力与密度的函数关系来计算大气密度，但它测量大气阻力是通过直接测量卫星所受到的非保守力，从中提取出大气阻力。随着卫星非重力加速度计精度的提高，利用加速度计来测量大气阻力的方法得到了广泛的应用。尤其在21世纪以来，随着星载加速度计测量精度的提高，多颗卫星搭载加速度计对热层大气密度进行了长期的探测，包括CHAMP、GRACE和GOCE、SWARM卫星等，加速度计成为最近大气密度探测的主要手段。下表列举了利用加速度计测量热层大气密度的卫星计划，具体参数根据公开资料获得，其中CHAMP卫星、GRACE卫星的密度测量数据对热层大气的研究有着重要贡献，研究者们利用这些数据取得了大量原创性成果。下面对CHAMP卫星、GRACE卫星情况和数据处理方法进行具体的介绍。

表 2-3　21 世纪搭载加速度计的卫星

| 卫星 | 测量时间 | 高度/km | 纬度/(°) |
|---|---|---|---|
| CHAMP | 2001 年 5 月—2009 年 12 月 | 300~450 | -87；87 |
| GRACE | 2002 年 3 月—2016 年 | 300~450 | -89；89 |
| GOCE | 2009 年 12 月—2013 年 10 月 | 260~330 | -81；81 |
| SWARM | 2014 年 2 月— | 400~460 | -87；87 |

#### 2.2.2.1　CHAMP 和 GRACE 卫星简介

德国于 2000 年 7 月 15 日发射了 CHAMP 卫星（图 2.5（a）），CHAMP 是一颗近极地低轨道卫星，星体初始质量为 522.5 kg，轨道倾角 87.3°，三轴稳定，卫星的长杆大致指向飞行方向，摆动幅度在 2°以内，卫星设计寿命为 5 年，每 93.21 分钟围绕地球转动一周，轨道平均偏心率为 0.003，轨道初始高度 454 km，于 2010 年陨落。CHAMP 卫星可简化为 13 个面的模型，其表面的材质可以参考 Bruinsma 等（2003b）的文献。每四个月，CHAMP 的星下点地方时变化一个周期，也就是说星下点地方时从 0~24 时变化一周。

CHAMP 计划由德国地学中心（Geo Forschungs Zentrum，GFZ）提出并实施，它的基本任务是测量地球的磁场和重力场，监测对流层和电离层，还可以测量热层大气密度。

CHAMP 卫星载有新一代高增益 GPS 接收机，能实时测定 CHAMP 卫星的精确位置和速度，以实现精密定轨；第一次载有高精度非重力加速度计 STAR（spatial triaxial accelerometer for research），可以精确测量卫星由非重力引起的加速度。STAR 是由 CNES（Centre National d'Etudes Spatiales，法国国家空间研究中心）制造，如图 2.5（b）所示。它用于测量卫星由非重力所引起的加速度，非重力包括大气阻力、太阳辐射光压和地面反照压等，它利用静电微加速度计的测量原理，使用静电平衡的方法，使腔中的质量块处于悬浮状态，在腔壁上安装了控制质量块运动（包括平动和转动）的电极，通过传感器单元的闭环控制设法使质量块处于腔的中心不动。检测到的加速度与控制质量块的力成正比。为了将旋转加速度和重力梯度的影响减小到最低，加速度计精确地安放在

CHAMP 卫星的重心处，最大偏差为 2 mm，加速度计轴的确切方向由两个星敏传感器来测定。

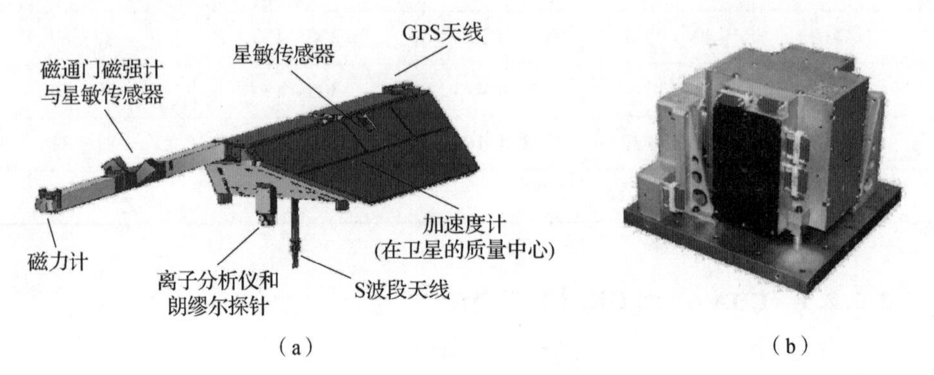


**图 2.5 CHAMP 卫星（a）及加速度计（b）**

GRACE（Gravity Recovery and Climate Experiment）是美德联合发射的双子卫星，由美国国家航空航天局（NASA）和德国航空航天中心（DLR）共同管理，该卫星于 2002 年 3 月 17 日发射。两颗卫星完全一样，每颗卫星的设计质量为 487.2 kg，卫星为六面体设计，但两个侧面有 50°的夹角，以满足飞行稳定的需要。两颗卫星的倾角都为 89°，一前一后飞行，间隔始终在 220 km 左右。与 CHAMP 卫星类似，两颗卫星上均载有高增益 GPS 接收机和高精度加速度计 STAR，在 $Y_{ACC}$、$Z_{ACC}$ 方向，加速度计的分辨率为 $<3\times10^{-9}$ m · s$^{-2}$，在 $X_{ACC}$ 方向，加速度计的分辨率为 $<3\times10^{-8}$ m · s$^{-2}$，测量的最大量程为 $\pm10^{-4}$ m · s$^{-2}$。

CHAMP 和 GRACE 卫星的姿态测量都是由精密恒星罗盘 ASC 来完成，ASC 由丹麦技术大学开发和生产，ASC 分为两组星敏传感器，一组在杆上，另一组在星体内部，每一组包含两个摄像头 CHU（camera head units）和一个数据处理单元 DPU（data processing unit），该数据处理单元提供图像处理、模式识别、数据压缩等功能。

CHAMP 卫星和 GRACE 卫星的发射为热层大气密度的研究提供了良好的数据源。其携带的高精度的非保守力加速度计，在切线方向测量误差小于 $3\times10^{-9}$ m · s$^{-2}$；携带的高精度 GPS 接收机，与地面的卫星轨道监测网一起保证了卫星的精密定轨，而高精度的定轨有利于加速度计的校准和大气密度的计算；良好的姿态控制系统和 4 个用于姿态监测的摄像头，有利于辐射光压的计算和大气密度的反演；

卫星轨道为近圆形，便于研究密度的变化规律；具有良好的全球覆盖，高倾角保证了在极区也有大量的探测数据；具有高的时间分辨率和空间分辨率。

#### 2.2.2.2　加速度计密度探测方法

加速度计所测得的加速度是卫星受到的所有非保守力引起的加速度，这些力包括大气的阻力和升力、太阳辐射光压、地球反照辐射压（包括地球反射光压和地球红外辐射压）等，其中大气的阻力最大。利用一定的模型，可以计算出太阳辐射光压和地球反照辐射压，这样可以将大气的阻力和升力分离出来。卫星受到的阻力和升力与卫星周围的大气密度有着正比的关系，根据它们之间的关系式可以求出大气的密度。

1. 卫星加速度计数据的预处理

由于仪器的原因，加速度计数据存在着系统偏差，虽然德国地学中心通过精密定轨技术对加速度计数据进行校准，并在提供的数据文件中给出了加速度计的初始校准参数，但考虑到仪器的校准参数会随时间发生变化，还需要进一步校准。我们利用卫星轨道的数据，根据轨道能量守恒理论计算由非保守力引起的卫星加速度，以这种方法计算的加速度为真实值，对加速度计测值（经初步校准的）进行校准。校准的方法是假定在一定时间范围内，真实值与测量值之间满足式（2－31）。

$$a_{\text{real}} = a_{\text{observed}} + \text{bias} + \text{scale} \times \text{day} \tag{2-31}$$

式中，$a_{\text{real}}$、$a_{\text{observed}}$分别为真实值和测量值（经初步校准的）；bias 和 scale 为偏差因子和尺度因子；day 为由 2002 年 1 月 1 日 0 点开始计数的日期数。

图 2.6（a）、（b）的左图给出了加速度计的测量值（$a_{\text{observed}}$）和卫星轨道计算值（$a_{\text{real}}$），由图可知，两者在 2002—2004 年有着比较好的一致性，随着时间的推移，两者逐渐产生了偏移。图 2.7（a）、（b）的右图给出了利用式（2－31）对每年的加速度计数据进行校准后的结果（红点），与 $a_{\text{real}}$有很好的一致性。

2. 大气作用引起加速度的计算

加速度计所测量的加速度是卫星所受非保守力引起的卫星加速度，该非保守力为大气阻力、大气升力、太阳辐射光压、地球反照光压等力的合力。要计算大气作用引起的卫星加速度必须先扣除大气作用力之外的其他因素。如果卫星处于地球的阴影区，则太阳辐射光压不存在，如果卫星在太阳光照区，在卫星的切线

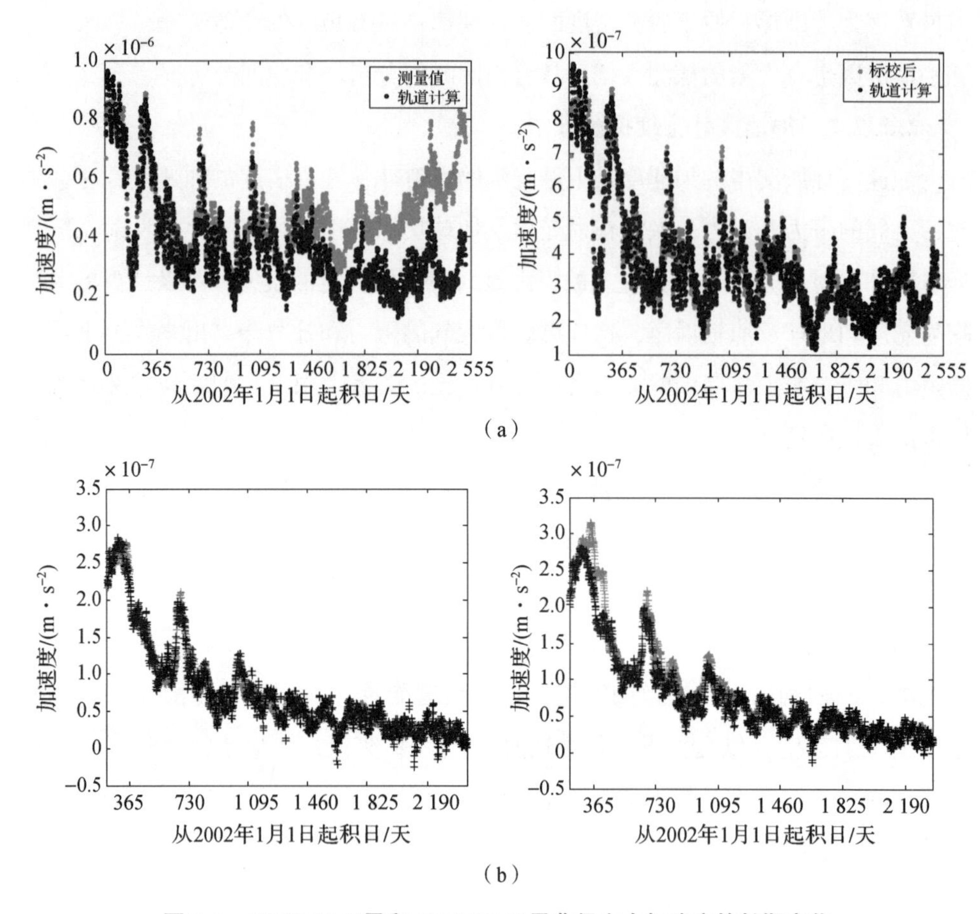


**图 2.6 CHAMP 卫星和 GRACE 卫星非保守力加速度的长期变化**

(a) CHAMP 卫星非保守力加速度的长期变化；(b) GRACE 卫星非保守力加速度的长期变化

方向，CHAMP 卫星受到的太阳辐射光压最大不超过大气阻力的 5%，而地球反照光压可以忽略不计。

大气作用力引起的加速度可表示为式（2-32）。

$$\vec{a} = \sum_{i=1}^{k} (\vec{a}^{i}_{\text{observed}} - \vec{a}^{i}_{\text{solar}} - \vec{a}^{i}_{\text{reflect}}) \tag{2-32}$$

式中，$\vec{a}_{\text{solar}}$为太阳光压在卫星切向引起的加速度；$\vec{a}_{\text{reflect}}$为地球反照压在卫星切向引起的加速度。

太阳光压可以由式（2-33）计算。

$$\vec{a}_{\text{solar}} = -P\frac{v}{m}\sum_{i}^{k}\alpha_i A_i \cos\theta_i \left[2\left(\frac{\delta_i}{3}+\rho_i\cos\theta_i\right)\vec{n}_i + (1-\rho_i)\vec{s}_i\right] \tag{2-33}$$

式中，$P$ 为卫星所处位置的太阳辐射流量；$A_i$ 为平面 $i$ 的面积；$\vec{n}_i$ 和 $\vec{s}$ 分别为平面 $i$ 的法向矢量和卫星到太阳的方向矢量；$\theta_i$ 为平面 $i$ 的法向与卫星到太阳方向之间的夹角；$\alpha_i$ 为平面 $i$ 的方向因子（$\cos\theta_i<0$ 时为 0，$\cos\theta_i>0$ 时为 1）；$\rho_i$ 和 $\delta_i$ 分别为平面 $i$ 的反射系数和散射系数；$m$ 为卫星的质量；$v$ 为卫星的食因子。

地球受日光照射产生地影，在地影里卫星不受太阳光压的影响。假定太阳光为平行光，则地影为圆柱形地影模型，卫星进、出地影时应满足条件式（2-34）。

$$\begin{cases}\sin\psi = R/r \\ \cos\psi = \vec{r}_{\Theta}\cdot\vec{r}\end{cases} \tag{2-34}$$

式中，$R$ 为地球赤道平均半径；$\vec{r}_{\Theta}$；$\vec{r}$ 分别为 $r_{\Theta}$；$r$ 的单位矢量；$\psi$ 为日地连线和星地连线之间的夹角。太阳星历可以利用 IGRF-10 模式（Maus 等，2005）来计算。

光压产生加速度的量级为 $0\sim10^{-9}\ \mathrm{m/s^2}$，在切线方向上对卫星加速度的贡献一般不超过 3%。

卫星还受到地球反照辐射压的影响，地球反照辐射压包括地球反射光压和地球红外辐射光压。地球接收的太阳辐射能量以光学辐射和红外辐射两种方式释放出去。光学辐射包括镜面反射和漫反射两部分，其中漫反射是主要的，而镜面反射可以忽略。光学辐射只有被太阳照射的半球才存在，辐射强度正比于当地太阳天顶角的余弦。光学辐射对卫星主要产生径向压力，横向的光压仅约为径向的百分之一。红外辐射强度与太阳入射角无关，卫星在日照半球和阴影区均受到红外辐射径向压力。反射光压和红外光压在卫星的切线方向分量都很小，比大气阻力至少小 3 个数量级，所以本章忽略了它们的影响。

3. 密度计算方法

在利用加速度计数据反演大气密度时，需同时考虑阻力和升力的影响，由大气密度引起的加速度可以表示为式（2-35）（Sutton 等，2005）。

$$\vec{a} = -\frac{\rho}{2m}\sum_{i=1}^{k}\left(C_{\mathrm{D}}^{i}A_i(\vec{V}_{\mathrm{r}}\cdot\vec{n}_i)\cdot\vec{V}_{\mathrm{r}} + \frac{\cos\theta_i}{\sin\theta_i}\boldsymbol{C}_{L}^{i}A_i(\vec{V}_{\mathrm{r}}\times\vec{n}_i)\times\vec{V}_{r}\right) \tag{2-35}$$

式中，$C_{\mathrm{D}}^{i}$ 和 $C_{\mathrm{L}}^{i}$ 为卫星表面 $i$ 的大气阻力系数和升力系数；$A_i$ 为卫星表面 $i$ 在垂直于切向的面上的投影；$m$ 为卫星的质量；$\rho$ 为卫星所在位置的大气密度，$\vec{n}_i$ 为

卫星表面 $i$ 的法线方向，$\theta_i$ 为 $\vec{n}_i$ 与 $\vec{V}_r$ 的夹角。$\vec{V}_r$ 为卫星相对于大气的运动速度，计算时除需要考虑卫星速度外，还需考虑风场的影响，本文采用 HWM93 模式（Hedin 等，2000）来计算风速，以尽可能减小风场的影响，HWM93 模式计算的风速和随地球旋转的大气的速度为地理坐标系下的，需将其转换到惯性坐标系下。赤道上随地球旋转的大气速度约为 460 $m \cdot s^{-1}$，地磁平静期的经向风和纬向风在中低磁纬一般小于 100 $m \cdot s^{-1}$，在高纬度可以达到 200 $m \cdot s^{-1}$，在磁暴时会更大。计算密度时如果不考虑大气随地球旋转和风速的影响，会产生接近 10% 的误差。阻力系数 $C_D$ 和升力系数 $C_L$ 为表征卫星表面与碰撞上来的粒子之间动量交换的参数，我们将在第 4.3 节中具体讨论。

#### 2.2.2.3 结果比对和讨论

Sutton 等（2005，2007）利用 CHAMP 和 GRACE 卫星的加速度计数据，也通过 Moe 的方法反演热层大气密度，他们将 2002—2008 年的密度反演结果发布在美国科罗拉多大学（CO）的官方网站上，其基于 CHAMP 卫星观测的密度反演数据在空间物理学研究和航天工程中都得到了广泛的应用和较高的评价。图 2.7 和图 2.8 给出了本文的反演结果与 CO 提供的数据之间的比较，可以看出两

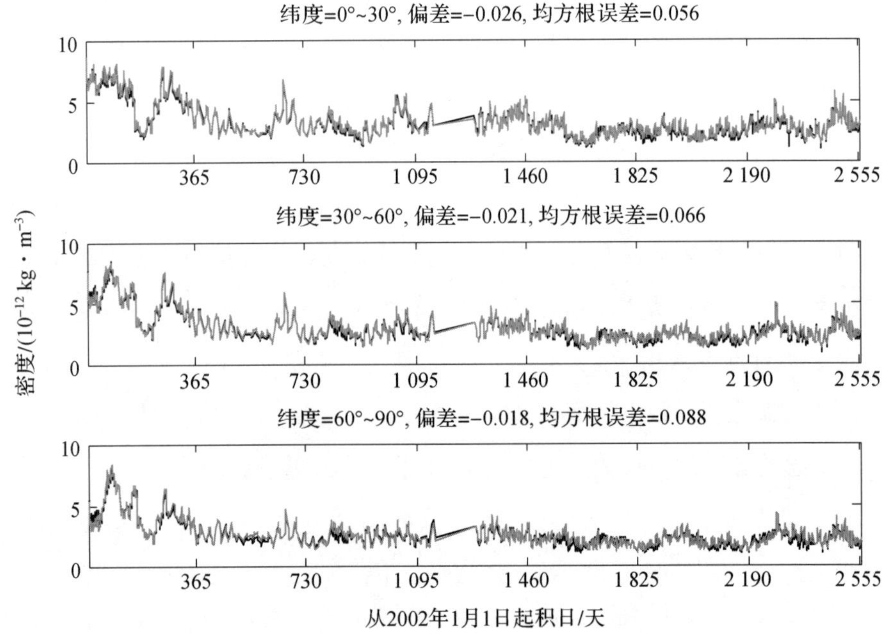


**图 2.7 CHAMP 数据（Sentman）与 CO 数据的比较**

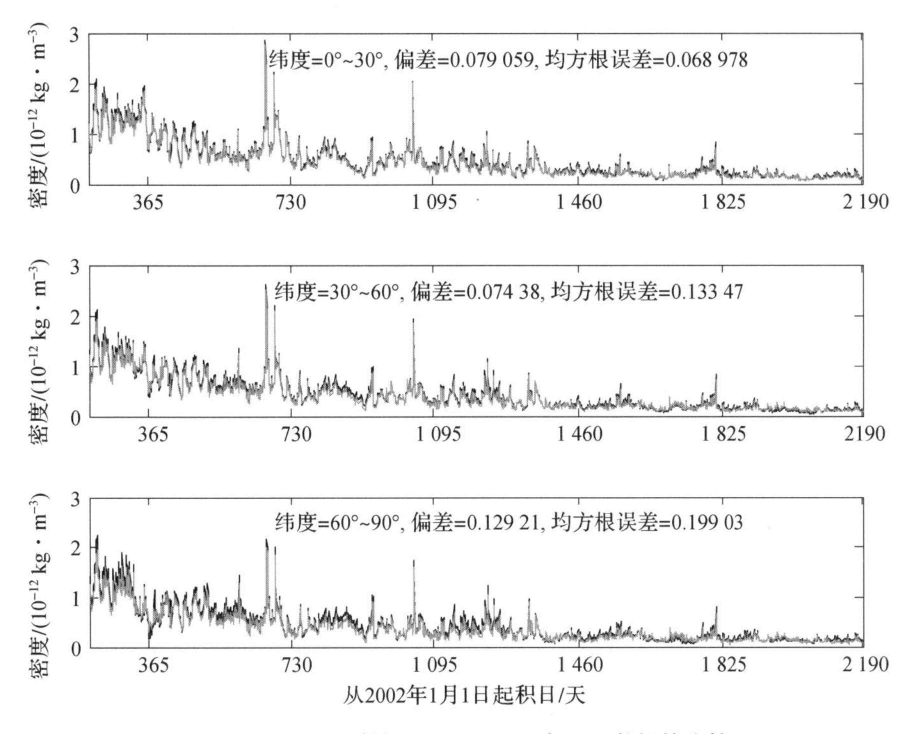


**图 2.8　GRACE 数据（Sentman）与 CO 数据的比较**

者有很好的一致性。对于 CHAMP 卫星数据的反演结果，两者偏差小于 3%，平均均方根误差小于 10%。而对于 GRACE 卫星数据的反演结果，两者的差别略大一些，平均偏差在 10% 左右，而均方根误差在 5%~20%。本文与 Sutton 等反演结果的差别一方面可能是由于对加速度计观测校准的方法不同，我们采用了标校公式统一标校，而他们采用了基于轨道的每日标校方法；另一方面可能是由于我们引入了 HWM 模式（Hedin 等，1996）来计算风场，而他们忽略了风场的影响。

由于星载加速度计的精度逐渐提高，其数据可以直接应用于卫星定轨业务中，星载加速度计必将得到越来越广泛的应用。利用该仪器测量反演得到的密度数据，有着较高的时间分辨率和空间分辨率，有着良好的前景。但是，要利用加速度计数据准确地反演出热层大气密度，除了要求有高精度的加速度计测量外，还需要精确的计算卫星的阻力系数和迎风面积。这就要求有精确的卫星表面模型，准确地测量卫星表面材料的各种参数，另外，卫星的姿态要有非常高的稳定性，需要对卫星姿态高精度的监测。每种条件出现问题，都可能对测量的结果造成不可忽略的影响。采用简单形状的卫星，比如采用球形结构或者圆柱形结构，并采用同种材料的表面，有利于大气密度探测的准确性，这样即便卫星姿态不稳定或者姿态测量不准确，也不会对扩散系数和卫星迎风面的面积造成太大的影响，计算结果会更为准确。

### 2.2.3 压力规的基本原理、测量要素与方法

压力规在早期的 AE、DE 系列卫星和探空火箭上搭载。2005 年美国 STREAK 卫星项目重新试验了新一代的压力规技术，实现了对 120 ~ 320 km 高度的密度探测（Clemmons，2009）。我国的神舟系列飞船和天宫飞行器均成功搭载了压力规探测仪（秦国泰等，2003；陈华娇等，2014）。近期实施的热层大气密度探测与精密定轨微纳卫星计划（APOD），利用微纳平台开展热层大气密度专星探测，成为我国首个开展空间环境探测的微纳卫星计划，目前在轨已经超过 8 年。下面介绍一下 APOD 卫星的情况和密度探测结果。

卫星于 2015 年 9 月 20 日在太原卫星发射中心发射入轨，经过为期 1 个月的在轨测试及后期轨道机动，于 2015 年 10 月 27 日成功部署于轨道高度 460 km，轨道倾角 97.4°，降交点地方时 6：20 的工作轨道，轨道的地方时 - 纬度覆盖如图 2.9 所示。卫星飞行期间采用三轴稳定对地定向姿控方式，姿态指向精度优于 3°，姿态稳定度优于 1°/s。

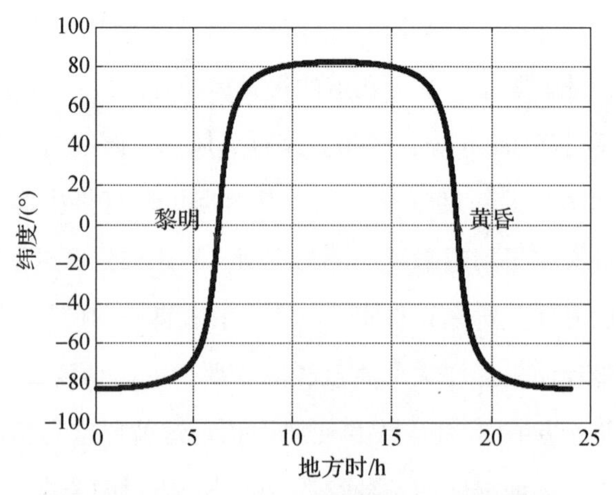


**图 2.9 APOD 卫星轨道的地方时 - 纬度覆盖**

APOD卫星采用了Cubesat的设计规范，质量约25 kg，体积0.064 $m^3$。APOD卫星搭载有大气密度探测器（压力规）、多模双频GNSS接收机、卫星激光测距角反射器等科学载荷，可对500 km高度以下大气密度进行连续原位探测，卫星结构及大气密度探测载荷布局如图2.10所示。由于采用太阳同步轨道，其地方时漂移很小，能够获取大量晨昏侧密度数据，有利于开展密度的中长期变化规律研究。

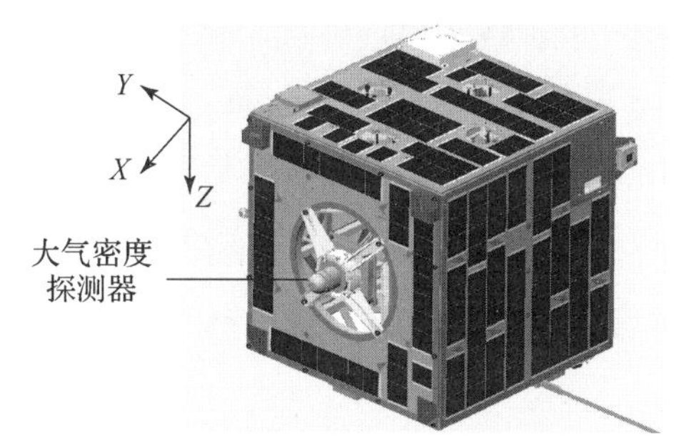


**图2.10　APOD卫星结构及大气密度探测载荷布局**

压力规测量取样室内气体的温度和压力，利用下式计算大气分子数密度，进而计算大气质量密度。

$$N_a = P_g (2\pi KM)^{-\frac{1}{2}} \left(\frac{1}{T_g}\right)^{\frac{1}{2}} / V\cos\theta \tag{2-36}$$

式中：$N_a$ 为自由大气分子数密度（个/$cm^3$）；$P_g$ 为探测器传感器内气压（Pa）；$T_g$ 代表探测器传感器内气体温度（K）；$M$ 为大气分子平均质量（g）；$K$ 是玻尔兹曼常数（$1.380\ 47\times10^{-23}$ J/K）；$V$ 代表飞行器相对于大气的飞行速度（cm/s）；$\theta$ 代表飞行器飞行速度矢量与测孔平面法线的夹角，即测孔攻角（°）。利用地面实验，将探测器取样室内压力电压值、灯丝电压值、取样室温度电压值转换成气压 $P_g$ 和温度 $T_g$。在地面实验中，向系统中注入标准气体，保持系统内仪器气压平稳增长。根据校准室内气压与探测器数据拟合曲线，获得取样室压力特征曲线的方程及其参数。

由于压力规测量的相关参数由地面实验获得，发射入轨后其参数可能出现漂移，可以利用精密定轨星历反演得到的密度数据对计算得到的密度数据进行进一步标定。由于精密星历得到的密度数据分辨率较低（1.5 h），为便于比较，我们对大气探测器的大气密度数据取圈平均，将平均值与精密星历反演密度值进行比对。结果与精密星历反演数据的相关性如图 2.17 所示，可以看出两者有很好的正相关性，相关系数达到0.98。这种良好的相关性使我们能够很方便地进行在轨定标。

下面我们假定精密星历反演得到的密度数据为真值，对大气密度测量数据进行标校，标校方法如式（2－37）。

$$\rho_{\text{reali}} = a\rho_{\text{obsi}}^2 + b\rho_{\text{obsi}} + c \tag{2-37}$$

式中，$\rho_{\text{obsi}}$为探测器数据；$\rho_{\text{reali}}$为真值，在这里取精密星历反演得到的大气密度值；利用该式做最小二乘拟合求得系数 $a$、$b$、$c$，得到的 $a$、$b$、$c$ 值分别为 $4.919\times10^{11}$、0.053 76 和 $6.409\,5\times10^{-15}$，然后再代入式（2－37）对每秒钟的测量值做系统标校。最终结果与轨道反演结果有很好的一致性，相对于精密星历反演大气密度，标准偏差为 $3.179\times10^{-14}$ kg · m$^{-3}$，相对标准偏差为 4.5%，如图 2.11 所示。

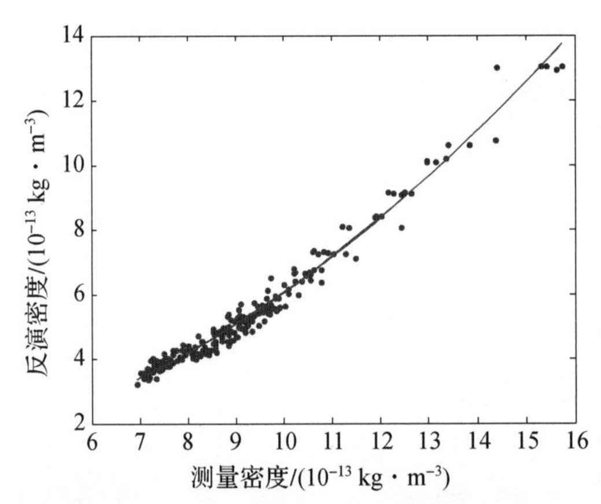


**图 2.11 APOD 探测器密度数据与精密星历数据反演密度的比较（曲线为拟合曲线）**

## 2.3 大气密度遥感探测

大气遥感探测，是指仪器不直接同待测大气接触，在一定距离以外测定大气的成分、运动状态和要素值的探测方法和技术，根据探测器所处位置的不同可以分为天基遥感和地基遥感。相对于原位探测方法，遥感探测能够在较短时间内获得大气的三维结构。本节重点介绍热层大气密度的遥感探测方法。

### 2.3.1　天基遥感探测

卫星遥感观测不受天气影响，可以实现全天候观测，短时间内即可得到全球温度、风场等环境参数廓线。卫星遥感探测大气主要利用大气发射的气辉和红外辐射信号，测量辐射强度信息，进而反演大气成分、温度、密度、风场等信息。自从 20 世纪 70 年代开始，卫星探测中层大气的实验逐步开展，但是直到 20 世纪 90 年代末才取得了实质性的进展，发射了多颗探测卫星，提供了关于大气风场、温度、密度以及各种大气成分的有效数据。根据卫星探测信号波段的不同，遥感探测可以分为远紫外遥感和红外遥感。下面逐一进行介绍。

#### 2.3.1.1　远紫外探测

太阳辐射在中热层大气的吸收引起激发、离解和电离，产生气辉。当大气层受太阳照射时，气辉谱含有大气层和电离层成分的特征及它们对外来输入能量的响应。热层原子和分子的谐振发射线大多数在气辉谱的远紫外区，含有大气主要成分及稀有成分浓度的特征和激发过程强度信息，因此对该谱区的遥感探测是获取中热层大气密度的重要方法。远紫外波段（far ultraviolet，FUV）气辉是波长范围为 100 ~ 200 nm 的光谱辐射，且不受地球复杂背景大气的影响，被视为获取地球电离层物理化学过程及动力学过程信息的重要来源。

远紫外遥感探测大气密度的基本原理是通过氢原子和氧原子发射的特定谱线反演两类成分的密度。远紫外气辉中的典型光谱之一是氢原子的 121.6 nm 辐射谱线（HI1216Å），由太阳 Lyman - a 谱线的共振散射激发，能够用来反演氢原子的密度及其空间分布。对 HI1216Å 辐射的天基遥感观测已经成为研究地球大气最外层的主要手段。远紫外气辉中另一种重要的特征谱线是氧原子的气辉辐射，其中最主要的特征谱线包括 OI1304Å、OI1356Å，由氧原子能级跃迁产生，OI1304Å 主要激发源包括光电子与氧原子的碰撞激发以及太阳 1304Å 辐射的共振散射过程，OI1356Å 激发源为电离层中的光电子与氧原子碰撞，这两种谱线可用来反演氧原子密度廓线。远紫外气辉中最强的分子辐射是 $N_2$ LBH 带（Lyman - Birge - Hopfield bands），它的主要来源为氮分子的能级跃迁，利用 LBH 带光谱辐射可以反演电离层中的 $N_2$（或 $O_2$）分子密度以及光电子通量等信息。

远紫外气辉的空间探测试验始于 20 世纪 60 年代中后期美国发射的 OGO - 4

卫星上搭载的紫外气辉光度计（Strickland，1999），对 110 ~ 340 nm 波段的气辉光谱辐射进行了观测；1972 年美国发射的 Apollo16 卫星搭载的远紫外成像光谱仪 FUCS（far ultraviolet camera spectrograph）从月球上拍到了第一幅地球的远紫外光谱辐射的完整图像（Carruthers，1976）；1981 年美国的 DE – 1 卫星上搭载的自旋扫描紫外成像光度计 SAI（spin – scan auroral imager）（Meier，1991），首次提供了能有效地建立空间天气与远紫外日辉辐射之间定量关系的观测数据；1983 年 6 月美国发射的 HILAT 卫星上搭载的极光 – 电离层绘图仪 AIM（auroral ionospheric mapper）（Meng，1984），获得了第一张日照面的远紫外辐射图像。

进入 21 世纪，随着紫外面阵 CCD 技术、微通道板器件技术与光学薄膜技术快速发展，有力地促进了新型的远紫外辐射成像遥感器在热层大气密度探测方面的应用。2001 年美国开始发射的 DMSP 系列卫星上搭载的远紫外成像光谱仪 SSUSI（special sensor ultraviolet spectrographic imager）（Paxton，1992），以及 2001 年 10 月发射的 TIMED 卫星上搭载的地球紫外成像仪 GUVI（global ultraviolet imager）能够对极光与日辉的光强度分布及光谱特性进行遥感观测，可同时获得五个通道的单色像，分别是 HI121. 6 nm、OI130. 4 nm、OI135. 6 nm、LBHs（140 ~ 150 nm）和 LBHl（160 ~ 180 nm），这些远紫外辐射观测数据可直接用于获取电离层中的中性大气密度和电子浓度等重要参量的信息。TIMED/GUVI 和 DMSP/SSUSI 的投入使用，使人们对电离层远紫外辐射的观测从最初的试验性阶段逐步过渡到连续监测的应用性阶段。

2018 年 1 月，美国 NASA 的探索计划 GOLD（global – scale observations of the limb and disk）搭乘 SES – 14 商业通信卫星进入西半球上空地球静止轨道，能够探测 135. 6 nm 和 LBH 波段的紫外辐射，得益于高轨道的视野，GOLD 大约每 30 min 对大气层进行一次半球级观测，能够观测到同一区域热层 – 电离层随时间的变化，这是大多数热层大气探测卫星无法做到的。2019 年 10 月 10 日，NASA 发射了电离层连接探测星 ICON（ionospheric connection explorer），工作在 550 km 高度的轨道上，搭载了观测中性大气层温度和风速的迈克尔逊干涉仪（MIGHTI）；测量离子漂移速度的离子速度计（IVM），测量电离层密度和中性大气密度的极紫外线和远紫外线成像仪。ICON 第一次将光学遥感探测和等离子体的就位探测结合在一起，能同时探测电离层中的电动力学过程和化学变化过程。

ICON 与 GLOD 计划，极大提高了对电离层和热层的监测和预报能力。

#### 2.3.1.2 天基红外探测

热红外遥感是获取大气热状况信息及大气化学成分的一种非常重要的手段，红外辐射信号主要来自地表辐射、大气以及太阳辐射，利用红外大气遥感技术，已实现全球无云地区从海面至80 km范围内的大气温度廓线，水汽廓线和平流层臭氧含量等全球观测，结合理想气体方程，还可以进一步求出大气中性密度。

90 km以下的大气是低温辐射，热辐射强度峰值在10~20 μm的红外波段。在大气 $CO_2$ 的4.3 μm和15 μm吸收带内，用红外分光辐射计测量大气在这些通道的向上辐射强度，就可以反演出大气温度的垂直分布。在温度和压强确定的情况下，大气水汽在6.3 μm和18~1 000 μm吸收带、$O_3$ 在9.6 μm吸收带以及其他微量气体成分在其吸收带上发射的红外辐射强度，只取决于这些气体的浓度。同样，测量在这些吸收带内强弱不同的一组通道的大气向上辐射强度，就可以反演出各相应气体的含量及分布。

90~500 km的热层大气微量成分也发射红外辐射。90~100 km羟基（—OH）发出强红外辐射，120~500 km氧原子跃迁发出63 μm远红外辐射。热层大气红外辐射主要发生在3~8 μm区，并且主要是分子的振动-转动跃迁产生的，它们是：NO（5.3 μm）、$NO^+$（4.3 μm）、CO（4.7 μm）、—OH（2.8 μm）、$CO_2$（4.3 μm和15 μm）、$H_2O$（2.7 μm和6.3 μm）、$N_2O$（4.5 μm、7.8 μm和17 μm）、$O_2$（1.27 μm）等。

搭载红外探测载荷的卫星较多，有代表性的有ENVISAT/MIPAS和TIMED/SABER。MIPAS（the michelson interferometer for passive atmospheric sounding），是搭载在欧洲空间局环境卫星ENVISAT（于2002年3月1日发射）上的一台用于探测大气压强、温度和大气成分的迈克尔干涉光谱仪。MIPAS用来测量全球范围内白天及夜晚，地球大气多种化学成分和气象数据参数（Nett，2002），获取了2002.7.1—2012.4.8近十年的观测数据。它搭载在ENVISAT卫星后部，观测方向沿着卫星运行方向向后和侧向观测。MIPAS以临边模式对热层大气发射光谱进行高光谱观测，工作波段为中红外波段，范围从4.15 μm（2 410 $cm^{-1}$）到14.6 μm（685 $cm^{-1}$），MIPAS光谱分解了大量的大气微小成分的发射信息，从而对大气化学发挥重要作用。由于其光谱分辨率能力和低噪声性能，被探测的物质特性可以被分光唯一确定，从而作为输入值，用于相适应算法，获得各种目标成分剖面信息。搭载在 TIMED 卫星上的 SABER（sounding of the atmosphere using broadband emission radiometry）探测仪是一个 10 通道宽带辐射计，主要用来测量 $CO_2$、$O_3$、$H_2O$ 和 NO 等大气成分分布，研究它们在大气能量收支过程中的作用，能够获取 20～110 km 高度的大气温度、分子数密度、压强和冷却率等物理参数的垂直剖面。

### 2.3.2 地基遥感探测

由于距离遥远，地基的探测手段非常少，能用来探测热层大气密度的设备主要有非相干散射雷达等，激光雷达也能获取低热层的温度、密度，但精度不高。

非相干散射雷达是目前地面观测电离层最强大的手段，能够直接测量 90～2 000 km 高度范围内电子密度、电子/离子温度、等离子体径向漂移速度等多个电离层参数，间接反演离子与中性碰撞频率的估计值。后来人们认识到利用带电粒子与中性大气之间的碰撞频率，根据动量传输法则，就可以推导出中性大气的密度。

非相干散射雷达通过估计离子和电子温度、电子密度和离子速度，结合离子能量平衡方程来研究 F 区域的离子－中性耦合，以推断中性温度和密度。采用简化的动量守恒方程求解离子与中性成分的碰撞频率 $v_{in}$，如式（2－38）（Vickers，2013），$k_B$ 为玻尔兹曼常数，$m_i$ 为原子氧的质量，$n_e$、$T_e$、$T_i$ 和 $v_i$ 分别为电子密度、电子温度、离子温度和离子速度，$I$ 为磁倾角，$g$ 为重力加速度。右侧第一项是重力引起的向下力，并针对雷达地点上空的磁倾角 $I$ 进行了校正；第二项是由电子和离子施加的等离子体压力梯度力，由于电子密度随海拔高度下降，它在顶部电离层中向上作用，该项还包含了电子热通量，是由于太阳天顶角的变化和磁暴期间粒子沉降引起的。

$$v_{in} = -\frac{1}{v_i}\left\{g\sin I + \frac{k_B}{n_e m_i}\frac{\partial}{\partial z}\left[n_e(T_e + T_i)\right]\right\} \tag{2-38}$$

热层大气的数密度 $n_n$ 由离子－中性成分的碰撞频率 $v_{in}$ 以及平均温度 $T_{in}$ 计算得到，见式（2－39）（Schunk 和 Nagy，2000）。

$$n_n = \frac{v_{in}}{3.67 \times 10^{-11} \sqrt{T_{in}} (1 - 0.064 \lg T_{in})^2} \tag{2-39}$$

此处假定 $T_{in} = T_i$。此方法的适用高度有几个限制条件。首先，200 km 以下其他离子种类的贡献使非相干散射雷达数据的分析变得复杂，因此假设只存在单一成分原子氧，只适用 250 km 以上高度；此外，当中性大气受地磁干扰加热时，额外离子种类的过渡高度增加到 250 ~ 300 km，因此只适用地磁平静期；最后，在较高高度上，对稳态的假设即 $v_i$ 等于常数可能会失效，因此不适用 500 km 以上的高度。综上，该方法能较准确地反演 250 ~ 400 km 范围的中性大气密度。

非相干散射雷达探测具有时间分辨率高（几十秒），空间分辨率高（数百米），空间覆盖范围广（水平 80 ~ 1 000 km）的特点。部署在高纬度地区的非相干散射雷达可以长时间观测极区的大气变化，对于揭示磁暴期间极区上层大气的快速、复杂的变化细节有很大帮助。非相干散射雷达数据在大气密度模式建模过程中也发挥了很大作用，MSIS 系列模式在卫星数据匮乏的情况下大量使用了非相干散射雷达反演的温度资料。

# 第3章

# 热层大气模式

从20世纪50年代末至今，在大量探测数据和热层大气理论发展的基础上，大气模式出现了两大类：物理模式和经验模式。物理模式的基本思想方法是建立一套关于热层气体的质量、动量和能量守恒的方程组，结合约束条件和边界条件进行数值运算，从而得到较为精确的中性气体质量密度、成分密度和中性风场。典型代表是美国国家大气研究中心的热层－电离层耦合动力学环流模式TIEGCM和扩展的大气化学数值模式WACCM－X。

由于热层大气的变化机制还不被人们完全了解，因此物理模式也不能完全反映热层大气的真实变化。由于物理模式对计算和存储的要求较高，因此在航天工程领域中广泛应用的还是经验模式。

## 3.1 物理模式

借助物理模式研究，可以为热层大气变化提供理论解释和诊断分析，研究热层和电离层内部的动量、能量和物质交换过程，但由于目前对热层和电离层互相作用的物理机制还没有完全掌握，加上模式运行时效性的限制，在航天工程中并没有广泛应用。

建立一个完整的大气物理模式是一项庞大的工程，涉及大气科学、空间物理学和计算机科学等多学科的专业知识，Roble（2000）概括了这些研究领域：①低层大气、高层大气和电离层之间的物理、动力和化学相互作用，包括化学和辐射物质的传输；②热层大气的气候变化，以及对下层气候的潜在影响；③热层大气通过化学和动力学变化对太阳活动的气候响应；④由来自上层的太阳、磁层能量注入和低层大气强迫驱动引起的热层和电离层在较短时间尺度上的变化；⑤跨越整个日地空间的卫星和地面观测。

### 3.1.1　物理模式基本建模思想

表3－1总结了目前发展比较完备的物理模式。所有模式都能求解三维流体方程，其中，TIME－GCM和GITM也有一维版本，可用于模拟随高度变化的全球热层平均值。水平分辨率一般为2°～5°，采用静力平衡假设模式的垂直分辨率通常为0.25～0.5个标高，非静力平衡假设模式使用可变垂直分辨率。求解微分方程的数值方法一般有三种：一是有限差分，通过离散网格上的差分量计算导数；二是有限体积，处理每个网格节点周围体积中的平均数量，从而保护每个单元的通量；三是谱方法，系统变量表示为截断的球谐序列，通常在高斯网格上进行评估以促进转换。

**表3－1　典型物理模式的建模方式**

| 模型 | TIE－GCM | TIME－GCM | CTIPE | SMLTM | GITM | WAM | WACCM－X | GAIA |
|---|---|---|---|---|---|---|---|---|
| 研发机构 | 美国国家大气研究中心 | 美国国家大气研究中心 | 美国海洋大气管理局 | 美国科罗拉多大学/加拿大约克大学 | 美国密歇根大学 | 美国科罗拉多大学 | 美国国家大气研究中心 | 日本国立信息通信技术研究所 |
| 静力学平衡 | 是 | 是 | 是 | 是 | 否 | 是 | 是 | 是 |
| 高度范围/(km，活动高年) | 97～600 | 30～600 | 80～600 | 16～220 | 100～600 | 0～600 | 0～600 | 0～600 |
| 动力学核心 | 有限差分 | 有限差分 | 有限差分 | 谱方法 | 有限差分 | 谱方法 | 有限体积 | 谱方法 |
| 垂直分辨率/标高 | 0.5或0.25 | 0.5或0.25 | 1 | 0.5 | 可变，典型值0.3 | 按0.25的倍数调整 | 0.5或0.25 | 0.4或0.2 |

续表

| 模型 | TIE - GCM | TIME - GCM | CTIPE | SMLTM | GITM | WAM | WAC CM - X | GAIA |
|---|---|---|---|---|---|---|---|---|
| 水平分辨率/(°) | 5 或 2.5 | 5 或 2.5 | 2(lat.) ×18 (lon.) | 9 | 可变，典型值 2 | 1.8 的倍数 | 2 | 5.6, 2.8 或 1.1 |
| 相互扩散 | $N_2$, $O_2$, O | $N_2$, $O_2$, O | $N_2$, $O_2$, O, $O_3$ | 无 | $N_2$, $O_2$, O, N, NO | $N_2$, $O_2$, O | $N_2$, $O_2$, O | $N_2$, $O_2$, O |
| 影响大气密度的化学反应 | 35 | 75 | 30 | 0 | 65 | 5 | 220 | 5 |
| 次要成分 | 3 | 17 | 6 | 0 | 4 | 0 | 55 | 0 |
| 与电离层的耦合 | 是 | 是 | 是 | 否 | 是 | 否，使用经验电离层模型 | 部分，有限离子传输 | 是 |
| 对电动力学的耦合 | 是 | 是 | 是 | 否 | 是 | 否 | 是 | 是 |

注：

TIE - GCM：thermosphere - ionosphere - electrodynamics general circulation model

TIME - GCM：thermosphere - ionosphere - mesosphere - electrodynamics general circulation model

CTIPE：coupled thermosphere ionosphere plasmasphere electrodynamic model

SMLTM：spectral mesosphere/lower thermosphere model

GITM：global ionosphere - thermosphere model

WAM：whole atmosphere model

WACCM - X：whole atmosphere community climate model thermospheric extension

GAIA：ground - to - topside model of atmosphere and ionosphere for aeronomy

物理模式建模的一个重要假设是静力平衡，即垂直向下的重力与垂直向上的气压梯度力相平衡，大部分物理模式（除了 GITM 模式）对热层垂直结构的模拟都是基于这个重要假设。静力平衡可以表示为式（3－1），其中，$P$ 是压力，$g$ 是局部重力加速度，$z$ 是几何高度，$\Phi$ 是引力势，$\zeta$ 是位势高度，$g_0$ 是用来定义 $\zeta$ 的参考重力加速度。流体静力假设结合使用压力作为垂直坐标也简化了连续性方程，使其等效于不可压缩流体，在大多数情况下，流体静力近似被认为是足够准确的，但 Deng 等（2008a），使用 GITM 模式（不基于流体静力平衡假设）发现，随着高纬度焦耳加热的突然增强，产生的垂直压力梯度以声波的形式传播，热层密度增强超过 100%，这意味着流体静力假设可能低估了上层热层密度对能量输入快速变化的响应。

$$dP = -\rho g dz = -\rho d\Phi = -\rho g_0 d\zeta \tag{3-1}$$

物理模式建模过程通常使用洛伦兹垂直网格，按照压力把连续大气分为有限数量 $N$ 层，即垂直方向使用压力面坐标，表示为式（3－2），控制方程在每一层被离散化和求解以满足重要的守恒条件，通常归算到中间层压力，即上下界面压力平均值。不同模式对大气分层的多少对应了模式的垂直分辨率，一般以大气的标高作为分层依据。

$$Z = \ln\left(\frac{P_0}{P}\right) \tag{3-2}$$

表3－1 给出了模式能够覆盖的高度范围，需要说明的是，物理模式并不以固定高度作为边界条件，通常使用扩散平衡作为上边界条件，除了 SMLTM 模式，一般取 $5\times10^{-8}$ Pa 压力层为上边界，在太阳活动低年和高年分别对应海拔高度 400～650 km。

在热层中，主要成分的相互垂直扩散不容忽视。大多数模型解决了 $N_2$、$O_2$ 和 O 的相互扩散问题，次要成分（除 $O_2$、$N_2$、O 和 He 以外的成分）在此背景下的扩散单独处理。GITM 模式还解决了 N 和 NO 的相互扩散问题。SMLTM 模式对垂直扩散的处理依赖于特定的成分配置文件，并不遵从菲克第一定律。WAM 模式和 CTIPE 模式还解决了水平扩散问题。

作为大气物理模式化学复杂性的衡量标准，表3－1 列出了各个模式驱动中性密度的化学反应（包括光化学反应）大致数量，还列出了次要成分的数量。对于耦合了电离层的模式，涉及离子种类的反应会影响能量收支，因此还列出了离子种类的数量。需要指出的是，更复杂的模型不一定能产生更可靠的热层密度分布，例如，WACCM－X包括了对热层无显著影响的复杂的低层大气化学反应。

来自太阳的EUV辐射通过电离层电离、焦耳加热和放热复合反应加热中性粒子，电离层通过离子－中性碰撞改变中性粒子的运动状态，因此，电离层和热层之间的相互作用不可忽视。表3－1中的大多数模型都包含了这种热层－电离层耦合过程，其中一些模型还耦合了电动力学，即中性风自洽地产生中低纬度电场，进一步影响中性粒子的传输。在所有列出的具有耦合电离层的模式中，高纬度电场（起源于太阳风和磁层）都需由其他模式另外提供，虽然已经开发了磁层与电离层耦合的模式（Wang等，2008），但尚未专门应用于热层密度的计算。

热层大气密度建模的另一个重要方面包括加热、冷却过程的描述和重力波的传播及其在热层中的消散。每个模式在这方面的处理各有不同，SMLTM模式侧重于现实红外波段辐射传输的模拟（Akmaev，2003）；WAM模式在能量方程中使用比焓，以及与气体种类相关的比热（Akmaev，2008）而不是虚拟温度；在亚网格尺度的重力波方面，WACCM－X模式考虑了低层大气中的地形和对流源（Liu等，2010a）。

所有模式都依赖于物理过程某种程度的参数化，特定参数值的选择造成了大气物理模式的多样性。然而，关于模式输出结果对这些参数的敏感性研究并不充分，特别是在热层密度方面。Pawlowski和Ridley（2009年）分析了地磁平静和磁暴期间GITM模式密度对模型参数的敏感性，发现热导率、NO冷却、NO二元扩散和涡流扩散的不确定性对密度的影响最大。Akmaev（2003）使用SMLTM研究了热层中的热平衡对O和$CO_2$碰撞激发速率的依赖性，发现热层对$CO_2$变化的响应基本上与速率常数的选择无关。这些研究结果对于大气提高物理模式对热层的预测精度具有重要意义。

### 3.1.2 物理模式的发展趋势

早在20世纪60年代，科学家们就开始研究对热层大气的模拟问题，最早的全球模式是Kohl和King模式（1967），仅仅考虑了压强分布作为动量源，计算也是采用相当简化的Navier－Stokes完备方程。尽管这个模式没有囊括热层大气变化的全部物理过程，但仍然成功地证实了由太阳远紫外辐射所驱动的热层风的存在。在之后的几年中，科学家们继续对模式进行了改善和提高，但是最主要的进展是在模式中加入了由太阳紫外和远紫外加热所导致的物理过程以及谐波模式的发展。

早期的模式仅仅是二维的，只能模拟热层大气稳态下的风场和温度场，无法模拟热层大气随时间的变化特征以及热层大气对能量输入扰动的响应，尤其不能模拟对地磁扰动的时变响应。为了获得稳定的数值结果，早期的模式忽略或简化了能量和动量方程中的一些主要项，如黏滞项、科里奥利项、非线性项如惯性项等。而且，由于受空间探测仪器发展的限制，对一些影响热层的主要物理过程和驱动力（如太阳远紫外加热率、磁层粒子沉降、等离子体对流等）也不得不采用了简化的描述。

但是，早期的二维模式还是得出了一些令人感兴趣的结果，而且对之后三维时变模式的发展也起到了重要作用。它们对多种成分中微量成分化学的研究有很大价值，而这超出了三维时变模式的计算能力，而且二维模式还可以提供变化的动力学平衡的简单物理解释，三维模式还需要继续通过简单模式的理解加以补充，即使是现在，二维模式也有着不可替代的作用。

20 世纪 70 年代科学家们就开始考虑到用三维模式来对热层进行模拟，他们发现将非线性项和时变项加入谐波模式中时，采用分离格点的积分法来求解三维时变的动量和能量方程的解决方案是可行的，但是由于计算设备的限制，直到 70 年代末，发展这样的模式才成为可能。80 年代，科学家在二维模式的基础上，开始研究热层时变三维模式，科学家们采用不同的方法来解决热层的运动方程，因此也建立了不同的热层模式。

最初，热层模式的发展与电离层模式的发展是各自独立进行的。科学家们用电离层全球经验模式来计算热层模式中的离子曳力。同样地，利用质谱计/非相干雷达模式来计算电离层模式中的中性大气参数。其实早在 60 年代科学家就已经注意到热层与其他大气层间的相互作用，Rishbeth 和 Setty（1961）首次提出中纬电离层 F 区的冬季异常是由于中性氧原子和氮分子比的改变而导致的，认为热层和电离层之间是相互作用的。

Fuller – Rowell 等（1987）将 GCM 模式扩展为耦合的热层和电离层模式 CTIM，并用它研究中性成分和极区电离层成分间的动力学和化学作用。CTIM 模式包括了 E 区和 F 区电离层化学的描述，可以在热层风和热层成分响应复杂的地磁扰动的条件下，预测电离层对磁层对流和粒子沉降及太阳光致电离的响应，对于研究电离层－热层体系中中性成分－等离子体相互作用是很有效的新工具。CTIM 模式的优点是可以解释所模拟的效应，但对低、中纬度离子密度的描述采用的还是半经验电离层模型。

考虑到磁层对电离层和热层的影响，Moffett（1996）将 CTIM 模式继续向上发展，考虑等离子体层对电离层和热层的影响，建立了一个非线性耦合的热层－电离层－等离子体层模式——CTIP 模式。CTIP 模式由三个分模式构成，即全球热层模式、高纬度电离层模式和等离子体层模式，这些分模式同时运行并且在能量方程、动量方程和连续性方程方面完全耦合。

与 CTIP 模式向上发展的思路不同，NCAR 的热层模式在考虑了与电离层的耦合之后，开始考虑热层下面的大气对热层特性的影响。Roble 和 Ridley（1994）考虑到中层大气对热层特性的显著影响，建立了中层－热层－电离层电动力学耦合模式 TIME－GCM 模式（thermosphere－ionosphere－mesosphere－electrodynamics general circulation model），TIME－GCM 模式对 TGCM 模式加以改进补充，不但包括了 TIE－GCM 的所有特性，并将下边界从 97 km 向下扩展到 30 km，在模式中加入了适于中层和平流层上部的物理和化学过程。TIME－GCM 模式已经扩展到了平流层上部，但是模式对平流层的化学性质是有限制的，并排除了如 $N_2O$、$NO_3$、$N_2O_5$ 等成分的作用。尽管如此，TIME－GCM 对研究在中层上部和低热层存在的许多有争议的大尺度问题还是很有用的。

无论是考虑磁层对流，还是考虑向上传播的潮汐，耦合模式的发展都进一步解决了热层特性变化的描述，也逐渐完善了对影响热层结构的因素的模拟。发展理论模式的主要目的是要研究热层特性变化的规律和物理过程，建立一个完善、准确、全面的空间环境预报系统。但是必须指出，不论是当时还是现在，或者是将来，对热层附加能量与动量输入的准确描述仍然很困难。为了提高模式的预报精度，科学家们重点开展了以下几方面工作：

一是提高极区能量和动量输入参数的时空分布精度。高纬能量和动量的输入对于高纬热层特性的变化具有巨大影响，对这个能量源和动量源的研究也一直是热层模式研究的重点问题。为了更加精确地给出这个能量源和动量源，采取的方法是电离层电动力学同化成图法（assimilative mapping of ionospheric electrodynamics）。该方法利用地磁资料、极光带非相干散射雷达探测、卫星探测资料及高纬电位、电场、电流统计模型来进行同化处理，得到高纬地区电动力学参数图，作为物理模式的输入。

二是提高模式的时空分辨率。高分辨率模式能更精细地模拟亚暴过程和小尺度波动对环流的影响。美国西南研究所在原有 TIME - GCM 的基础上嵌套蜂窝网格，使格点间隔缩小为 1.67°，建成了高分辨率空间天气模式。

三是获得更丰富、准确的探测数据。加强探测是提高理论大气模式预报精度的关键之一。探测内容主要为地磁监测，特别是高纬区地磁扰动；行星际磁场监测；雷达和卫星对高纬电场、电导率、电流的探测以及全球热层温度、密度、成分和风场的探测太阳辐射的探测等。

四是空间天气实时预报模式集成。太阳活动是热层大气变化的主要能量源，因此在美国空间天气计划目标是要建成一个从太阳到地球大气的统一预报模式，由太阳活动模式、太阳辐射模式、太阳风模式、行星际磁场模式、磁层模式和热层电离层模式等组成。计划以磁层模式为中心接点，上下逐步连接，最后形成完整的空间天气预报模式。

### 3.1.3　常用物理模式介绍

本小节重点介绍目前使用较为广泛的两个物理模式 TIEGCM 和 WACCM - X。

#### 3.1.3.1　TIEGCM 模式

美国国家大气研究中心开发了一系列涵盖地球平流层、中间层和热层大气的数值模拟模型，统称为热层环流系列模式 TGCM's（thermospheric general circulation models）。这些模型使用有限差分技术来获得流体动力学、热力学、中性气体连续性的耦合非线性方程自洽解。图 3.1 总结了这些模式的发展路线，体现了人们对热层大气的认识逐渐深入的过程。

TGCM 系列模式最早开始于（Dickinson 等，1981），基于大气流体静力学平衡假设，使用大气压力坐标，最先开发出 TGCM 时变的三维热层大气总环流模式，自洽地解决了能量方程、动量方程和连续性方程，并用来模拟秋分和冬至时全球热层温度分布和热层环流。TGCM 模式提出中性成分和等离子体的相互作用以及波与低层大气的耦合可能会引起热层的变化，这个问题的提出使 NCAR 的系列模式开始向耦合模式发展。

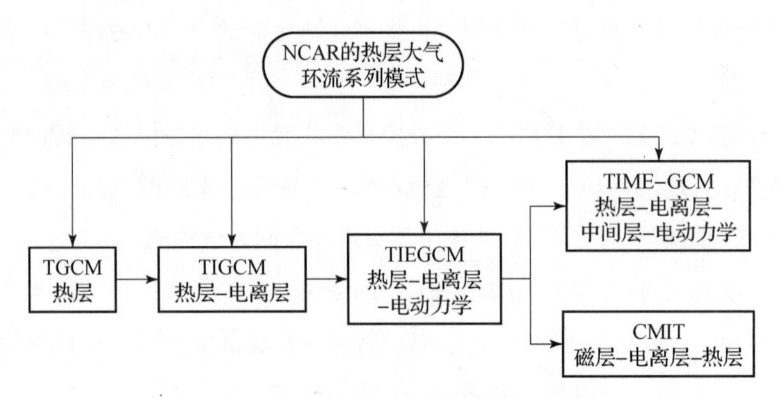


**图 3.1 NCAR 热层大气环流模式发展路线**

Roble（1988）在 TGCM 中加入了一个热层和电离层自洽的耦合，建立了热层 – 电离层耦合总环流模式 TIGCM（thermosphere – ionosphere general circulation model），模式中包括了高纬磁层对流和粒子沉降，在每个格点上，每个积分时刻都进行了热层中性成分和电离层等离子体间的耦合，TIGCM 模式计算的热层和电离层全球结构与经验模式有较好的一致性，这说明 TIGCM 模式已经涵盖了热层和电离层大尺度结构的主要物理和化学过程。

Richmond 等（1992）在 TIGCM 模式中加入热层和电离层间的电动力学反馈作用，发展出 TIEGCM 模式（thermosphere – ionosphere general circulation model with coupled electrodynamics），模式采用了一个非偶极子地磁场，自洽地计算了热层风的发电机效应，用得出的电场和电流来计算中性成分和等离子体的电动力学。

Roble 和 Ridley（1994）对 TIGCM 增加了中间层的物理过程，建立了 TIME – GCM 模式（thermosphere – ionosphere – mesosphere – electrodynamics general circulation model），将下边界从 97 km 向下扩展到 30 km。用 $O_x = (O + O_3)$ 来代替以前的氧原子 O，还考虑了瑞利摩擦和重力波的参数化。TIME – GCM 模式已经扩展到了平流层上部，但是模式对平流层的化学性质是有限制的，并排除了如 $N_2O$、$NO_3$、$N_2O_5$ 等成分的作用。

TIEGCM 模式和磁层磁流体力学模式 LFM（Lyon – Fedder – Mobarry）进行了双向耦合，发展了磁层 – 电离层 – 热层耦合模式 CMIT（coupled magnetosphere ionosphere thermosphere），提供了地球空间系统对太阳风和行星际磁场变化响应的全面描述（Wiltberger 等，2004）。

针对目前应用最为广泛 TIEGCM 模式，本小节从模式基本方程、外部输入条件、数值方法等方面对该模式进行详细介绍。

**热层大气基本方程**

TIEGCM 通过求解热力学能量方程得到中性温度 $T_n$ 和中性大气密度 $\rho$，见式（3-3），其中 $t$ 是时间，g 是重力加速度，$C_p$ 是单位质量比热容，$K_T$ 是分子热传导率，$H$ 是大气标高，$K_E$ 是湍流扩散系数，$V$ 是水平风速，$W$ 是垂直风速，$R$ 是理想气体常数，$\bar{m}$ 是平均分子质量。右边第 1 项表示分子扩散和湍流扩散引起的垂直热传导，第 2 项表示水平热对流，第 3 项表示垂直对流与绝热加热，第 4 项 $Q$ 表示太阳辐射和其他过程引起的加热，第 5 项 $L$ 表示红外辐射冷却，主要考虑了 $CO_2$、NO 和 O(3P) 的红外辐射作为热层的辐射冷却过程。

$$\frac{\partial T_n}{\partial t}=\underbrace{\frac{ge^z}{p_0 C_p}\frac{\partial}{\partial Z}\left[\frac{K_T}{H}\frac{\partial T_n}{\partial Z}+K_E H^2 C_p \rho\left(\frac{g}{C_p}+\frac{1}{H}\frac{\partial T_n}{\partial Z}\right)\right]}_{1}-\underbrace{V\cdot\nabla T_n}_{2}-\underbrace{W\left(\frac{\partial T_n}{\partial Z}+\frac{RT_n}{C_p \bar{m}}\right)}_{3}+\underbrace{Q}_{4}-\underbrace{L}_{5} \tag{3-3}$$

由于热层与电离层之间的电动力学耦合，焦耳加热在高纬度区域尤为重要。带电粒子通过与中性粒子相互摩擦将电能转化为热能，产生焦耳加热。焦耳加热引起的中性气体加热率由式（3-4）计算，其中，$\lambda_{xx}$、$\lambda_{xy}$、$\lambda_{yx}$ 和 $\lambda_{yy}$ 为离子拖曳系数，$U_I$ 和 $U_N$ 分别表示纬向离子风速和中性风速，$V_I$ 和 $V_N$ 表示经向离子风速和中性风速。

$$Q_{JH}=\lambda_{xx}(U_I-U_N)^2+(\lambda_{xy}-\lambda_{yx})(U_I-U_N)(V_I-V_N)+\lambda_{yy}(V_I-V_N)^2 \tag{3-4}$$

由于 TIEGCM 满足流体静力学假设，垂直风速度 $W=\mathrm{d}Z/\mathrm{d}t$ 通过求解连续性方程得出，如式（3-5），其中 $\phi$、$\lambda$ 和 $Z$ 分别表示纬度、经度和垂直坐标，$r$ 是到地心的距离。热层动量和连续性方程的顶部边界条件为 $\frac{\partial u}{\partial z}=\frac{\partial v}{\partial z}=\frac{\partial w}{\partial z}=0$，而底边界则由 GSWM 模型给出。

$$\frac{1}{r\cos\phi}\frac{\partial}{\partial\phi}(v\cos\phi)+\frac{1}{r\cos\phi}\frac{\partial}{\partial\lambda}+e^{Z}\frac{\partial}{\partial Z}(e^{-Z}W)=0 \tag{3-5}$$

热层主要成分 O，$O_2$ 通过连续方程（3-6）求解，其中 $\psi$ 表示热层主要成分 O 和 $O_2$ 的质量混合比，$\tau$ 是扩散时间尺度，这里取 $1.86\times10^3$ s，$m_{N_2}$是氮气的分子质量，$T_0$ 为 273 K，$F$ 表示主要气体成分之间相互扩散的矩阵算子，$S$ 和 $L$ 分别为产生和损失项。方程（3-6）右边各项分别代表分子扩散、化学产生和损失、湍流扩散、水平对流和垂直对流过程。模式的上边界使用扩散平衡假设，而在下边界，$O_2$ 和 $N_2$ 的混合比固定为 0.22 和 0.78，而对氧原子而言，则假设其在模式下边界达到最大值。

$$\frac{\partial\psi}{\partial t}=-\frac{e^{z}}{\tau}\frac{\partial}{\partial z}\left[\frac{\bar{m}}{m_{N_2}}\left(\frac{T_0}{T_n}\right)^{0.25}F\left(\frac{\partial}{\partial z}\left(\frac{m}{\bar{m}}+\frac{1}{\bar{m}}\frac{\partial\bar{m}}{\partial z}\right)\right)\psi\right]+S-L-(V\cdot\nabla\psi)-W\frac{\partial\psi}{\partial z}+$$
$$e^{z}\frac{\partial}{\partial z}\left[K(z)e^{-z}\frac{\partial}{\partial z}\left(1+\frac{1}{\bar{m}}\frac{\partial m}{\partial z}\right)\psi\right] \tag{3-6}$$

热层大气的次要成分包括 $N(^4S)$、$N(^2D)$ 和 NO，这些次要成分通过化学反应放热以及 NO 的红外辐射冷却作用对中性气体造成重要影响。其中，$N(^4S)$ 和 NO 存在时间尺度较长，其输运效应必须考虑，$N(^2D)$ 存在时间尺度较短，因此其密度可以基于光化学平衡直接得到。

**电离层基本方程**

TIEGCM 模式中除了 $O^+$ 外，其他离子（$O_2^+$、$NO^+$、$N^+$ 和 $N_2^+$）都满足光化学平衡，因此它们的浓度可以直接由损失率和产生率的平衡态得出。$O^+$ 不仅由损失和产生过程控制，因其较长的化学寿命，还需要考虑其动力学输运作用。同时还会受到 $E\times B$ 漂移和场向的双极扩散影响。$O^+$ 的密度通过连续方程求解，见式（3-7），其中 $n$ 是 $O^+$ 的浓度，$P$ 是 $O^+$ 的产生率，$L$ 是 $O^+$ 的损失率，$\nabla(nV)$ 表示 $O^+$ 的输运作用，包括 $E\times B$ 漂移、中性风输运以及双极扩散作用引起的输运项。

$$\frac{\partial n}{\partial t}=P-Ln-\nabla(nV) \tag{3-7}$$

离子漂移速度 $V$ 由平行磁力线的速度 $V_{/\!/}$ 与和垂直磁力线的速度 $V_{\perp}$ 给出，见式（3-8）和式（3-9）。

$$V_{/\!/}=\left\{\boldsymbol{b}\cdot\frac{1}{\boldsymbol{\nu}}\left[\boldsymbol{g}-\frac{1}{\rho_i}\nabla(\boldsymbol{P}_i+\boldsymbol{P}_e)\right]+\boldsymbol{b}\cdot\boldsymbol{U}\right\}\boldsymbol{b} \tag{3-8}$$

$$V_{\perp} = \frac{\boldsymbol{E} \times \boldsymbol{B}}{|\boldsymbol{B}|} \tag{3-9}$$

式中，$\boldsymbol{b}$ 是沿着磁力线的单位向量；$\nu$ 是离子与中性粒子碰撞频率；$\boldsymbol{g}$ 是重力加速；$\rho_i$ 是离子质量密度；$\boldsymbol{P}_i$ 是离子压强；$\boldsymbol{P}_e$ 是电子压强；$\boldsymbol{U}$ 是中性风速度；$\boldsymbol{B}$ 磁场；$\boldsymbol{E}$ 是电场，该电场在极区来自磁层作用，在中低纬来自中性风发电机作用。

电离层－热层系统的带电粒子浓度远小于中性粒子浓度，但带电粒子和中性成分之间的相互作用却不可忽视。在电场作用下运动的离子与中性粒子发生碰撞改变中性粒子的运动状态，同时通过焦耳加热引起热层温度改变；热层大气运动则会推动带电粒子沿磁力线运动或者驱动带电粒子切割磁力线产生发电机电场；此外，中性粒子、离子和电子之间存在着复杂的化学过程。在 TIEGCM 中，热层和电离层的耦合在每一个格点和时间步长上进行。模式中，电离层的计算需要用到中性成分、中性温度、中性风发电机作用产生的电场以及离子－中性和电子－中性间的弹性和非弹性碰撞。同样地，对热层参量的计算来说，需要用到以上碰撞引起的能量传输、离子拖曳引起的动量变化以及离子参与的光化学作用。而对热层－电离层的电动力学耦合过程而言，模式自洽地计算了中性风引起的发电机效应，通过电子密度和中性风来计算由离子运动切割磁力线引起的电离层电场和电流，继而用这一电场和电流来计算发电机效应对电离层和热层的反馈作用。

**模式输入参数**

TIEGCM 模式外部输入条件包括太阳 EUV 和 UV 波段的辐射、地磁活动（极光粒子沉降和极区对流电场）以及底边界潮汐波动。此外，模式在上边界还引入上行或者下行的等离子体流来代表来自等离子体层的贡献。

对于太阳辐射的输入有两种方式。一种是使用 EUVAC 太阳辐射经验模式（Richards 等，1994）计算 5～105 nm 波段的太阳辐射，该模式包含两大模块，一个是太阳极低年的参考光谱，另一个是不同波长的太阳辐射的变化，该变化基于 $F_{10.7}$ 指数进行参数化得到。另一种是直接使用太阳辐射光谱的观测结果作为模式输入，TIMED 卫星上的 SEE 仪器可以提供 0.1～195 nm 的太阳辐射光谱数据，观测数据覆盖了第 23～24 太阳活动周，即 2002 年 2 月至今的时间范围。

对于磁层能量，TIEGCM 采用经验的极区电场模式和极区粒子沉降模式作为模式输入。极区电场方面，在地磁纬度75°以上直接使用经验电场模式Heelis或者Weimer，在地磁纬度60°以下使用自洽计算的发电机电场，60°~75°则根据两者边界进行线性插值。除使用经验电场模式外，还可以使用电离层电动力学同化模型AMIE（Richmond，1988）、磁层磁流体力学模式LFM提供的极区电势（Wiltberger等，2004），以及AMPERE模型（Marsal等，2012）的场向电流来驱动模式。来自磁层和太阳风的粒子可以沉降至电离层高度，极区粒子沉降分布在极光卵、极盖区、极尖区等高纬区域，增加电子浓度及电离层电导率，TIEGCM的极区粒子沉降模型主要基于Roble（1987）和Emery等（2008）的经验模型。

TIEGCM中的下边界条件指 -7 压力水平面，对应高度约97 km。模式基于全球尺度波动模式GSWM（Hagan和Forbes，2002）在底边界添加周日潮汐和半日潮汐。此外，模式底边界还添加有周年变化的潮汐扰动（Fleming等，1990）。重力波破碎引起的湍流混合效应用一个湍流扩散常数表征。

**数值方法**

TIEGCM使用球坐标，其中水平方向坐标为均匀的经纬度网格，垂直方向上使用压力面坐标，压力面定义为 $z_p = \ln(P_0/P)$，其中，$P_0 = 5\times10^{-4}$ μbar①，压力面高度变化为 -7~7，对应97~600 km的高度范围，其中上边界高度与太阳活动有关。TIEGCM提供单精度和双精度两种精度：单精度有29个压力面，水平分辨率为经纬度5°×5°，垂直分辨率为1/2个大气标高；双精度有57个压力面，水平分辨率为2.5°×2.5°，垂直分辨率为1/4个大气标高。

TIEGCM在水平方向上采用四阶中心有限差分的方法进行求导，在时间域上使用二阶中心有限差分求导，在垂直方向上则使用隐式的二阶中心有限差分。波与波的相互作用可以产生更长或者更短波长的波。短波长的波可以串级到分子耗散尺度，最终彻底耗散。然而，在数值模型中，因为网格的离散化，短波无法串级到更小尺度而最终耗散掉，导致能量的不断堆积，这一现象被称为混叠。随着混叠的发生，模式可能产生非物理的噪声，该噪声不断增长，导致计算结果不稳定。

① 1 bar = 0.1 MPa。

为了解决混叠现象，在TIEGCM的每个时间步长，模式采用Shapiro滤波（Shapiro，1970）的方法在时间、经度和纬度方向上进行平滑，从而限制计算噪声的产生。该方法采用了一个低通滤波器来消除波长小于$4\Delta x$（$\Delta x$为网格间距）的波动，但该滤波器不影响模式正常产生的大尺度扰动。模式还使用了一维的五点平滑算法来消除高频波的非物理的增长，这些高频波可能由截断误差或大尺度扰动到小尺度运动的能量串级引起。在靠近极区的区域，采用了快速傅里叶变换滤波的方法来消除非物理的高频波动，通过这一方法，可以有效地提高数值计算的稳定性，然而，该方法也会产生非物理的模拟结果。

#### 3.1.3.2 WACCM-X模式

传统的电离层-热层数值模型通过设定上边界条件来表征太阳和磁层的物理过程，通过设定下边界条件来表征平流层、中间层的大气状态变化。例如，TIE-GCM和TIME-GCM的下边界分别是97 km和30 km，这些下边界条件使用潮汐参数化或观测的气象场来指定。随着大气科学全区域的发展，对整个热层-电离层系统采用完全自洽的数值描述成为可能，美国大气研究中心（NCAR）开发的扩展的全球气候模式WACCM-X就是这种整体大气物理模式的代表。

对于整体大气物理模式的探索包括NCAR研发的中层大气气候模型（MACCM）（Boville，1995），以及TIME-GCM模式与CCM模式的耦合（Roble，2000），这些努力进一步强调了对整体大气模型的需求，从而推动了整体大气气候模型WACCM以及其他几个整体大气模型的发展，包括加拿大中层大气模型（CMAM）、中性和电离大气汉堡模型（HAMMONIA）、海军全球高层大气预测物理模式（NOGAPS-ALPHA）、整体大气模型（WAM）和日本九州的GCM模型（Beagley等，1997；Schmidt等，2006；McCormack等，2004；Akmaev等，2008；Miyoshi和Fujiwara，2003）。WACCM开发始于2000年左右，该模型已被广泛用于研究大气动力学、化学、气候和耦合。WACCM-X是从底层大气模式逐渐向更高高度的热层发展起来的，如图3.2所示，WACCM-X模式的物理过程是在WACCM模式（高度范围0~130 km）的基础上建立的，WACCM模式又是建立在CAM模式（高度范围0~30 km）基础上的。

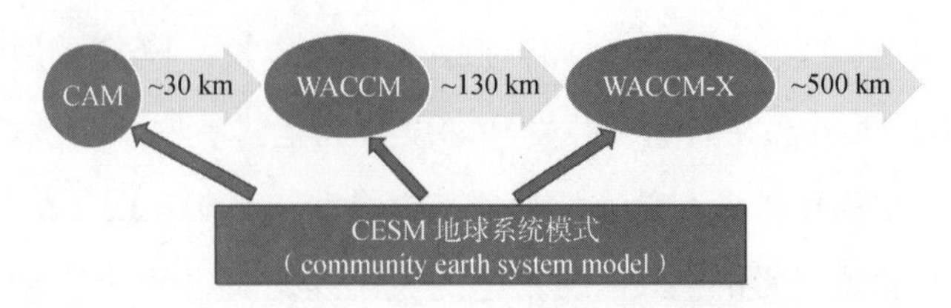


**图 3.2　WACCM－X 模式的发展框架**

WACCM－X 模式继承了 WACCM 模式和 CAM 模式中的所有物理和化学模块。化学模块源自臭氧及相关化学示踪剂的三维化学传输模型（MOZART），并通过传输和放热、加热与动力学交互（Brasseur 等，1998；Kinnison 等，2007）。对于不同波长的光解速率分别根据 Woods（2002）、Froehlich（2000）、Solomon（2005）提供的方法计算，由此得到电子、5 种离子（$O^+$、$O^{2+}$、$NO^+$、$N^+$ 和 $N^{2+}$）以及对热层和电离层有影响的中性成分的产生和损失。由电场和磁场的漂移或双极扩散引起的离子和电子的传输不包括在当前模型中。

WACCM－X 动力学核心使用有限体积法，在标准有限体积动力学核心中，垂直坐标基于 Exner 函数 $p^\kappa$（其中 $\kappa$ 是干燥空气的气体常数 $R$ 与恒压下的比热 $c_p$ 之比），在均质层顶以下 $\kappa$ 为常数，恒压面转化为 Exner 函数恒定的面，压力梯度计算有效。但在均质层顶以上，控制体积被扭曲并且压力梯度计算不正确，这会导致过大的经向风和垂直风，以及热层错误的温度结构。WACCM－X 模式通过把基于 Exner 函数的垂直坐标更改为对数压力垂直坐标解决了此问题。

对于辐射加热，WACCM－X 采用了与 WACCM 相同的计算方法，考虑了标准长波公式和 $CO_2$ 在 15 mm 波段，NO 在 5.3 mm 波段的非局域热力学平衡。EUV 和 X 射线辐射引起光电离并产生高能光电子，由高能光电子引起的加热按照 Solomon 和 Qian（2005）提出的方法计算。依赖于波长的太阳辐射根据太阳在 10.7 cm 波段的辐射通量（$F_{10.7}$）进行参数化。当前的 WACCM－X 模型中没有求解电子和离子能量方程，假设离子和电子温度等于中性温度，因此，不存在通过与热电子和离子碰撞而加热中性粒子的物理过程。

热层的主要辐射冷却机制是 $CO_2$ 和 NO 与原子氧碰撞激发，能量再通过红外辐射。这些机制已包含在 WACCM－X 的早期版本中。但在高层大气中，$O(^3P)$ 在 63 um 波段的精细结构辐射也很重要。基于局部热力学平衡，WACCM－X 对 $O(^3P)$ 的冷却率计算如下，其中，$n([O])$ 是原子氧数密度，$\rho$ 是总质量密度，$T$

是中性温度。$X_{fac}$是光学厚介质中辐射传输的掩蔽因子。

$$L_{O(3P)}=0.835\times10^{-18}\frac{n([O])}{\rho}X_{fac}\frac{\exp(-228/T)}{1+0.6\exp\left(-\frac{228}{T}\right)+0.2\exp(-325/T)} \tag{3-10}$$

与其他物理模式类似，WACCM－X 模式以 $2.5\times10^{-9}$ hPa 压强面为上边界，之所以选择这个高度，是因为在这个压强下大气原子的平均自由程约等于标高，在此高度之上，要使用动力学理论来处理大气，会使问题变得复杂。在均质层顶之下，大气被湍流充分混合，因此平均分子质量是一个常数，只需要考虑均匀背景大气中次要物质的涡流和分子扩散。在均质层顶之上，由于扩散分离变得重要，必须处理主要成分（$N_2$、$O_2$ 和 O）的分子扩散，以及分子质量、比热和分子黏度系数、热和物质扩散对可变成分的依赖性。WACCM－X 模式考虑了这些因素的影响，使用 Dickinson 等（1984）提出的公式计算主要成分的分子扩散。

由于热层物理过程的时间尺度较短，WACCM－X 模式对于积分步长使用了不同的时间分割方案，一个时间步长（50 min）用于示踪剂输运方程和物理的集成，而动力学方程则用一个更小的时间步长（50 s）来稳定快速变化的波动。

WACCM－X 中对重力波的参数化基于线性饱和理论，由于分子黏度在热层中不可忽视，因此考虑了分子黏度对重力波的阻尼（Lindzen，1981；Garcia 等，2007）。

在 WACCM－X 模式中，离子阻力和焦耳热分别根据（Dickinson，1981）和（Roble，1982）计算，高纬度和中低纬度地区的电场根据（Weimer，1995）和（Richmond，1980）的方法进行了参数化。使用极光分析模型（Roble，1987）计算高纬度地区的电离率、极盖区和极尖区域上的粒子沉降以及与极光相关的中性加热。能量的参数化输入是极光电子沉降的半球功率（HP），依赖于地磁指数 kp 的外部输入。

WACCM－X 模式可以通过再分析（reanalysis）数据约束对流层和平流层的动力学过程，即“指定动力学（specified－dynamics）”的运行方式，这是 WACCM－X 模式作为整体大气模式的重要特色。再分析是基于数值模型，利用数据同化技术，将时空分布不均匀的观测资料与数值模式的格点数据相结合，得到再分析的网格化产品。WACCM - X 用到的再分析资料来自以下两个模型：戈达德地球观测系统模型（goddard earth observing system model，version 5，GEOS5）和 MERRA（modern - era retrospective analysis for research and applications）。模式默认利用 MERRA 数据 0 ~ 50 km 的全球温度，风场来约束模型。

WACCM - X 相对于 WACCM 的改进包括：采取了参数化非地形重力波强迫的修正；引入了地形的表面应力，显著改善了平流层爆发性增温出现的频率；按照 JPL 的建议更新了化学动力学和光化学速率常数；使用了平流层臭氧损失的新处理方法。目前最新版本为 2019 年发布的 WACCM - X2. 1，新版本的改进包括：WACCM - X 2. 1 通过修正 100 km 以上的涡流扩散系数，解决了 WACCM - X2. 0 热层中的原子分子组成比系统地低于观测值和其他经验模型的问题；增加了完整的 D 区离子化学；改进了电子温度的求解方法；磁层输入方面增加了由太阳风和行星际磁场观测驱动的 Weimer 经验模型。

WACCM - X 模式是基于地球气候系统耦合模式（community earth system model，CESM）建立的，WACCM - X 不能独立运行，实际上是通过设置 CESM 的某些选项，运行 CESM 模式来得到 WACCM - X 模式的结果。CESM 以大气、海洋、陆面和冰圈为研究主体，包含了全面的化学、物理过程和大气化学成分，提供地球过去、现在和未来气候状态的计算机模拟。

WACCM - X 的使用方法有以下三种：一是从 NCAR 网站直接下载模式运行结果。NCAR 提供了 WACCM - X2. 1 指定动力学运行方式下的 1980—2017 年全球大气模拟结果，以二进制 NetCDF 格式存储。包括五种时间分辨率：月瞬时，3 h 瞬时，日瞬时，日平均，5 日平均。二是在 NCAR 超级计算机上运行模式。Cheyenne、hobart、izumi、bluewaters 等超级计算机已搭建了 WAACM - X 模式的运行环境，NCAR 员工、美国大学和研究机构人员可以申请机时，或者对 NCAR 保存的数据进行只读访问。三是自行搭建 WAACM - X 模式的运行环境，下面简要介绍搭建方法。

WACCM - X 模式需要在 UNIX 操作系统运行，例如 CNL、AIX 或 Linux，表 3 - 2 列出了所需的支持软件，NetCDF 必须使用与 CESM 相同的 Fortran 编译器构建。在支持软件齐备的环境下，具体编译、运行步骤如下：

第一步，下载 CESM 安装包。运行命令：

```
git clone -b release-cesm2.1.3 https://github.com/ESCOMP/cesm.git/ my_cesm_sandbox
```

进入 my_cesm_sandbox 目录，下载模式组件，运行命令：

```
./manage_externals/checkout_externals
```

第二步，配置计算机信息。修改 my_cesm_sandbox\machines\config_machines.xml 中的 machine 选项，设置为当前计算机名，修改 init_path 选项，设置为表 3-2 所列软件的安装路径。

第三步，创建新案例。运行命令：

```
./create_newcase --case CASENAME --compset COMPSET --res GRID
```

CASENAME 是案例名字，COMPSET 指定组件集，对于 WACCM-X 指定动力学的运行方式应设置为 FXSD，GRID 指定模式输出的分辨率，典型设置为 f19_f19_mg16。

第四步，设置案例的运行方式。修改配置文件 env_mach_pes.xml，运行命令：

```
./case.setup
```

第五步，编译案例。修改配置文件 env_build.xml，运行命令：

```
./case.build
```

第六步，运行案例，修改配置文件 env_run.xml 中的选项 RUN_STARTDATE，STOP_OPTION,STOP_N，设置模式仿真时段，运行命令：

```
./case.submit
```

**表 3-2　WACCM-X 模式所需的支持软件**

| 所需软件 | 版本 | 所需软件 | 版本 |
|---|---|---|---|
| Python | 2.7 或更高 | ESMF | 5.2.0 或更高 |
| Perl | 5.0 | PnetCDF | 1.7.0 或更高 |
| Subversion Client | 1.8 或更高 | Trilinos | — |
| Git Client | 1.8 或更高 | LAPACK 和 BLAS | — |
| Fortran 编译器 | — | CMake | 2.8.6 或更高 |

续表

| 所需软件 | 版本 | 所需软件 | 版本 |
|---|---|---|---|
| C 编译器 | — | MPI | 单处理器的计算机不需要 |
| NetCDF | 4.3 或更高 | | |

Liu 等针对太阳活动最大和最小条件对 WACCM－X2.0 模式结果进行了分析与验证，见图 3.3～图 3.4。热层成分、密度和温度与观测和经验模型基本一致，包括赤道密度异常和午夜密度最大现象，中间层和低层热层大气潮汐的幅度和季节变化与观测结果非常吻合，尽管全球平均热层密度与年变化的观测值相当，但模式结果缺乏明显的半年变化。

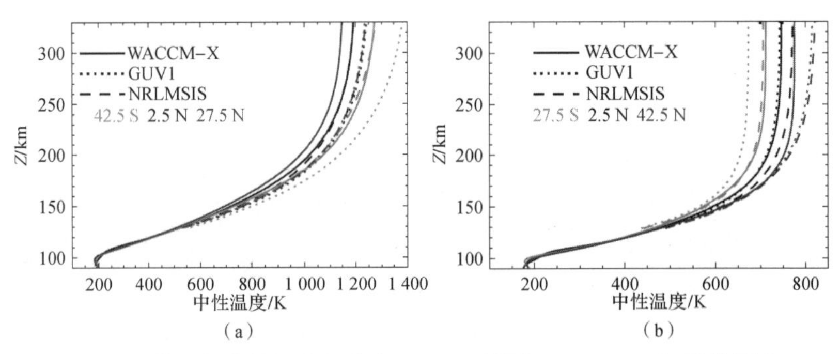


**图 3.3 WACCM－X 模拟的中性温度与来自 GUVI 测量和 NRLMSIS 经验模型在 2002 年 11 月（a）和 2007 年 7 月（b）中纬度、亚热带和赤道纬度的比较（Liu 等，2018）（附彩图）**

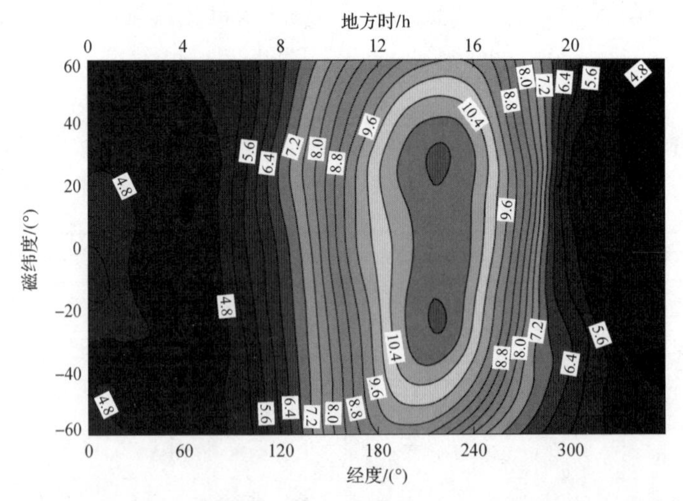


**图 3.4 WACCM－X 在太阳活跃条件下模拟的 9 月 400 km 高度的中性大气密度**

Liu（2019）比较分析了 WACCM－X 模式模拟的 90～250 km 高纬度纬向风和风成像干涉仪 WINDII 观测资料在不同太阳辐射和地磁活动条件下的变化特征，如图 3.5 发现两者在描述南半球 100°～200°和北半球 200°～340°经度范围的强烈西向风反转现象方面具有较好的一致性，并且都揭示了该现象对地磁活动的依赖性，但实测风场对地磁活动的响应比模式风场更强。

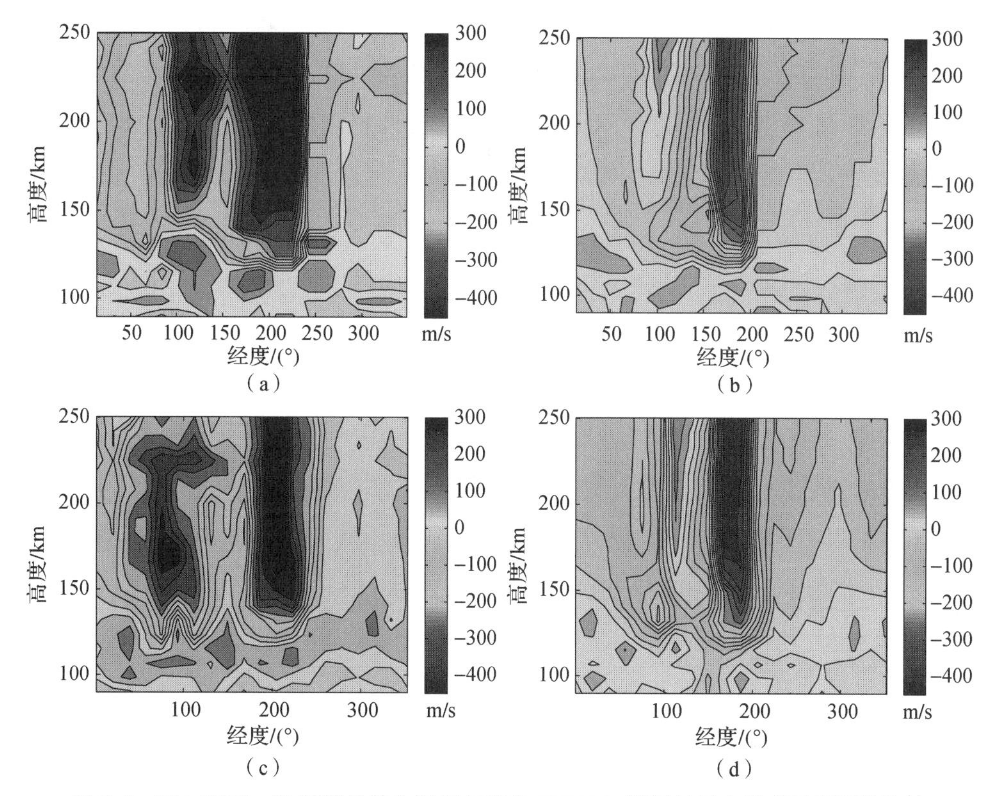


**图 3.5 WACCM－X 模拟的纬向风场与来自 WINDII 测量结果在地磁活跃期的比较**

(a) WINDII, DOY: 92033, LT: 13.2～14, Lat: 60S～70S; (b) WACCM－X, DOY: 92033, LT: 13.2～14, Lat: 60S～70S; (c) WINDII, DOY: 92034, LT: 12.7～14, Lat: 60S～70S; (d) WACCM－X, DOY: 92034, LT: 12.7～14, Lat: 60S～70S

## 3.2 经验模式

### 3.2.1 经验模式建模数据与建模方法

航天工程中广泛采用的是经验模式，大致可以分为三类。一类主要基于轨道反演密度数据，表示为温度和成分的函数，主要有 JACCHIA 系列模式和 DTM 系列模式，是卫星定轨常用的参考大气模式。另一类模式利用卫星质谱计和非相干散射雷达数据，基于 Bates 的温度廓线公式和 120 km 高度面上的密度公式，用解析式的形式计算密度廓线。这类模式以 MSIS（mass spectrometer and incoherent scatter）系列的模式最为突出。还有一类模式以密度数据作为输入，并直接表示为密度的函数表达式，如苏联的 GOST－84 模式，它全部用卫星的拖曳数据而得来，它是用关于高度的密度廓线，通过日变化、季节变化、纬度变化、太阳活动和磁场活动来对密度廓线进行调整。另外还有 TD－88 模式，它的公式更加灵活，不像 GOST－84 那样将修正因素严格地分离，但它只适用于 150～750 km。

空间研究委员会 COSPAR（Committee on Space Research）在发布的众多经验模式中选择应用性最广的模式，并推荐为国际参考大气模式 CIRA（COSPAR International Reference Atmosphere）。从 20 世纪 60 年代至今，COSPAR 共推荐了多个不同版本的国际参考大气，包括 CIRA－61、CIRA－65、CIRA－72、CIRA－86、CIRA－14 等。其中，前 3 个为 JACCHIA 系列模式，CIRA－86 为 MSIS86 模式，CIRA－14 不再是单一的模式，COSPAR 针对不同的需求和关注方向推荐了一系列相关的模式，比如对于 120 km 高度以上的总质量密度，CIRA－14 的参考大气模式包括 NRLMSISE00、JB2008 和 DTM2009 模式等。

### 3.2.2 常用经验模式介绍

#### 3.2.2.1 JACCHIA 系列

JACCHIA 系列模式开始于 1965 年的 JACCHIA65 模式。该模式中，假设以 120 km 作为下界，该高度以下气体可以认为是一种混合的气体，该高度以上各种气体成分满足扩散方程，120 km 处的温度和密度恒定，各气体成分的数密度随高度变化的廓线主要是由外层温度值决定的，外层温度值作为太阳活动、地磁活动和日变化产生的效果，后来又产生了 JACCHIA70、JACCHIA71、JACCHIA77 等模式。

JACCHIA70 假设 90 km 处的边界条件不变，分别采用了两个模型，一个适用于 90～125 km 的高度，另一个适用于 125 km 以上的高度。JACCHIA71 模式是

CIRA－72 的推荐模式，是 Jacchia 在 JACCHIA65 基础上，融合了 Roberts 的工作于 1971 年提出，也称为 JACCHIA－ROBERTS 模式。之后，利用卫星星载仪器对热层大气的直接测量又发现了热层大气变化的新规律，在 JACCHIA77 模式中考虑了这些新发现的大气变化规律，对 JACCHIA71 进行了补充修改。该模式主要对大气密度周日变化的表达式进行了较大改动，引入新的温度参量描述大气周日变化与太阳 10.7 cm 辐射流量的关系。JACCHIA77 大气密度模式分为两个部分。第一部分是静态大气模式，采用解析模型进行计算；第二部分是动态大气模式，基本思想是在静态模式基础上，考虑大气的各种变化对静态模式进行修正。该模式考虑了太阳活动、太阳自转、半年变化、周日变化和地磁的影响，对热层大气密度做了较好的描述，适用于 90～2 500 km 的高度。该模式输入的空间环境参数为：前 1 天 10.7 cm 太阳辐射流量日均值 $F_{10.7}$，前 3 个太阳自转周期（81 天）日均平滑值 $\bar{F}_{10.7}$，以及 －6 h 地磁指数 kp。

美国空军太空司令部（AFSC）的 Bowman 在 JACCHIA71 的基础上，考虑了新的太阳辐射指数和地磁指数，建立了 JACCHIA－Bowman（JB2008）模式。在前述的经验密度模式中，常用太阳 10.7 cm 辐射流量（$F_{10.7}$）来表征太阳辐射的强度，用地磁指数（ap 或 kp）来表征地磁扰动的强度。事实上，10.7 cm 波长的辐射基本不对大气加热，相反对大气有加热效应的辐射在穿过大气层的过程中被吸收，而地面上观测不到。JB2008 模式采用指数组 $F_{10}$、$S_{10}$、$M_{10}$ 和 $Y_{10}$ 计算顶层温度。其中，$F_{10}$ 即 $F_{10.7}$ 指数，$S_{10}$ 指数表征波长在 26～34 nm 的辐射流量，$M_{10}$ 指数是美国国家海洋和大气局（NOAA）的两颗卫星监测的波长为 280 nm 的辐射流量与太阳连续谱能量比值 MgII 经单位归算后的指数，$Y_{10}$ 指数是一种混合太阳指数，由于在高太阳活动期间，0.1～0.8 nm 的 X 射线是热层大气的主要能量来源，但在中太阳活动和低太阳活动期间氢（H）莱曼－α 发射更有优势，因此，$Y_{10}$ 指数设计为太阳最大值期间被加权为主要代表 $X_{10}$，在中等和低太阳活动期间主要代表莱曼－α 发射。

#### 3.2.2.2 MSIS 系列

非相干散射雷达和卫星质谱计可直接测量大气高度层的温度、大气成分和大气密度，MSIS 系列模式就是由卫星质谱计和非相干散射雷达等测量的大气温度、成分、密度等观测数据，在经验公式的基础上拟合得到的，进一步可以计算大气密度。由于采用了温度和成分数据，MSIS 系列模式在计算温度和成分方面较 JACCHIA 等模式有着天然的优势。MSIS 系列模式包括 MSIS77、MSIS83、MSIS86、MSISE90、NRLMSISE00（简称 MSIS00 或 MSISE00）和 NRLMSISE2.0（简称 MSIS2.0）等。

MSIS86 大气密度模式是 MSIS 系列模式发展的一个重要节点，被 COSPAR 采纳为国际参考大气 CIRA86 大气密度模型。该模式的成分包括 90 km 高度上实测的 He、O、$N_2$、$O_2$、Ar、H 成分，且不再将 120 km 作为不变边界条件，该高度上的温度、温度梯度、密度以及大气顶层温度都由实测大气资料拟合，并表示成与时间、空间、太阳活动、地磁变化有关的低阶球谐函数。该模式输入的空间环境参数为前 1 天 10.7 cm 太阳辐射流量日均值 $F_{10.7}$、81 天 10.7 cm 辐射流量平均值 $\bar{F}_{10.7}$，以及当日地磁指数日均值，计算时刻 3 h 地磁指数 ap1，−3 h 地磁指数 ap2、−6 h 地磁指数 ap3、−9 h 地磁指数 ap4、−12 ~ −33 h 地磁指数平均值 ap5、−36 ~ −59 h 地磁指数平均值 ap6。此后，为了提高低高度处的大气密度和温度精度，Hedin 等在 MSIS86 的基础上又建立了 MSISE90 模式，而在上部热层的大气参数计算精度和效率方面，新的模式并没有改善。

2000 年，美国海军研究实验室（NRL）的 Picone 在 MSISE90 基础上，融合了新的探测数据，并考虑 500 km 以上不规则原子氧和离子氧的影响，开发了 NRLMSISE00 模式，该模式被 COSPAR 采纳为新的国际参考大气 CIRA2014 大气密度模型。NRLMSISE00 及其更早版本模式的一个缺陷是缺乏卫星数据来定义 100 km 以下大气的成分和结构，因此在 NRLMSISE00 和更早版本中，热层大气与下层分开处理，上层和下层轮廓通过边界条件连接。2020 年美国海军实验室发布了 NRLMSISE00 的升级版 NRLMSIS2.0。新模式使用了 0 ~ 100 km 的数据集，包括温度、大气成分，通过流体静力学/扩散平衡剖面实现了从地面到外逸层的温度完全耦合。从这个意义上说，它可以被视为一个整体大气经验模型。相对于 NRLMSISE00 模式，新模式在对流层温度较高，在平流层和中层较低；热层中的 $N_2$ 和 O 密度较低。

MSIS 系列模式根据 Bates（1959）的公式计算热层上层的温度，将温度廓线作为位势高度的函数，假设外层平均温度和 120 km 处温度为常数，有式（3 − 11）。

$$T(z) = T(\infty) - T(l)\exp[-\sigma\varepsilon(z, z_l)] \quad (3-11)$$

式中，$T(\infty)$是外层平均温度；$T(l)$是120 km高度处的大气平均温度。

$$\varepsilon(z,z_l)=(z-z_l)(R_p+z_l)/(R_p+z),R_p=6\ 356.77\ \text{km} \tag{3-12}$$

而在热层下层是一个位势高度多项式的倒数，这些温度廓线可以表述为式（3-13）。

$$T(z)=1/(1/T_o+T_B x^2+T_C x^4+T_D x^6) \tag{3-13}$$

式中，$x=-[\varepsilon(z,z_a)-\varepsilon(z_o,z_a)]/\varepsilon(z_o,z_a)$；$T_o$是中间层顶温度。

外层温度和其他关键参数可以表述为重力位势高度和太阳活动以及磁场活动参数的函数。在同一高度处，温度可以表述为时间、纬度和太阳活动以及磁场活动的函数。

大气密度可以看作扩散的大气分子与混合的大气分子共同作用的结果，将温度作为参数可以进一步拟合出密度廓线函数。根据Walker（1965）的流体静力学方程和Alan E. Hedin（1987），某气体成分的数密度可以表示为式（3-14）。

$$n(z,M)=[n_d(z,m)^A+n_m(z,m)^A]^{1/A}C_1(z)\cdots C_n(z) \tag{3-14}$$

式中，$n_d$为扩散廓线；$n_m$为混合廓线。假设120 km高度处某种气体成分的数密度为常数，扩散廓线可以表达如式（3-15）。

$$n_d(z,M)=n_l D(z,M)[T(z_l)/T(z)]^{1+\alpha} \tag{3-15}$$

式中，$M$是分子的分子量（或原子量）；$n_l$是高度为120 km的数密度；$\alpha$是热层扩散系数。混合廓线可表示为式（3-16）。

$$n_m(z,m)=n_l D(z_h,M)D(z_h,\bar{M})[T(z_l)/T(z_h)]^{\alpha}D(z,\bar{M}_o)[T(z_l)/T(z)] \tag{3-16}$$

在同一高度下，可以将大气温度和各成分数密度看作时间、纬度、经度、太阳$F_{10.7}$和地磁指数ap的函数。描述为式（3-17）。

$$n_l=\bar{n}_l\exp[G(L)] \tag{3-17}$$

式中，$\bar{n}_l$是该高度处各成分数密度或温度的平均值；$G(L)$是同一高度处高度处的扩展函数。

$G(L)$可以表示为以下13项的和：

平均项：

$$a_{10}P_{10}+a_{20}P_{20}+a_{40}P_{40}$$

太阳活动变化：

$$+\bar{f}_{00}^{a1}\Delta\bar{F}+\bar{f}_{00}^{a2}(\Delta\bar{F})^2+f_{00}^{a1}\Delta F+f_{00}^{a2}(\Delta F)^2+\bar{f}_{20}P_{20}\Delta\bar{F}$$

年变化:

$$+c_{00}^{1}\cos\Omega_{\mathrm{d}}\ (t_{\mathrm{d}}-t_{00}^{c1})$$

半年变化:

$$+c_{00}^{2}+c_{20}^{2}P_{20}\cos 2\Omega_{\mathrm{d}}(t_{\mathrm{d}}-t_{00}^{c2})$$

不对称年变化:

$$+(c_{10}^{1}P_{10}+c_{30}^{1}P_{30})F_{1}\cos\Omega_{\mathrm{d}}(t_{\mathrm{d}}-t_{10}^{c1})$$

不对称半年变化:

$$+c_{10}^{2}P_{10}\cos 2\Omega_{\mathrm{d}}(t_{\mathrm{d}}-t_{10}^{c2})$$

日变化:

$$+[a_{11}P_{11}+a_{31}P_{11}+a_{51}P_{11}+(c_{11}^{1}P_{11}+c_{21}^{1}P_{21})\cos\Omega_{\mathrm{d}}(t_{\mathrm{d}}-t_{10}^{c1})]F_{2}\cos\omega\tau+$$

$$[b_{11}P_{11}+b_{31}P_{11}+b_{51}P_{11}+(d_{11}^{1}P_{11}+d_{21}^{1}P_{21})\cos\Omega_{\mathrm{d}}(t_{\mathrm{d}}-t_{10}^{c1})]F_{2}\sin\omega\tau$$

半日变化:

$$+[a_{22}P_{22}+a_{42}P_{42}+(c_{32}^{1}P_{32}+c_{52}^{1}P_{52})\cos\Omega_{\mathrm{d}}\cdot(t_{\mathrm{d}}-t_{10}^{c1})]F_{2}\cos 2\omega\tau+$$

$$[b_{22}P_{22}+b_{42}P_{42}+(b_{32}^{1}P_{32}+b_{52}^{1}P_{52})\cos\Omega_{\mathrm{d}}\cdot(t_{\mathrm{d}}-t_{10}^{c1})]F_{2}\sin 2\omega\tau$$

1/3 天变化:

$$+[a_{33}P_{33}+(c_{43}^{1}P_{43}+c_{63}^{1}P_{63})\cos\Omega_{\mathrm{d}}\cdot(t_{\mathrm{d}}-t_{10}^{c1})]F_{2}\cos 3\omega\tau+$$

$$[c_{63}^{1}P_{33}+(d_{43}^{1}P_{43}+d_{63}^{1}P_{63})\cos\Omega_{\mathrm{d}}\cdot(t_{\mathrm{d}}-t_{10}^{c1})]F_{2}\sin 3\omega\tau$$

地磁场变化:

$$+[k_{00}^{a}+k_{20}^{a}P_{20}+k_{40}^{a}P_{40}+(k_{10}^{c1}P_{10}+k_{30}^{c1}P_{30}+k_{50}^{c1}P_{40})\cos\Omega_{\mathrm{d}}(t_{\mathrm{d}}-t_{10}^{c1})+$$

$$(k_{11}^{a}P_{11}+k_{31}^{a}P_{31}+k_{51}^{a}P_{51})\cos\omega(\tau-t_{11}^{k})]\Delta A$$

经度:

$$+[a_{21}^{0}P_{21}+a_{41}^{0}P_{41}+a_{61}^{0}P_{61}+a_{11}^{0}P_{11}+a_{31}^{0}P_{31}+a_{51}^{0}P_{51}+$$

$$(a_{11}^{c1}P_{11}+a_{31}^{c1}P_{31})\cos\Omega_{\mathrm{d}}(t_{\mathrm{d}}-t_{10}^{c1})](1+\bar{f}_{21}^{a0}\Delta\bar{F})\cos\lambda+$$

$$(b_{21}^{0}P_{21}+b_{41}^{0}P_{41}+b_{61}^{0}P_{61}+b_{11}^{0}P_{11}+b_{31}^{0}P_{31}+b_{51}^{0}P_{51})+$$

$$(b_{11}^{c1}P_{11}+b_{31}^{c1}P_{31})\cos\Omega_{\mathrm{d}}(t_{\mathrm{d}}-t_{10}^{c1})(1+\bar{f}_{21}^{a0}\Delta\bar{F})\sin\lambda$$

世界时：

$$+(a_{10}^{1}P_{10}+a_{30}^{1}P_{30}+a_{50}^{1}P_{50})(1+\bar{f}_{10}^{a1}\Delta\bar{F})(1+r_{10}^{a1}P_{10})$$
$$[1+r_{10}^{c1}\cos\Omega_{\mathrm{d}}(t_{\mathrm{d}}-t_{10}^{c1})]\cos\omega'(t-t_{10}^{a1})+$$
$$(a_{32}^{1}P_{32}+a_{52}^{1}P_{52})\cos[\omega'(t-t_{32}^{a1})+2\lambda]$$

世界时/经度/地磁活动：

$$+(k_{21}^{a0}P_{21}+k_{41}^{a0}P_{41}+k_{61}^{a0}P_{61})(1+r_{21}^{k0}P_{10})\Delta A\cos(\lambda-\lambda_{21}^{k0})+$$
$$k_{11}^{c1}P_{11}\cos\Omega_{\mathrm{d}}(t_{\mathrm{d}}-t_{10}^{c1})\Delta A\cos(\lambda-\lambda_{11}^{kc})+ \tag{3-18}$$
$$(k_{10}^{a1}P_{10}+k_{30}^{a1}P_{30}+k_{50}^{a1}P_{50})\Delta A\cos\omega'(t-t_{10}^{k1})$$

在上式中：

$$F_1=1+\bar{f}_{10}^{c}\Delta\bar{F}+f_{00}^{a1}\Delta F+f_{00}^{a2}(\Delta F)^2 \tag{3-19}$$

$$F_2=1+\bar{f}_{11}^{a}\Delta\bar{F}+f_{00}^{a1}\Delta F+f_{00}^{a2}(\Delta F)^2 \tag{3-20}$$

$\Delta F=F_{10.7}-\bar{F}_{10.7}$；$\Delta\bar{F}=\bar{F}-150$；$F_{10.7}$为前一天的10.7 cm太阳辐射通量（单位$10^{-22}$ W · $\mathrm{m}^{-2}$ · $\mathrm{Hz}^{-1}$）；$\bar{F}_{10.7}$为三个太阳活动自转周期（81天）的平均$F_{10.7}$，以要求密度的时间为中心；$\mathrm{P}_{nm}$是连带勒让德多项式。

$$\mathrm{P}_{nm}=[(1-x^2)^{m/2}/2^n n!](\mathrm{d}^{n+m}/\mathrm{d}x^{n+m})(x^2-1)^n \tag{3-21}$$

其中，$x=\cos\theta$，$\theta$是地理纬度；$\Omega_{\mathrm{d}}=2\pi/24\ \mathrm{h}^{-1}$；$\omega'=2\pi/86\,400\ \mathrm{s}^{-1}$；$\tau$是地方时；$t$是世界时（s）；$t_{\mathrm{d}}$是一年中的日期；$\lambda$是地理学经度。

地磁活动因子$\Delta A$可表示为：

$$\Delta A=(\mathrm{ap}-4)+(k_{00}^{r}-1)\{\mathrm{ap}-4+[\exp(-k_{00}^{s}(\mathrm{ap}-4))-1]/k_{00}^{s}\} \tag{3-22}$$

式中，ap是一天内地磁ap指数的平均值。在地磁活动期间，可以表示为3 h地磁指数ap的表达式。

#### 3.2.2.3　DTM系列模式

DTM模式是阻力温度模式（drag temperature model）的简写，由法国宇航局开发，它是用球谐函数表示的三维大气密度模式。采用了JACCHIA模式的模型和扩散平衡假设，并使用约20年的卫星阻力资料，该模式适用于计算120 km高度以上的大气密度，输入的空间环境参数为：10.7 cm 太阳辐射流量日均值、164 天期间 $F_{10.7}$ 的重点平滑值，及 -6 h 的地磁指数 kp。它的初版本是 DTM77，DTM77 的公式与 MSIS77 相同，只是将大气的种类限制在 $N_2$、$O_2$、O 和 He，以后的 DTM90 及 DTM2000 也采用了类似的公式，只是对公式稍微进行了拓展。DTM 模式是专为卫星定轨而设立的，使用起来比较方便，所以也得到了广泛的应用。

DTM77 模式建模采用的数据主要为卫星阻尼数据和温度数据，因此也称为阻力温度模式。1998 年 Berger 等对 DTM 模式进行了升级，重点针对太阳和地磁活动较高的情况，修改了部分算法，发布了 DTM1994。随着搭载高精度加速计测地卫星的快速发展，Bruinsma 等将 CHAMP 和 GRACE 卫星加速度计反演高精度密度数据引入，使用了 AE 卫星数据覆盖完整的太阳活动周，以及引入了新的 MgII 辐射指数，推出了 DTM2000 模式。随着 CHAMP 和 GRACE 卫星加速度计数据的不断积累与丰富，特别是 GOCE 卫星的部分数据，以及同化了 Stella、Starlette 和 Deimos-1 等卫星的轨道反演数据，推出了 DTM2009 模式。随着欧洲 ATMOP 计划的逐步推进，Bruinsma 在 DTM2009 基础上，使用了更多的 GRACE 卫星数据和 GOCE 卫星的低轨道数据，并用 $F_{30}$ 辐射指数替代了 10.7 cm 太阳辐射流量指数，建立了 DTM2013 模式，该模式被证明是当时系统误差最小、精度最高的模式，优于同时期的 JB2008 和 NRLMSISE00。遗憾的是，DTM2013 模式没有对外公开发布源代码，只提供了静态链接库和 2013 年 7 月以前的输入参数，因此也不具备工程应用的可能。

DTM2020 模式是在“欧盟地平线 2020”计划 SWAMI 项目（space weather atmosphere models and indices，SWAMI）资助下研发的，SWAMI 的目标是开发覆盖 0~1 500 km 范围的整体大气模型，开发具有更高时间分辨率的地磁活动指数 Hp，并改进对指数的预测。DTM2020 模式作为 SWAMI 项目的最重要成果，在数据源方面，增加了更新的卫星观测数据，如 GRACE，SWARM，Stella 的数据；在功能方面，除了计算总质量密度、温度、成分和平均分子量以外，还能够给出密度 1 倍标准偏差的不确定度估计。

DTM2020 模式分为运营模式和研究模式，两种模式的源代码全部公开。运营模式使用传统的太阳辐射指数 $F_{10.7}$ 和地磁指数 kp，研究模式使用太阳 30 cm 波段射电辐射通量指数 $F_{30}$ 和高时间分辨率的地磁指数 Hp60，可以通过国外网站 https://doi.org/10.5880/Hpo.0001 下载。研发者称，通过比对现有常用大气模式与多个卫星实测数据的标准偏差，DTM2020 研究模式精度均高于 MSIS00、MSIS2.0、JB2008 和 DTM2013。DTM2020 运营模式精度略低于研究模式的精度，但仍优于或相当于 DTM2013 模式精度。

### 3.2.3 常用模式的精度评估

为了便于比较新发布模式与现有模式的差异，分别给出了太阳活动低年（2018年）和高年（2002 年）夏至日 NRLMSISE00（简称 MSIS00）、NRLMSIS2.0（简称 MSIS2.0）、JB2008 和 DTM2020 四个模式在 400 km 的全球密度分布，如图 3.6 和图 3.7 所示。可以看出四种模式给出的密度全球分布均有着类似的特征，在白天赤道区的大气密度最大，晚上北半球极区最大，不论是白天还是晚上，北半球的大气密度均大于南半球的。但是，四种模式密度在大小上有着明显的差别，从大到小依次为 MSIS00、MSIS2.0、JB2008 和 DTM2020 模式。此外，我们还可以看出，太阳活动低年和高年大气密度差别很大，太阳活动高年相对于低年的密度增大了 5 倍左右。

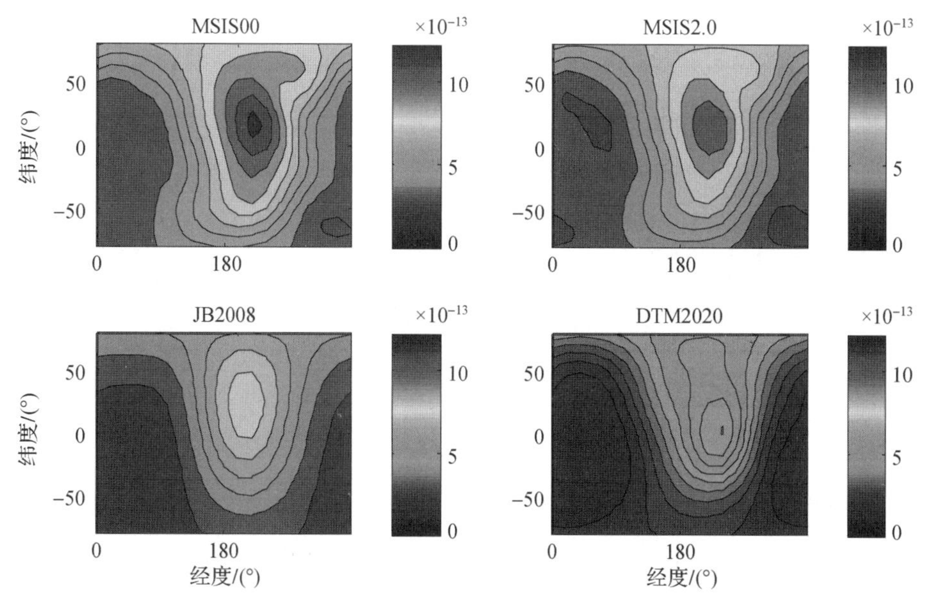


**图 3.6 太阳活动低年不同大气模式计算密度的全球分布**

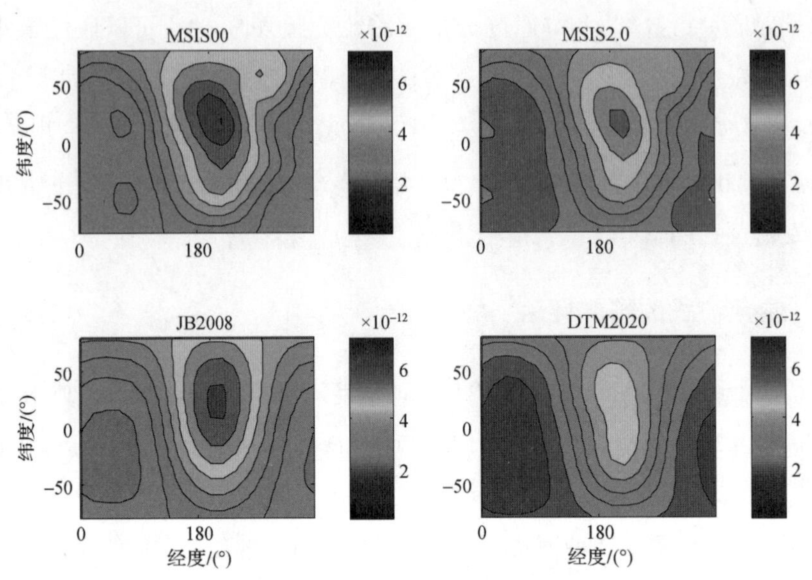


图 3.7 太阳活动高年不同大气模式计算密度的全球分布

下面将实测大气密度数据作为真值，分析各种大气模式的精度。分别利用 SWARM 卫星和 GOCE 卫星的大气密度数据与 NRLMSISE00、NRLMSIS2.0、JB2008 和 DTM2020 模式的密度计算结果进行对比。SWARM 卫星运行高度在 400～450 km，轨道倾角为 87°。GOCE 卫星运行高度在 250～300 km，轨道倾角 96.5°。考虑到模式对轨道预报的影响，分别将密度数据和模型密度数据作日平均，然后分别对日平均数据进行分析，计算各模式结果相对于测量数据的相对系统误差和相对均方根误差。定义残差如式（3-23）。

$$R_i = \rho_{观测} - \rho_{模型} \tag{3-23}$$

式中，$\rho_{模型}$ 为模式计算结果；$\rho_{观测}$ 为观测数据的平均值。取 $R_i$ 的平均，如式（3-24）。

$$\bar{R} = \sum_{i=1}^{N} \frac{R_i}{N} \tag{3-24}$$

式中，$N$ 为数据个数。相对系统误差或者平均相对误差计算公式如式（3-25）。

$$\text{Bias} = \bar{R} / \bar{\rho}_{观测} \tag{3-25}$$

而模式的随机误差或者均方根误差，可表示为式（3-36）。

$$\sigma = \frac{1}{\bar{\rho}_{观测}} \sqrt{\sum_{i=1}^{N} \frac{(R_i - \bar{R})^2}{N-1}} \tag{3-26}$$

分别计算2015—2021年每年的模式结果相对于SWARM观测数据的系统误差和均方根误差，系统误差结果如表3-3所示，均方根误差如表3-4所示，为了直观的比较，给出模式误差的柱状图，如图3.8所示。由表3-3可以看出，常用的NRLMSISE00模式系统误差偏大，在2015—2021年每年的系统误差介于9%~96%，随着太阳活动的增强而逐渐增大，NRLMSIS2.0模式的系统误差介于-2%~76%，JB2008模式的系统误差介于7%~49%，DTM2020模式的系统误差介于-17%~5%，系统误差由大到小依次为NRLMSISE00、NRLMSIS2.0、JB2008和DTM2020模式。

**表3-3 各模式相对于SWARM卫星观测密度的相对系统误差**

| 年份＼模式 | NRLMSISE00 | NRLMSIS2.0 | JB2008 | DTM2020 |
| --- | --- | --- | --- | --- |
| 2015 | 0.093 | -0.015 | 0.072 | -0.151 |
| 2016 | 0.287 | 0.148 | 0.098 | -0.131 |
| 2017 | 0.499 | 0.333 | 0.139 | -0.105 |
| 2018 | 0.707 | 0.521 | 0.246 | -0.083 |
| 2019 | 0.958 | 0.754 | 0.486 | 0.049 |
| 2020 | 0.793 | 0.600 | 0.381 | -0.023 |
| 2021 | 0.394 | 0.256 | 0.167 | -0.163 |

**表3-4 各模式相对于SWARM卫星观测密度的均方根误差**

| 年份＼模式 | NRLMSISE00 | NRLMSIS2.0 | JB2008 | DTM2020 |
| --- | --- | --- | --- | --- |
| 2015 | 0.177 | 0.178 | 0.101 | 0.159 |
| 2016 | 0.227 | 0.216 | 0.201 | 0.206 |
| 2017 | 0.160 | 0.158 | 0.126 | 0.137 |
| 2018 | 0.134 | 0.126 | 0.145 | 0.102 |
| 2019 | 0.128 | 0.128 | 0.114 | 0.121 |
| 2020 | 0.193 | 0.194 | 0.205 | 0.174 |
| 2021 | 0.164 | 0.162 | 0.096 | 0.160 |

由表3-4可以看出，对于均方根误差而言，NRLMSISE00模式系统误差偏大，在2015—2021年每年的系统误差介于12%~23%，NRLMSIS2.0模式的系统误差介于12%~22%，JB2008模式的系统误差介于9%~21%，DTM2020模式的系统误差介于10%~21%，均方根误差由大到小依次为NRLMSISE00、NRLMSIS2.0、DTM2020和JB2008模式。

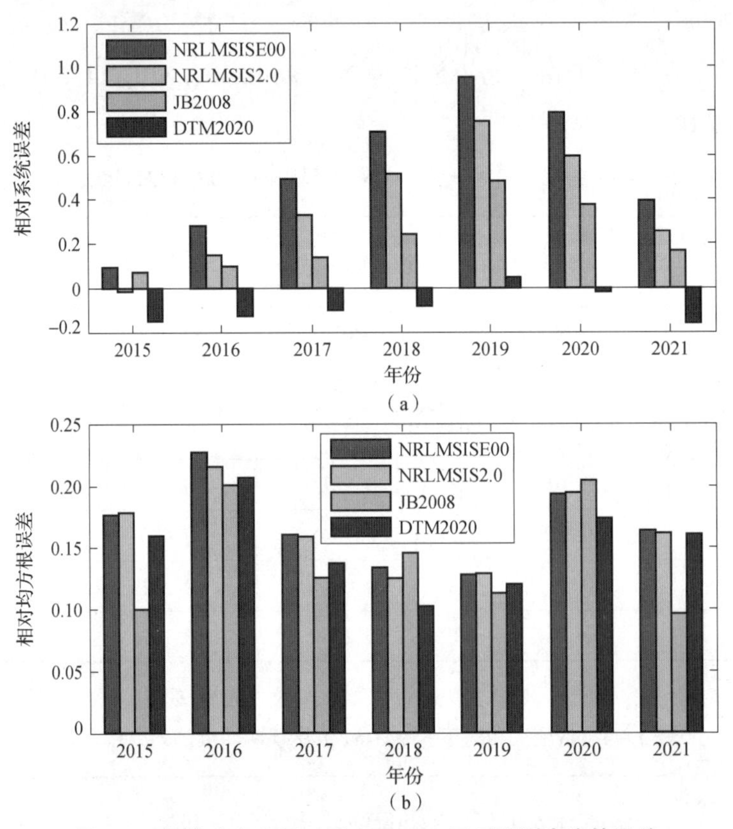


**图3.8 各模式密度相对于SWARM卫星观测密度的误差**

利用同样的方法，分别计算2010—2013年每年的模式结果相对于GOCE观测数据的系统误差和均方根误差，系统误差结果如表3-5所示，均方根误差如表3-6所示，为了直观的比较，给出模式误差的柱状图，如图3.9所示。由表3-5可以看出，NRLMSISE00模式系统误差偏大，在2010—2013年每年的系统误差介于15%~28%，NRLMSIS2.0模式的系统误差介于0~15%，JB模式的系统误差介于17%~26%，DTM2020模式的系统误差介于-1%~3%，系统误差由大到小依次为NRLMSISE00或JB2008、NRLMSIS2.0和DTM2020模式。

表 3-5　各模式相对于 GOCE 卫星观测密度的系统误差

| 年份＼模式 | NRLMSISE00 | NRLMSIS2. 0 | JB2008 | DTM2020 |
|---|---|---|---|---|
| 2010 | 0. 275 | 0. 106 | 0. 178 | -0. 01 |
| 2011 | 0. 227 | 0. 148 | 0. 235 | -0. 01 |
| 2012 | 0. 190 | 0. 028 | 0. 224 | 0. 03 |
| 2013 | 0. 157 | -0. 007 | 0. 263 | 0. 00 |

表 3-6　各模式相对于 GOCE 卫星观测密度的均方根误差

| 年份＼模式 | NRLMSISE00 | NRLMSIS2. 0 | JB2008 | DTM2020 |
|---|---|---|---|---|
| 2010 | 0. 084 | 0. 106 | 0. 061 | 0. 066 |
| 2011 | 0. 104 | 0. 111 | 0. 059 | 0. 065 |
| 2012 | 0. 064 | 0. 075 | 0. 063 | 0. 064 |
| 2013 | 0. 134 | 0. 074 | 0. 065 | 0. 054 |

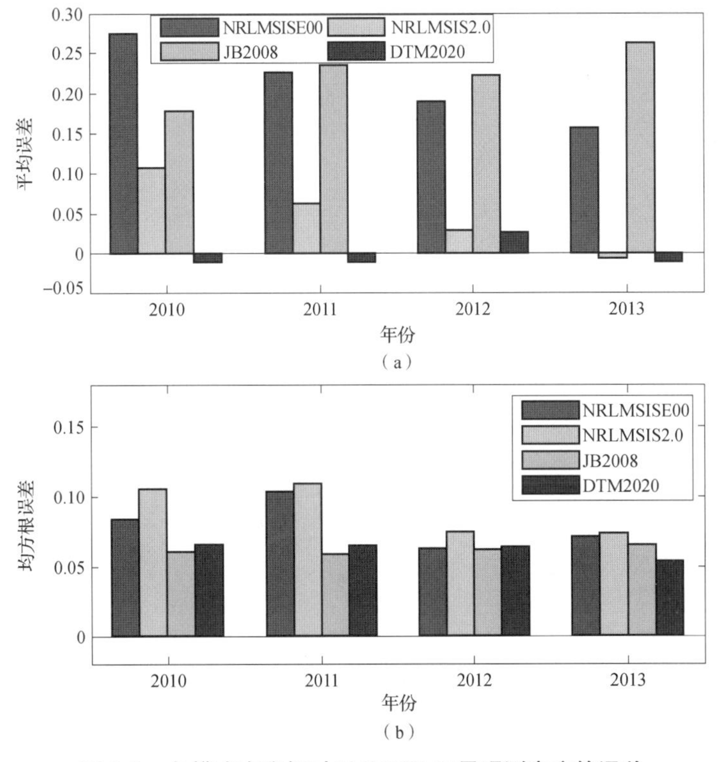


图 3.9　各模式密度相对于 GOCE 卫星观测密度的误差

由表 3 - 6 可以看出，对于均方根误差而言，NRLMSISE00 模式系统误差偏大，在 2010—2013 年每年的系统误差介于 6% ~ 13%，NRLMSIS2.0 模式的系统误差介于 7% ~ 11%，JB2008 模式的系统误差在 6% 左右，DTM2020 模式的系统误差介于 5% ~ 7%，NRLMSIS00 和 NRLMSIS2.0 均方根误差较大，DTM2020 和 JB2008 模式均方根误差较小。

# 第4章

# 热层大气对低轨航天器轨道的影响分析

热层大气会对航天器的运行产生阻力，这种阻力是中低轨航天器的主要摄动力之一。根据大气阻力加速度计算公式，卫星受到的大气阻力误差主要源于以下3个方面：①大气密度误差。大气阻力与热层大气密度成正比，因此大气密度的变化会引起卫星轨道的扰动，尤其是地磁暴期间大气密度大幅增加，使航天器受到的阻力大增，引起航天器轨道的强烈摄动（Anderson等，2008）。大气密度变化引起的误差已经成为影响600 km以下高度的低轨航天器轨道预报的最大误差源（Storz等，2002）。②阻力系数$C_D$误差。其与卫星表面材料、形状、以及大气成分等因素有关（Afonso，1985）。③迎风面积误差。卫星姿态变化会引起迎风面积变化，因姿态数据不易获得常导致迎风面积计算产生较大误差。

因此，研究热层大气对卫星轨道的影响非常重要，在低轨航天器的精密定轨、轨道预测、寿命估计、飞船再入预测和避免与空间碎片的碰撞等方面都有重要意义。

## 4.1 大气密度影响航天器轨道的基本原理

航天器在轨运行时，除了受地球中心引力作用外，还受多种摄动力影响，主要包括地球非球形引力、月球引力、太阳引力、大气阻力、太阳光压力等。在这些摄动力的影响之下，航天器轨道呈现三种变化规律：短周期变化、长周期变化以及长期变化，其中周期项主要由保守摄动力（非球形引力、日月引力等）引起，长期项主要由非保守摄动力（大气阻力、太阳光压力等）引起。低轨航天器典型的受力量级如表 4 - 1 所示，可以看出，地球引力（质点引力和非球形引力）和大气阻力是低轨航天器最主要的摄动源，日月引力和太阳光压摄动力非常小。随着大地测量的发展，地球重力场已实现高精度建模，大气阻力模型误差成为低轨航天器预报精度提升的瓶颈。

**表 4 - 1　低轨航天器典型的受力量级**

| 受力项 | 受力量级/($m \cdot s^{-2}$) | 力模型 |
|---|---|---|
| 地球质点引力 | 1 ~ 10 | 万有引力定律 |
| 地球非球形引力 | 约 $10^{-3}$ | 重力场模型 |
| 大气阻力 | $10^{-5} \sim 10^{-7}$ | 大气阻力模型 |
| 日月质点引力 | $10^{-6} \sim 10^{-7}$ | 行星历表 |
| 太阳光压 | $10^{-8} \sim 10^{-9}$ | 太阳光压模型 |

航天器受到的大气阻力加速度可以表示为式（4 - 1）。

$$\vec{a} = -\frac{1}{2} C_{\mathrm{D}} \frac{s}{m} \rho v \vec{v} \tag{4-1}$$

式中，$C_{\mathrm{D}}$ 是大气阻力系数；$\rho$ 是大气密度；$s$ 是卫星迎风截面积；$\vec{v}$ 是卫星质心相对于当地大气的速度；$m$ 是卫星质量。合作目标的质量一般可以精确获取，非合作目标的质量即使无法获得，由于质量是固定值，可以在定轨中估算；卫星速度可以通过测控手段精确测量；卫星迎风截面积随卫星姿态不断变化，但在一个轨道周期内其平均值是固定的，因此可以用平均迎风面积代替瞬时迎风面积；阻力系数与大气成分和密度、卫星表面材料、尺寸、温度、大气来流角度和速度等多种因素有关，很难被精确测定；热层大气受太阳辐射、太阳风能量和底层大气波动等多源头能量的影响，存在多周期多尺度的复杂变化，难以准确预报。

综上，大气阻力误差主要来源于大气阻力系数和大气密度本身。大气阻力系数一般在定轨过程中和航天器运动状态一起解算，将解算的阻力系数用于轨道预报，但它仅是定轨阶段的最优估计，吸收了观测资料、大气密度模式、卫星面质比等误差，已经成为一个统计意义上的综合参数，偏离了其物理本质，因此在中长期预报中准确性会大大下降。大气密度一般由经验大气密度模式计算得到，囿于热层大气变化的物理规律还没有完全掌握，大气模式误差一般在 10% 以上，磁暴期甚至达到 100%。此外，使用经验大气模式计算大气密度时，需要输入太阳辐射指数 $F_{10.7}$ 和地磁活动指数 ap，两个指数的预测误差引起的大气密度误差同样不可忽视。

## 4.2　磁暴期间热层密度变化引起的卫星轨道扰动

磁暴期间的热层大气密度会迅速增大，从而引起低轨航天器的轨道扰动。下面以 CHAMP 卫星的大气密度观测和卫星轨道为例，介绍磁暴期间热层密度变化引起卫星轨道扰动的典型特征。

### 4.2.1　个例分析

本文通过三个个例研究地磁暴引起的大气密度和卫星轨道响应，每个个例中 CME（行星际日冕物质抛射）触发和 CIR（太阳风共转作用区）触发的地磁暴事件都连续地发生。磁暴引起的大气密度和卫星衰变通过将磁暴期间的值减掉磁暴前值得到，对地磁暴引起的卫星轨道衰变率进行积分则得到地磁暴引起的卫星轨道总衰变。由于这些磁暴持续时间都比较短，大气密度的季节变化、卫星的进动以及太阳活动的 27 天变化对本研究结果的影响都可以忽略。

CIR 或 CME 的发生时间与行星际激波的到达或者太阳风和行星际磁场的突然改变有关，根据 ACE 卫星和 WIND 卫星的太阳风和行星际磁场参数观测，Jian（2009）给出了多年 CIR 和 CME 的统计表，在本文中，基于 Jian（2009）给出的事件发生时间表获得 CIR 和 CME 到达地球磁层的时间。为便于研究磁暴对热层大气密度和卫星轨道的影响，我们同时根据 AE 指数和大气密度的变化确定磁暴/热层暴的结束时间。首先定义 AE 指数平静的门限值为磁暴发生前后 60 天内低于 400 的 AE 指数的平均值，当 AE 指数小于该值认为地磁活动恢复平静；同时，寻找大气密度保持稳定并达到极小值的时刻作为磁暴/热层暴的结束时间。总之，根据三个条件确定磁暴的结束时间：AE 指数小于 60 天平均值，大气密度基本保持不变，大气密度达到极小。

需要注意的是，我们利用 CME/CIR 事件的出现确定磁暴的发生，也就是根据太阳风与行星际磁场条件和 Jian（2008）给出的方法来确定磁暴的发生，而不是用 AE 指数的大小来确定，我们只是利用 AE 指数来确定磁暴的持续时间。可能会有些 AE 增强事件与 CME 或者 CIR 事件无关，但并不影响本文的研究。还需要注意的是，本文中磁暴的结束时间与传统的定义不同，由于本文研究的目的是整个磁暴对大气密度和卫星轨道影响的累积效应，我们先用 AE 指数来确定由磁层沉降到热层大气能量的结束时间，但此时热层大气密度还没有完全恢复到磁暴前的状态，仍然明显高于正常值，卫星轨道也仍然受到密度增加的影响，因此需同时利用大气密度来确定磁暴的结束时间。这样磁暴的持续时间实际上是大气密度受影响增高的持续时间，或者说是磁暴引起的热层暴的持续时间。在图 4.1 和接下来磁暴个例的图中，我们用竖线来标记磁暴的起始时间 ST 和截止时间 OV。

#### 4.2.1.1 个例 1：2002 年第 140—153 天的地磁活动

图 4.1 由上到下依次给出了 2002 年第 140—153 天期间 $F_{10.7}$ 指数、IMF 的 Bz 分量（nT）、太阳风密度（$cm^{-3}$）和速度（km/s），Dst、ap 和 AE 指数，半球极光功率（HP）、CHAMP 卫星观测大气密度（轨道平均）、轨道衰变率和地磁活动引起的卫星轨道总衰变。这期间发生了两次地磁暴。磁暴 1 发生在 2002 年夏季，是由第 143 天 03：26 UT 发生的日冕物质抛射引起的（see Jian，2008）。这次事件刚发生后太阳风速度迅速由 500 $km \cdot s^{-1}$ 增长到 800 $km \cdot s^{-1}$，行星际磁场南向分量达到 −14 nT，在这次磁暴期间 Dst 指数最小值达到 −109 nT，根据 Loewe 和 Prölss（1997）提出的分类方法，该磁暴是一次强磁暴。该磁暴期间 ap 和 AE 指数的最大值分别达到 236 和 1 480，半球极光功率也迅速增加，最大值达到 90.9 GW，表明极区沉降能量迅速增加。在第 144 天 02：00 UT 左右，Bz 方向转为北向并保持稳定，AE 和 HP 恢复到暴前，地磁活动和极区能量沉降引起热层大气密度明显增加，在磁暴前圈平均大气密度（MDPR）在 $5.3 \times 10^{-12}$ $kg \cdot m^{-3}$ 左右，在第 143 天 18：00 UT 左右达到最大值 ~$7.8 \times 10^{-12}$ $kg \cdot m^{-3}$。与大气密度类似，轨道衰变率也迅速增加，在暴前不到 100 m/天，在第 143 天的 18：00 UT 左右迅速增加到 145 m/天，在第 144 天下午大气密度和卫星轨道衰变率都恢复到暴前值。需要指出，在磁暴前的第 140—143 天期间，也存在着短时的南向 Bz 分量，该南向分量也会引起明显的地磁活动扰动，其间 AE 指数和 HP 明显增加，并引起大

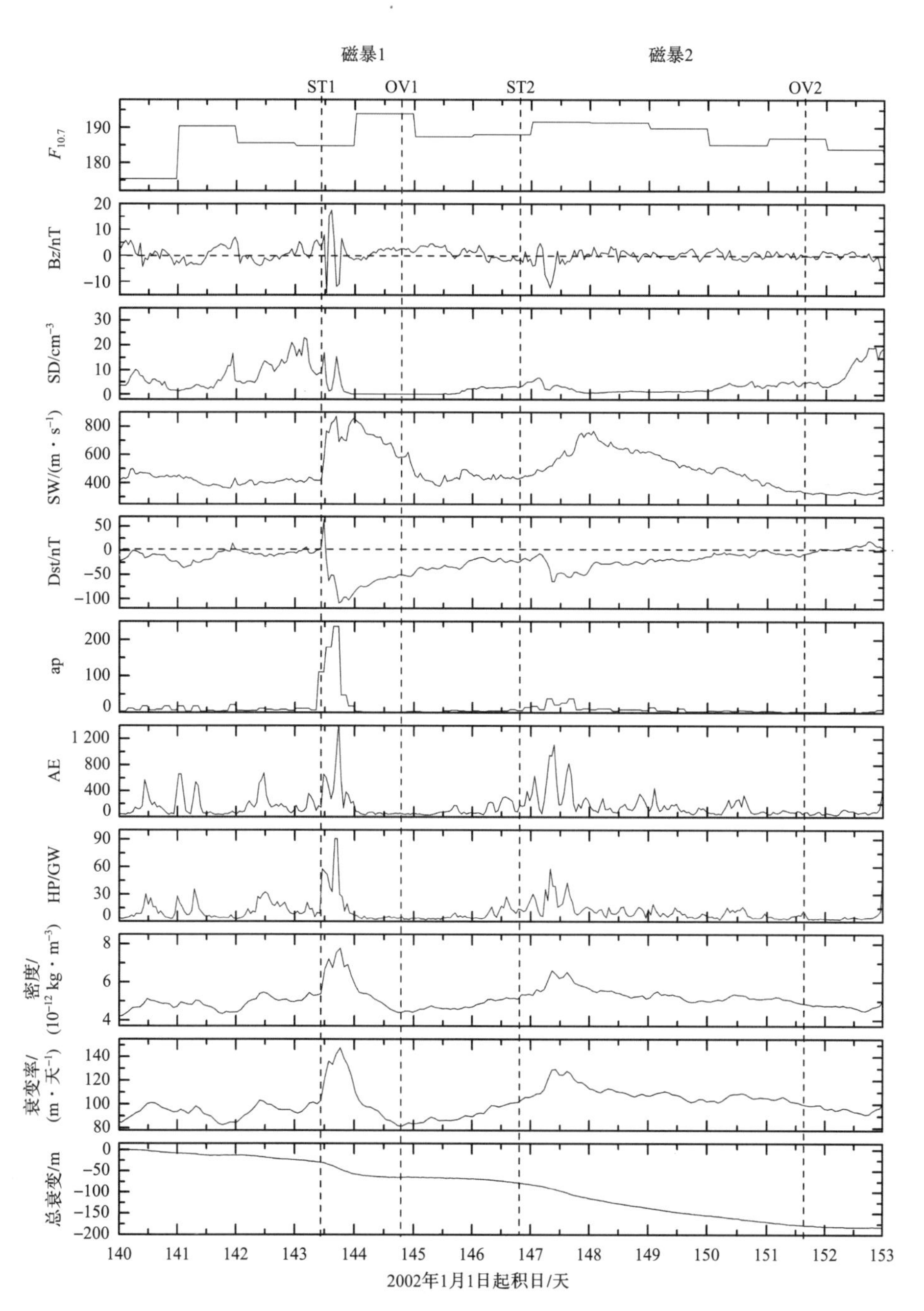


**图 4.1　2002 年第 140—153 天期间 $F_{10.7}$ 指数，IMF 的 Bz 分量，太阳风密度和速度，Dst、ap 和 AE 指数，半球极光功率，CHAMP 卫星观测大气密度（轨道平均），轨道衰变率和地磁活动引起的卫星轨道总衰变（ST 和 OV 分别表示磁暴的开始和结束）**

气密度增加，但增加幅度要明显低于磁暴 1 期间。由于在计算磁暴期间的密度和卫星轨道衰变率变化时，将磁暴期间的值减掉了暴前的平均值，因此磁暴前密度和卫星轨道衰变率等的增加并不影响我们的分析。

图 4.1 中第二个磁暴是由太阳风的共转作用区 CIR 引起的，根据 Jian (2008)，在第 146 天 20：00 UT 左右卫星观测到太阳风共转作用区，期间行星际磁场转为南向，最大南向分量约为 12 nT，在第 147 天太阳风速度由 ~450 $km \cdot s^{-1}$ 增加到 ~750 $km \cdot s^{-1}$，Dst 指数最小值在第 147 天达到 -64 nT，引起了一次中等磁暴（Loewe 和 Prölss，1997）。ap、AE 指数和半球极光功率分别达到 39、1 111 和 58.0 GW，大气密度和卫星轨道都迅速增加，大气密度由暴前的 $5.5 \times 10^{-12}\ kg \cdot m^{-3}$ 左右增大到最大值 $6.6 \times 10^{-12}\ kg \cdot m^{-3}$ 左右，卫星轨道衰变率由 109 m/天增加到 129 m/天。

磁暴 2 的行星际磁场、AE 指数、HP 和大气密度变化特征与磁暴 1 的不同，磁暴 1 的行星际磁场、AE 指数和 HP 参数在第 144 天 02：00 UT 就恢复了正常，气密度也在当天晚上恢复正常，而磁暴 2 的行星际磁场 $B_z$ 分量连续振荡了几天，其间 AE 和 HP 一直高于磁暴前，热层大气密度直到第 152 天才恢复正常。基于我们对磁暴开始和结束的定义，磁暴 1 持续了 1.32 天，而磁暴 2 持续 4.77 天，磁暴 2 持续了更长的时间，磁暴 2 的长寿命与在 CIR 之后发生的行星际磁场和太阳风高速流的阿尔芬波有关（Tsurutani 和 Gonzalez，1987；Tsurutani 等，2005，2011）。

可以看出 HP、AE、大气密度和轨道衰变率都有类似的变化，HP 在两次磁暴中的峰值分别出现在第 143 天和 147 天，受地磁活动影响，大气密度和轨道衰变率的两个峰值也都分别出现在第 143 天和 147 天，其变化紧跟 HP 和 AE 指数的变化，这是由于 HP 和 AE 直接与极光活动和沉降到热层大气的能量相关。另外，需要指出 CHAMP 卫星轨道衰变率的变化与热层大气密度的变化尤为类似。

在个例 1 中，通过从磁暴期间的卫星轨道总衰变中减掉假定地磁条件为平静时大气密度引起的卫星轨道总衰变，计算磁暴引起的轨道总衰变，地磁条件为平静时的卫星轨道衰变根据磁暴前平静期的平均衰变率来计算。在磁暴 1 期间，地磁暴引起的卫星轨道总衰变为 32.6 m，磁暴 2 期间磁暴引起的轨道总衰变为 96.5 m，大约是磁暴 1 引起卫星轨道衰变的 3 倍。对磁暴 2 而言，磁暴 1 的强度明显更大，Dst 指数更小，极光活动更强，引起的大气密度和卫星轨道衰变率的增加也更大，但是持续时间更短，这样磁暴 1 对大气密度和卫星轨道的累积效应反而比磁暴 2 的小，在这个个例中，CIR 触发的中等磁暴引起的卫星轨道衰变要大于 CME 触发磁暴引起的衰变。

#### 4.2.1.2　个例 2：2002 年第 74—96 天的地磁活动

在本例中，在分点前后（2002 年第 74—96 天）有两次 CME 触发的磁暴（磁暴 3、4）和一次 CIR 触发的磁暴发生（磁暴 5），磁暴的发生时间和分类都是根据 Jian（2008）给出的太阳风扰动事件的发生和类别来确定的。与图 4.1 类似，图 4.2 分别给出了太阳活动、太阳风参数、行星际磁场、地磁指数、半球极光功率、大气密度和卫星轨道的变化，在前两次 CME 触发磁暴期间太阳的 $F_{10.7}$ 指数稳定在 170 左右，而在后面发生的 CIR 触发磁暴期间，$F_{10.7}$ 指数由 180 左右增大到 220 左右。

由 Dst 指数的变化可以看出在这段时间有三次磁暴发生，其中包括一次 CIR 触发的弱磁暴、一次 ICME 触发的弱磁暴和一次 ICME 触发的强磁暴。同样根据个例 1 中的办法，确定地磁暴的截止时间，并将三次磁暴定义为磁暴 3、4、5。

第一次 CME 事件触发了一次弱磁暴，期间 Dst 指数的最小值在第 78 天达到 $-37$ nT。在此磁暴期间，ap、AE 和 HP 都明显增加，最大值分别达到 50、600 和 49.6 GW。圈平均大气密度由暴前的 $5.8\times10^{-12}$ kg·m$^{-3}$左右增大到第 78 天的 $7.5\times10^{-12}$ kg·m$^{-3}$左右，然后逐渐恢复，在第 79 天凌晨达到最小值 $6.3\times10^{-12}$ kg·m$^{-3}$，这仍然小于磁暴前的密度值，这可能是由于在这次磁暴发生后紧接着发生了一次弱的地磁扰动事件（没有构成磁暴）。根据 Jian（2008），这次事件是由一次很小的 CME 事件触发的，因此虽然在第 78 天夜间和第 79 天凌晨，ap、AE 和 HP 已经恢复到很小，但由于大气密度变化的滞后性，它并没有完全恢复到暴前状态，卫星轨道衰变率的变化也有类似的趋势，在磁暴前的第 77 天约为 113 m/天，到第 78 天增加到 145 m/天。在第 79 天的弱 CME 事件只是引起了 Dst 指数非常小的扰动，最小值为 $-13$ nT，但是，ap、AE 和 HP 仍然明显地增加，大气密度和卫星轨道衰变率也增加了，它们的峰值分别达到 $6.8\times10^{-12}$ kg·m$^{-3}$和 133 m/天。

磁暴 4 是由第 82 天的 CME 事件触发的，相比前两个 CME 事件（磁暴 1 和 3），这次事件期间的行星际磁场有较长时间为南向，这也引起触发的地磁暴更强，

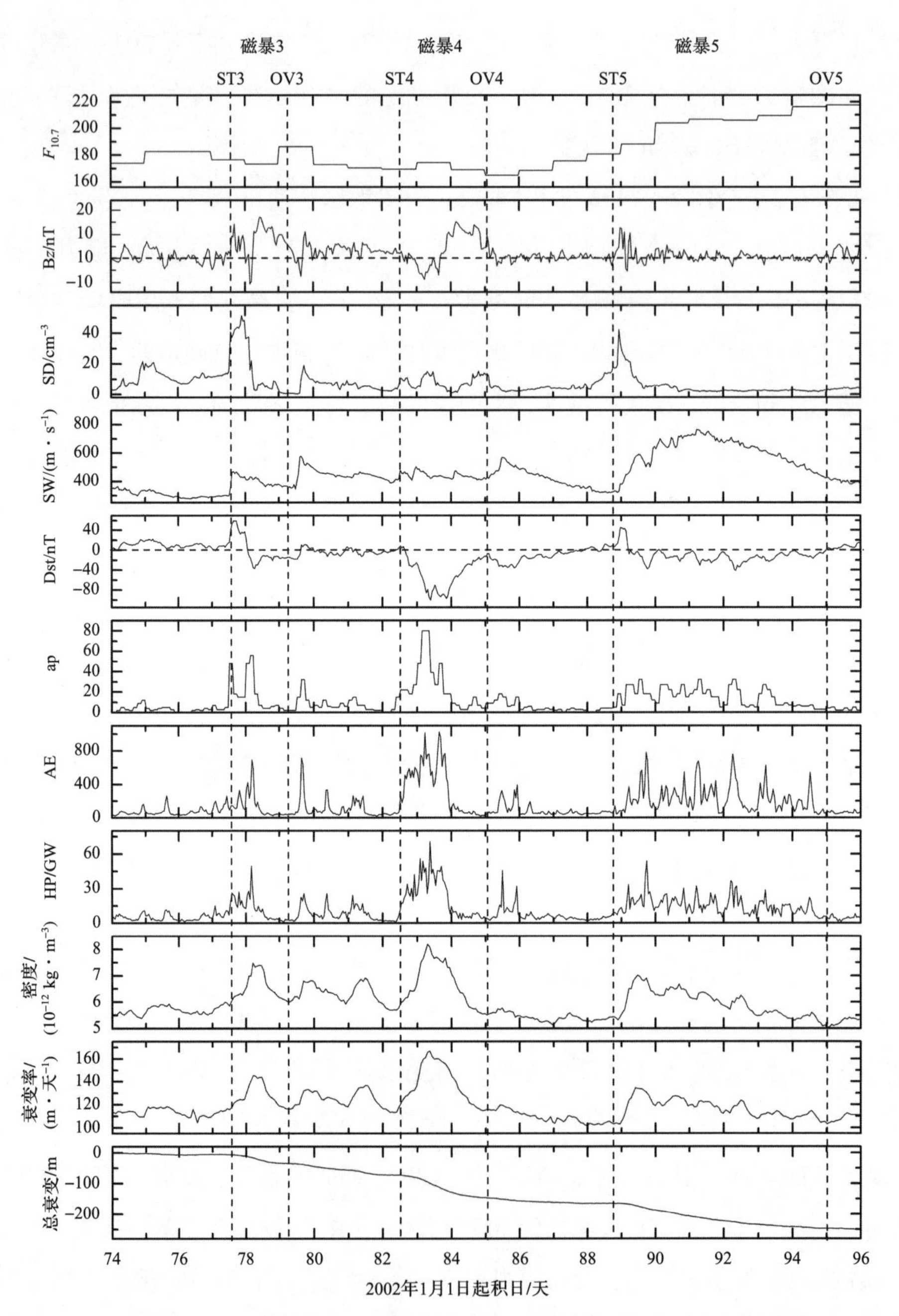


图 4.2　2002 年第 74—96 天期间 $F_{10.7}$ 指数，IMF 的 Bz 分量，太阳风密度和速度，Dst、ap 和 AE 指数，半球极光功率，CHAMP 卫星观测大气密度（轨道平均），轨道衰变率和地磁活动引起的卫星轨道总衰变（ST 和 OV 分别表示磁暴的开始和结束）

Dst 指数在第 83 天达到最小值 -100 nT，ap、AE 和 HP 都明显增加，最大值分别达到 80、1 025 和 70.5 GW。该磁暴的持续时间也比上节中的两个 CME 触发磁暴的长约 2.5 天，ap、AE 和 HP 也较长时间处于较高水平，表明有大量的能量连续地沉降到热层大气，引起大气密度显著增加，由磁暴前的 $5.7\times10^{-12}$ kg · m$^{-3}$增大可达 $8.2\times10^{-12}$ kg · m$^{-3}$，卫星轨道衰变率由暴前的 113 m/天增大到最大值 167 m/天，ap、AE、HP、大气密度和卫星轨道衰变率在第 85 天 00：00 UT 左右都恢复到暴前水平，Dst 在第 86 天也恢复到了正常水平。

受第 88 天发生的 CIR 事件的影响，发生了一次弱磁暴，该磁暴在第 94 天结束，在第 88 天 Dst 指数增大到 38 nT 左右，这是磁暴的急始相，随后 Dst 指数减小到负值，并上下波动，直到第 94 天的午夜才恢复正常，Dst 指数在第 92 天达到最小值 -41 nT。在这段地磁暴期间，ap、AE 和 HP 都明显增加，在第 89 天分别达到最大值 39、800 和 53.8 GW。热层大气密度和卫星轨道衰变率在第 89 天分别达到最大值 $7\times10^{-12}$ kg · m$^{-3}$和 134 m/天，然后逐渐减小，在这次弱磁暴期间，ap、AE、HP、大气密度和卫星轨道衰变率连续 6 天保持着较高水平。

磁暴 3 和磁暴 4 都是由 CME 事件触发的，分别持续了 1.64 和 2.52 天，磁暴 5 由 CIR 触发，持续了 6.13 天，磁暴 4 期间，AE 和 HP 的峰值高于其他磁暴期间，磁暴 4 的卫星轨道衰变率最大值达到 167 m/天，也明显大于其他磁暴期间。

磁暴 3、4 和 5 引起的卫星轨道高度总衰变分别为 26.5 m、70.5 m 和 80.7 m，磁暴 3 的磁暴强度较弱，持续时间也较短，因此引起的卫星轨道高度下降较小；虽然 CME 触发的磁暴 4 的磁暴强度较大，引起大气密度和卫星轨道衰变率更大幅度的增加，但由于持续时间比磁暴 5 的短，引起的轨道衰变幅度也不如磁暴 5 的；CIR 触发的磁暴 5 持续时间最长，引起了最大程度的卫星轨道衰变。

值得注意的是，磁暴 5 期间的 $F_{10.7}$ 指数值明显增大，即太阳辐射 EUV 能量增高，这可能会对热层大气密度带来影响，并进一步影响卫星轨道的衰变。然而，如果对大气密度的变化进行仔细分析，就会发现这种影响很小，如图 4.2 的最下一幅图所示，在第 89 天中午后大气密度的增加幅度逐渐减弱，而此时 $F_{10.7}$ 指数值稳定增加。另外，在磁暴结束后的第 95 天 00：00 UT，大气密度甚至比磁暴前的大气密度还低，说明太阳辐射的变化对本例观测到的大气密度和卫星轨道衰变率的变化起的作用非常小，可以忽略。

#### 4.2.1.3 个例3：2006 年第 324—340 天的地磁活动

在本例中，我们研究太阳活动低年的地磁暴效应。图 4.3 给出的是 2006 年冬季第 324—340 天期间太阳风、地磁指数、大气密度和卫星轨道等参数的变化（与图 4.1 类似），可以看出 $F_{10.7}$ 指数值从第 324 天的 74.6 增大到第 339 天的 100 左右，都处于较低太阳活动水平，一次 CIR 时间发生在第 327 天的凌晨，行星际磁场的 Bz 分量一直在南北之间振荡，直到第 333 天早晨才转为稳定的北向。受 CIR 事件的影响，一次弱磁暴（磁暴 6）在第 327 天发生，磁暴期间 Dst 指数的最小值仅为 −31 nT，但是这个磁暴的持续时间很长，AE、ap 和 HP 直到第 333 天发生了一次 CME 事件时也没有恢复到正常水平。这次 CME 事件触发了一次中等磁暴（磁暴 7），Dst 指数在第 334 天的 12：00 UT 达到 −71 nT。

在磁暴 6 期间，ap、AE 和 HP 在磁暴早期迅速增加，此后一直上下振荡，直到磁暴结束，热层大气密度在第 328 天的凌晨增加到最大，约 $2.8\times10^{-12}\ \mathrm{kg\cdot m^{-3}}$，然后逐渐减小，到第 333 天减小到 $2.1\times10^{-12}\ \mathrm{kg\cdot m^{-3}}$ 左右。此时并没有完全恢复到暴前的水平，就被磁暴 7 所打断，卫星轨道衰变率在第 327 天的凌晨约为 34 m/天，到第 328 天时增大到最大值 51 m/天。在后一次磁暴期间，AE，ap 和 HP 都大于磁暴 6 期间的，大气密度在第 334 天下午增大到最大，约 $3.7\times10^{-12}\ \mathrm{kg\cdot m^{-3}}$，然后逐渐恢复。在第 335 天下午恢复到 $2.3\times10^{-12}\ \mathrm{kg\cdot m^{-3}}$ 左右，卫星轨道衰变率从磁暴前的 42 m/天，增大到磁暴期间的最大 79 m/天，然后逐渐减小，在第 335 天下午减小到 48 m/天。

对比第 326 天和第 338 天中午的情况，两者都处于地磁平静期，大气密度由 $1.8\times10^{-12}\ \mathrm{kg\cdot m^{-3}}$ 增加到 $2.0\times10^{-12}\ \mathrm{kg\cdot m^{-3}}$，大约升高了 11%，第 338 天的 HP 和 AE 基本恢复到平静期水平，因此该增加可能主要是由太阳 EUV 辐射通量的变化引起的。在第 326 天的 $F_{10.7}$ 指数值为 75，在第 338 天的 $F_{10.7}$ 指数值为 95，两者的差别大约是 27%，可以看出，相对于地磁暴引起热层大气密度的变化而言，太阳 EUV 辐射变化引起的大气密度变化要小得多，这与个例 2 中我们的分析结果一致。

由图 4.3 可以看出，HP、大气密度和卫星轨道衰变率具有类似的变化特征，磁暴 6 和磁暴 7 期间，HP 的峰值分别出现在第 327 天和第 334 天，大气密度的峰值分别出现在第 328 天的凌晨和第 334 天的下午，卫星轨道衰变率的峰值出现

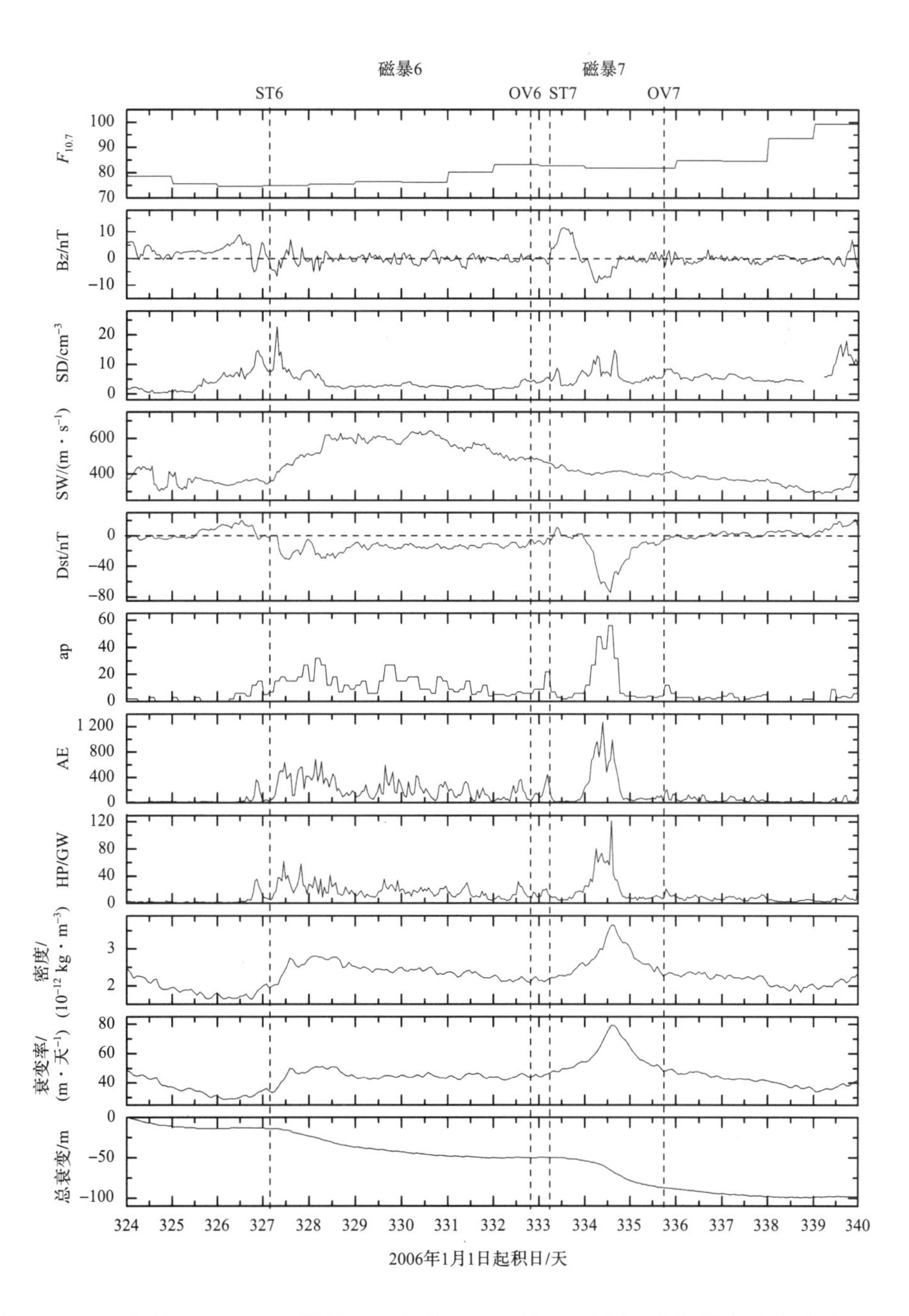


**图 4.3　2006 年第 324—340 天期间 $F_{10.7}$ 指数，IMF 的 Bz 分量，太阳风密度和速度，Dst、ap 和 AE 指数，半球极光功率，CHAMP 卫星观测大气密度（轨道平均），轨道衰变率和地磁活动引起的卫星轨道总衰变（ST 和 OV 分别表示磁暴的开始和结束）**

时间与大气密度的相同，卫星轨道衰变率和大气密度的变化滞后于 HP 的变化。还可以看出，磁暴 7 期间 HP、大气密度和卫星轨道衰变率的峰值要比磁暴 6 期间的大，但磁暴 7 的持续时间要短。

磁暴 6 和磁暴 7 引起 CHAMP 卫星轨道高度的总衰变分别为 38.0 m 和 36.7 m。磁暴 6 期间的地磁扰动和热层大气密度变化是由第 327 天发生的 CIR 事件触发的，磁暴 7 期间的是由第 334 天发生的 CME 事件引起的。后者的强度要大于前者，引起的大气密度增加最大值也更高，但是前者的地磁扰动和大气密度升高的持续时间更长，虽然 CIR 触发磁暴期间的卫星轨道衰变率峰值要大于 CME 触发磁暴期间的，前者引起的卫星轨道总衰变与后者引起的很接近。

表 4-2 汇总了本书各磁暴期间的多种参数，在四个 CME 触发磁暴期间，有两个为强磁暴（磁暴 1 和磁暴 4），一个是中等磁暴（磁暴 7），另一个是弱磁暴（磁暴 3）。对于本文中的三个 CIR 触发磁暴，一个是中等磁暴（磁暴 2），两个是弱磁暴（磁暴 5 和 6），在我们研究的个例中，CME 触发磁暴一般要强于 CIR 触发磁暴，在四个 CME 触发磁暴期间，HP 分别为 90.9 GW、49.6 GW、70.5 GW 和 121.0 GW，CME 触发磁暴期间圈平均大气密度的最大值分别为 $7.77\times10^{-12}$ kg · m$^{-3}$、$7.48\times10^{-12}$ kg · m$^{-3}$、$8.19\times10^{-12}$ kg · m$^{-3}$ 和 $3.65\times10^{-12}$ kg · m$^{-3}$，CHAMP 卫星轨道衰变率的峰值分别为 148 m/天、145 m/天、167 m/天和 79 m/天；在三个 CIR 触发磁暴期间，HP 的峰值分别为 58.0 GW、53.8 GW 和 62.1 GW，大气密度的峰值分别为 $6.61\times10^{-12}$ kg · m$^{-3}$、$7.02\times10^{-12}$ kg · m$^{-3}$ 和 $2.80\times10^{-12}$ kg · m$^{-3}$，对应的卫星轨道衰变率的最大值分别为 129 m/天、134 m/天和 51 m/天。

**表 4-2　七次磁暴引起热层密度和卫星轨道的变化表**

| 磁暴起始时间（年日：时：分） | 触发源 | 地磁活动强度 | Dst 最小值/nT | 太阳活动 | HP 最大值/GW | 大气密度最大值/(kg · m$^{-3}$) | 转道衰变率最大值/(m · 天$^{-1}$) | 持续时间/天 | 极光总能量/($10^{15}$ J) | 轨道衰变/m |
|---|---|---|---|---|---|---|---|---|---|---|
| 2002143：11：16 | CME | 强 | -109 | 高 | 90.9 | 7.77 | 148 | 1.32 | 1.42 | 32.6 |
| **2002146：19：58** | **CIR** | **中** | **-64** | **高** | **58.0** | **6.61** | **129** | **4.77** | **4.34** | **96.5** |

续表

| 磁暴起始时间（年日：时：分） | 触发源 | 地磁活动强度 | Dst最小值/nT | 太阳活动 | HP最大值/GW | 大气密度最大值/(kg · m$^{-3}$) | 转道衰变率最大值/(m · 天$^{-1}$) | 持续时间/天 | 极光总能量/($10^{15}$ J) | 轨道衰变/m |
|---|---|---|---|---|---|---|---|---|---|---|
| 2002077：14：23 | CME | 弱 | -37 | 高 | 49.6 | 7.48 | 145 | 1.64 | 1.61 | 26.5 |
| 2002082：12：25 | CME | 强 | -100 | 高 | 70.5 | 8.19 | 167 | 2.52 | 4.25 | 70.5 |
| **2002088：21：16** | **CIR** | 弱 | **-41** | 高 | **53.8** | **7.02** | **134** | **6.13** | **7.34** | **80.7** |
| **2006327：03：40** | **CIR** | 弱 | **-30** | 低 | **62.1** | **2.80** | **51** | **5.65** | **8.37** | **38.0** |
| 2006333：05：54 | CME | 中 | -71 | 低 | 121.0 | 3.65 | 79 | 2.48 | 4.07 | 36.7 |

由以上可知，除了弱磁暴3以外，CME触发磁暴期间极光能量注入、大气密度和卫星轨道衰变率的最大值都大于CIR触发磁暴期间对应参数的最大值，但是大气密度和卫星轨道变化的总磁暴效应不只与该磁暴的强度有关，还与磁暴的持续时间有关，四个CME触发磁暴1、3、4、7的持续时间分别为1.32天、1.64天、2.52天和2.48天，三个CIR触发磁暴2、5和6的持续时间分别达到4.77天、6.13天和5.65天，要比CME触发磁暴的持续时间长，四个CME触发磁暴引起的卫星轨道衰变分别为32.6 m、26.5 m、70.5 m和36.7 m，而三个CIR触发磁暴引起的卫星轨道衰变分别为96.5 m、80.7 m和38.0 m。可以看出，虽然CME触发期间的大气密度和轨道衰变率的峰值更大，但CIR触发磁暴期间这两者的时间积分效应要大于CME触发磁暴期间的。

下面我们分析磁暴引起的卫星轨道衰变与磁暴期间增加的半球极光总能量$\int(\Delta\mathrm{HP})\mathrm{d}t$之间的关系，式中ΔHP为磁暴期间HP与磁暴前平均HP的差，四个CME触发磁暴1、3、4和7期间的$\int(\Delta\mathrm{HP})\mathrm{d}t$分别为$1.42\times10^{15}$ J、$1.61\times10^{15}$ J、

$4.25\times10^{15}$ J 和 $4.07\times10^{15}$ J，在三个 CIR 触发磁暴 2、5 和 6 期间的 $\int(\Delta HP)\,dt$ 分别为 $4.34\times10^{15}$ J、$7.34\times10^{15}$ J 和 $8.07\times10^{15}$ J，可以看出 CIR 触发磁暴期间增加的极光总能量 $\int(\Delta HP)\,dt$ 远大于 CME 触发磁暴期间的。从本书三个个例中轨道高度和极光能量的变化，我们可以看出磁暴引起的卫星轨道衰变与磁暴期间极光能量增加有关，这是由于热层大气密度受到由磁层沉降到热层大气中能量大小的影响，而卫星轨道的衰变受到热层大气密度控制造成的。值得注意的是，极光能量是沉降到热层大气中的磁层粒子携带能量的一个指征，粒子沉降携带能量还应包括坡印廷通量或者说焦耳加热，由于焦耳加热与极光粒子能量是紧密相关的（Weimer 等，2011），而焦耳加热的全球观测现在还很难得到，极光能量可以用作反映输入热层和电离层系统中磁层能量大小的参数，我们的观测结果也能够证实这一点。

磁暴的强度和持续时间是决定卫星轨道衰变的两个关键因素，根据 Denton 等（2006）的研究结果和本书的分析可知，CME 触发磁暴的强度经常大于 CIR 触发磁暴的，而持续时间长度小于 CIR 触发磁暴的。因此对于一个 CIR 磁暴而言，即使强度很弱，对大气密度和卫星轨道的影响也常常会很显著，跟 CME 触发的中等或强磁暴的影响相当，甚至更大。在太阳活动低年或者下降相，由于 CME 事件发生率较低，而 CIR 事件频繁地而有周期性地发生（Lei 等，2011b），CIR 触发磁暴引起的密度变化和卫星轨道变化尤其值得关注。

### 4.2.2 统计分析

上一节通过典型个例分析了不同类型磁暴期间热层大气密度变化与轨道衰变的关系，下面通过统计的方法进一步分析。

#### 4.2.2.1 极光输入功率与大气密度、轨道衰变的关系

首先分析两种磁暴引起大气密度和轨道衰变率的最大增加值特征。考虑到磁暴期间密度的最大值一般出现在磁暴发生后不久，此时相对于磁暴发生时，一般太阳活动变化较小，因此磁暴引起的最大密度增加值定义为磁暴期间的大气密度最大值与磁暴前密度值的差，磁暴期间的最大卫星轨道衰变率和最大半球极光输

入功率增加按照类似的办法计算。我们知道磁暴期间磁层能量的注入会引起大气密度和卫星轨道衰变率的增加，极光输入功率可以作为磁层能量注入强度的指标。图4.4给出了各磁暴中最大半球极光功率增加值 $\Delta HP_m$ 与最大密度增加值 $\Delta\rho_m$ 和卫星轨道衰变率 $\Delta Dh_m$ 之间的关系。从数量上来看，CIR引起的磁暴期间的 $\Delta HP_m$ 不超过100 GW，其中间值为43 GW左右，而CME引起的磁暴期间 $\Delta HP_m$ 变化范围较大，最大可达200 GW以上，其中间值为59 GW左右；对应地，CIR触发磁暴期间的CHAMP卫星轨道上 $\Delta\rho_m$ 一般在 $4\times10^{-12}$ kg·m$^{-3}$以下，$\Delta Dh_m$ 在80 m/天以内，而CME触发磁暴，引起的 $\Delta\rho_m$ 可达 $10\times10^{-12}$ kg·m$^{-3}$左右。所有CME触发磁暴期间 $\Delta Dh_m$ 的中间值为38 m/天，而所有CIR触发磁暴期间 $\Delta Dh_m$ 的中间值仅为27 m/天，比CME触发磁暴期间的更小。由图4.4还可以

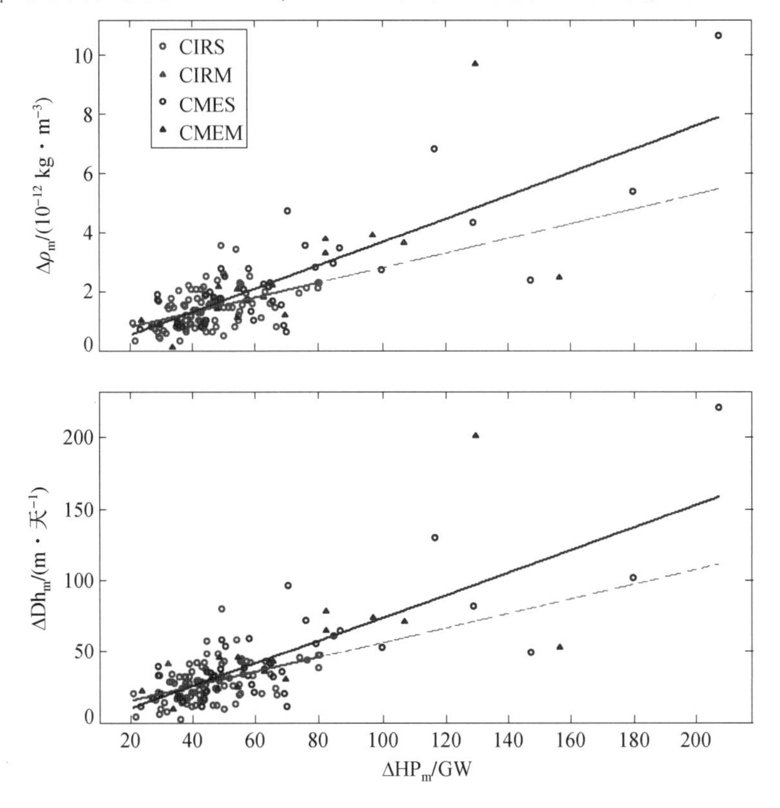


**图4.4　2002—2007年间不同地磁暴期间 $\Delta\rho_m$ 和 $\Delta Dh_m$ 随 $\Delta HP_m$ 的变化（附彩图）**

（CIRS和CIRM分别表示单个或多个CIR事件触发的地磁暴，CMES和CMEM分别表示由单个或多个CME事件触发的地磁暴，实线为CME和CIR各触发磁暴期间观测的线性拟合结果，虚线为实线外推的结果）

看出，在各磁暴中，能量注入的增加均引起了大气密度与卫星轨道衰变率的增加，随着极光输入功率的增加，大气密度和卫星轨道衰变率的增加幅度增大，大气密度和卫星轨道衰变率与极光输入功率的关系基本上是线性关系，CME 触发磁暴期间 $\Delta Dh_m$ 与 $\Delta HP_m$ 以及 $\Delta\rho_m$ 与 $\Delta HP_m$ 的相关系数都为 0.77，而 CIR 触发磁暴期间它们的相关系数都仅为 0.47，远远小于 CME 触发磁暴期间的数值。这是由于热层密度增加是由磁层输入的能量逐渐累积引起的，并不一定输入功率越大，大气密度增加就越多。CIR 触发磁暴持续时间一般较长，不同磁暴有较大的差异，使得 $\Delta\rho_m$ 与 $\Delta HP_m$ 的关系更为复杂。

下面，我们研究不同磁暴期间极光总输入能量和卫星轨道高度总变化与地磁暴持续时间的关系。为简化起见，我们定义 $\int(\Delta HP)\,dt$、$\int\Delta\rho dt$ 和 $\Delta h$ 为磁暴引起的极光功率、热层密度和卫星轨道高度变化的时间积分，磁暴的起止时间参考上节。根据图 4.5 可以看出，大多数 CME 触发磁暴的持续时间较短，单个 CME 触发磁暴的持续时间一般小于 6 天，多个 CME 事件触发磁暴的持续时间也小于 8 天，所有 CME 触发持续时间的中间值为 2.8 天左右，在 57 次 CME 触发磁暴中，

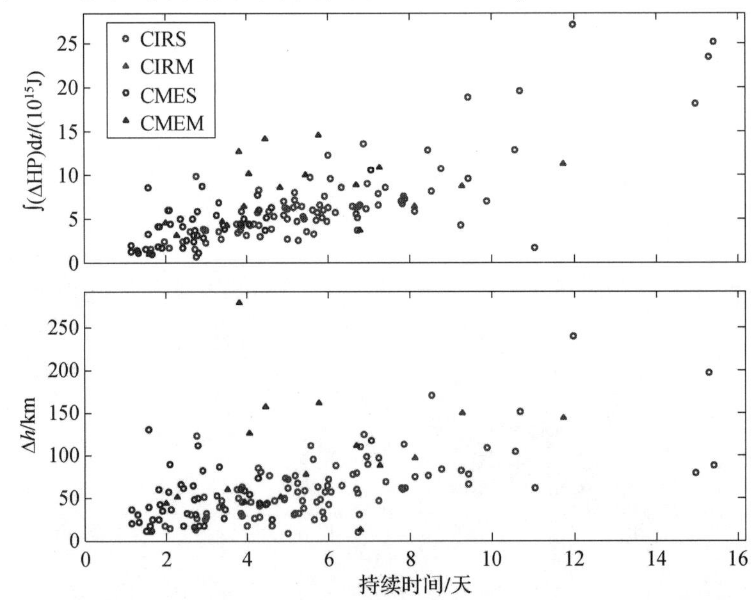


**图 4.5 不同类型的太阳风事件引发的地磁暴的持续时间与极光能量输入 $\int(\Delta HP)\,dt$ 和卫星轨道高度总变化 $\Delta h$ 的关系（附彩图）**

25 次磁暴持续时间超过 3 天。而 CIR 触发的磁暴持续时间有更宽的范围，有些磁暴跟 CME 触发磁暴的持续时间相当，但也有些磁暴特别长，可达 15 天以上，在所有 99 次 CIR 触发磁暴中，85 次磁暴都超过了 3 天，磁暴持续时间的中间值为 5.6 天左右。

由于 CME 触发磁暴的持续时间较短，其磁暴期间的极光输入能量也较小，一般低于 $15\times10^{15}$ J，除个别特大磁暴外，而对于同样持续时间的 CIR 触发磁暴，其能极光总输入能量常常小于 CME 触发磁暴的，但随着持续时间的增加，CIR 触发磁暴的极光总输入能量逐渐增加，可达 $20\times10^{15}$ J 以上。

下面来分析一下磁暴期间的极光输入能量和卫星轨道之间的关系。图 4.6 给出了 2002—2007 年间每次磁暴引起的极光能量输入、热层密度总增加、CHAMP

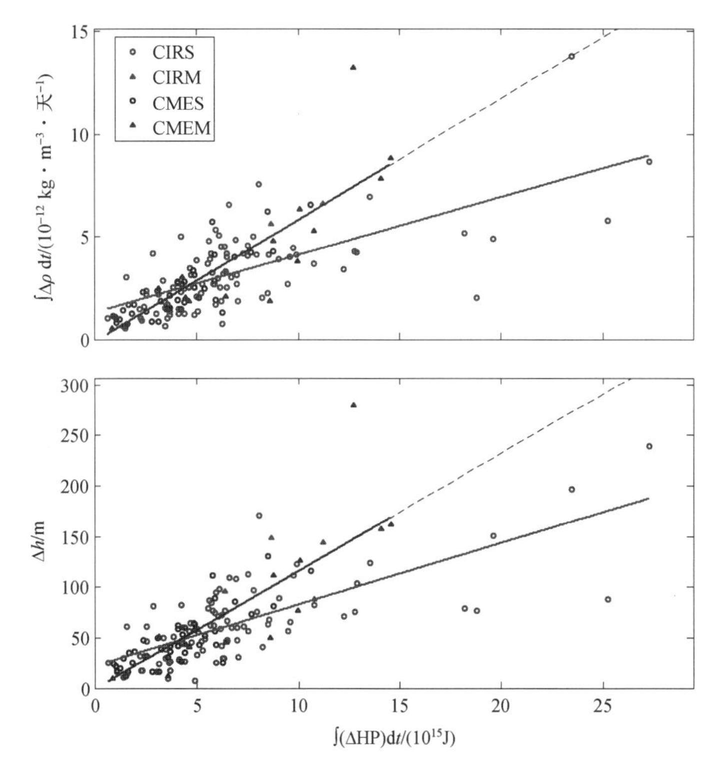


**图 4.6 2002—2007 年间每次磁暴引起的极光能量输入、热层密度总增加、CHAMP 卫星轨道总衰变之间的关系（附彩图）**

（横坐标为磁暴期间极光能量的最大增加值，纵坐标依次为 CHAMP 卫星轨道上的大气密度总增加值和卫星轨道总衰减）

卫星轨道总衰变之间的关系，可以看出。无论是 CIR 还是 CME 引起的磁暴，随着极光能量的增加，由于大气密度的增加，卫星轨道总衰变的幅度都逐渐增大。由于 CME 触发磁暴持续时间较短，CME 触发磁暴期间的极光能量输入一般较小，说明磁层对热层大气的能量输入较小，引起的 CHAMP 卫星轨道降低一般不大于 150 m；不同 CIR 触发磁暴期间的极光能量输入差别很大，最高可达 $30\times10^{15}$ J，一次磁暴引起的 CHAMP 卫星轨道下降可达 150 m 以上。CME 磁暴期间的极光总能量的中间值为 $4.3\times10^{15}$ J，引起卫星轨道总下降 $\Delta h$ 的中间值为 45 m，而 CIR 触发磁暴期间的极光总能量中间值和卫星轨道总下降 $\Delta h$ 分别为 $5.9\times10^{15}$ J 和 59 m。极光能量增加与卫星轨道衰减增加呈线性关系，相关系数在 0.79 左右，CME 触发磁暴的相关系数为 0.84，而 CIR 触发磁暴的相关系数为 0.71，CME 触发磁暴期间的斜率要略大于 CIR 触发磁暴期间的，这可能是由于 CIR 磁暴一般持续时间更长，因此从磁层沉降的能量也有更大程度的耗散。

#### 4.2.2.2 磁暴持续时间与轨道衰变的关系

太阳风共转作用区一般只能引起较弱的磁暴，而行星际日冕物质抛射常能够引发 Dst < −100 nT 的强磁暴（Tsurutani 等，1988；Gonzalez 等，1999；Huttunen 等，2004）。Longden 等（2008）根据宇宙噪声吸收的观测，指出 CIR 触发磁暴期间的极光粒子沉降增加现象可以持续更长的时间，很多研究（Tsurutani 等，1988；Gonzalez 等，1999；Huttunen 等，2004）还表明 CIR 触发磁暴的持续时间可达几天到几周，CIR 触发磁暴磁暴的长持续时间是由磁暴恢复相期间太阳风中的阿尔芬波引起的。而 ICME 触发磁暴主相期间的极光增加幅度则常常更为强烈，Borovsky 和 Denton（2006）对前人的研究进行了总结，指出强极光主要在 CME 触发磁暴期间发生，而很少在 CIR 触发磁暴期间发生。这与图 4.3 的极光观测结果一致。

地磁暴期间的热层密度变化主要是由太阳风和磁层能量注入引起的，Deng 等（2011）的研究结果表明热层密度与焦耳加热和极光粒子能量的相关性都很好，因此半球极光功率可以用来表征沉降到热层/电离层系统中的太阳风/磁层能量。Wilson 等（2006）和 Galand 等（2001）分别利用观测和数值模拟的方法指出热层密度变化与极光粒子能量正相关，本研究结果进一步证明热层密度与极光粒子能量输入存在着正相关的关系。

因此磁暴引起的卫星轨道总变化既与热层暴的幅度有关也与持续时间有关，由图 4.5 和图 4.6 也能看出这点。由于 CIR 触发磁暴的持续时间一般更长，发生得更频繁，CIR 触发磁暴对卫星的轨道预报和寿命预测更加需要引起重视，在太阳活动低年尤其如此。图 4.7 给出了 2002—2007 年间每年 CIR 和 CME 事件触发的地磁/热层暴的总持续时间，图 4.8 给出了 2002—2007 年间每年 CIR 和 CME 所触发地磁/热层暴引起的 CHAMP 卫星轨道的总衰变。2002—2007 年间每年 CIR 触发磁暴的持续时间在 80 ~ 120 天，引起每年 CHAMP 卫星轨道的总衰变在 800 ~ 1 200 m，磁暴持续时间和卫星轨道的衰变均与太阳活动没有明显关系。另外，CME 触发磁暴在 2002—2005 年间均不到 60 天，到了 2006—2007 年，磁暴时间更短，不足 20 天。CME 触发磁暴每年引起的卫星轨道总衰变也小于 CIR 触发磁暴引起的，尤其是太阳活动低年，如 2006 年和 2007 年，CME 触发磁暴引起的每年卫星轨道衰变还不到 300 m，而相比较，CIR 触发磁暴引起 CHAMP 卫星轨道的衰变每年都超过 1 000 m。这进一步证明 CIR 触发磁暴对热层密度和卫星轨道的影响更加明显，在太阳活动低年尤其如此，对于卫星轨道的长期预测而言尤其值得重视。

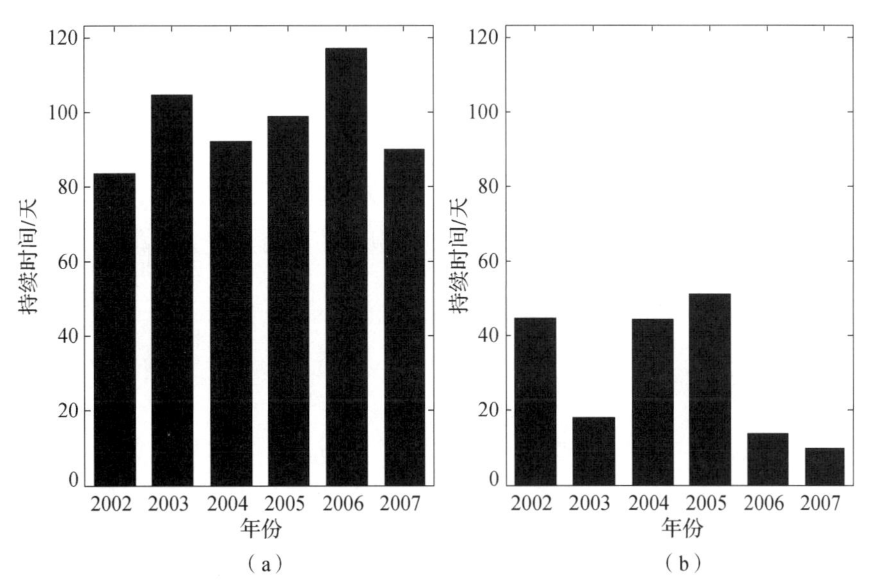


**图 4.7　2002—2007 年间每年 CIR 和 CME 事件触发的地磁/热层暴的总持续时间**

(a) CIR 引起的；(b) CME 引起的

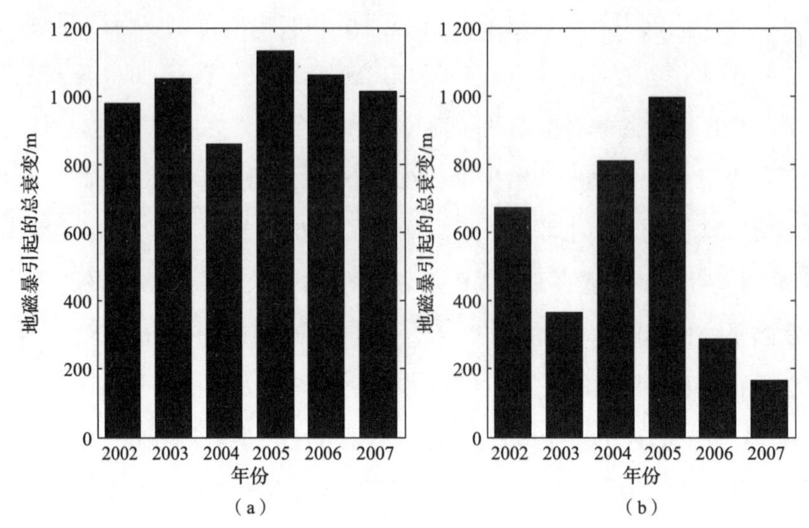


**图 4.8 2002—2007 年间每年地磁暴引起的 CHAMP 卫星轨道总衰变**

(a) CIR 触发磁暴引起的；(b) CME 触发磁暴引起的

值得注意的是，CHAMP 卫星是一颗长条形状的卫星，相对于常见的紧致形状的卫星而言，其面质比要小得多，比如 AE 卫星的面质比是 CHAMP 卫星的 2 倍左右（Champion 和 Marcos，1973）。这样即便是在高密度的条件下，比如在磁暴的时候，CHAMP 卫星轨道的衰变也比较慢，因此地磁暴对紧致型的卫星而言，影响会更加明显。

### 4.2.3 暴时热层密度与轨道的数学关系

卫星高度的下降主要是热层大气的阻力引起的，而热层大气的阻力与大气密度成正比。根据式（2－5），对于近圆轨道的航天器，考虑到 $n=\left(\frac{GM}{a^3}\right)^{\frac{1}{2}}$（Wertz 和 Larson，1999），有式（4－2）。

$$\left.\frac{\mathrm{d}a}{\mathrm{d}t}\right|_{\mathrm{drag}} = -\frac{C_{\mathrm{D}}A_{\mathrm{ref}}}{m}\sqrt{GMa\rho} \tag{4-2}$$

可以看出半长轴的变化率与大气密度成正比。

磁暴期间的大气密度可以分为两个分量，一个是背景大气密度 $\rho_{\mathrm{b}}$，另一个是磁暴引起的大气密度增加，卫星轨道高度或者说轨道半长轴的衰变率，同样可以分为背景大气引起的轨道衰变部分（$\mathrm{d}\bar{a}_{\mathrm{b}}$）和地磁暴引起的轨道衰变部分（$\mathrm{d}\bar{a}_{\mathrm{storm}}$）：

$$\frac{d\bar{a}}{dt}=\frac{d\bar{a}_b+d\bar{a}_{storm}}{dt}\approx -C_D\frac{A}{m}\sqrt{GM\bar{a}}(\rho_b+\rho-\rho_b) \tag{4-3}$$

式中，$C_D$ 为阻力系数；$m$ 为卫星质量；$M$ 为地球质量；$G$ 为地球引力常数；$A$ 为卫星表面积。CHAMP 卫星的星体较长，其面质比较小，约为 0.001 38 $m^2/kg$。

式（4-2）表明卫星轨道高度（半长轴）的时间导数随大气密度和平均半长轴的增大而增大。由于 $\bar{a}$ 大于 6 700 km，每天 CHAMP 轨道衰变的量级在 0.1 km 左右，因此在短时期内，比如一个月内，可以看作常数。CHAMP 卫星的轨道衰变率 $d\bar{a}/dt$ 主要是由大气密度引起的，磁暴常引起大气密度少则 20%，多则一两倍的增加。那么磁暴期间卫星轨道的总变化可以用式（4-4）来描述。

$$\Delta\bar{a}=\Delta\bar{a}_b+\Delta\bar{a}_{storm}\approx -C_D\frac{A}{m}\sqrt{GM\bar{a}}\left(\int\rho_b dt+\int(\rho-\rho_b)dt\right) \tag{4-4}$$

其中，磁暴引起的卫星轨道总变化见式（4-5）。

$$\Delta\bar{a}_{storm}\approx -C_D\frac{A}{m}\sqrt{GM\bar{a}}\int(\rho-\rho_b)dt \tag{4-5}$$

根据上节分析可知，磁暴会引起卫星半长轴衰变的增加，以 CHAMP 卫星为例，长寿命的 CIR 触发磁暴，可引起卫星轨道 200 m 左右的下降，而 CME 触发磁暴一般不如 CIR 触发磁暴引起的轨道降低多，但个别 CME 引起的超强磁暴，也会引起卫星轨道大幅度的降低。另外，CME 触发磁暴常常会引起更大的卫星轨道短时变化，引起的卫星半长轴平均衰变率可增加达 200 m/天左右。而根据卫星轨道理论，半长轴是确定卫星轨道的六个轨道根数之一，它一方面代表了卫星轨道的能量，是卫星寿命的决定性因素，因此地磁暴会引起卫星寿命的缩短，由于 CIR 触发磁暴寿命长且更加频繁，CIR 触发磁暴对卫星寿命的影响要超过 CME 触发磁暴的；另一方面与卫星周期 $T$ 相对应。

$$\bar{T}=2\pi\sqrt{\bar{a}^3/\mu} \tag{4-6}$$

式中，$\mu$ 为地球引力常数，因此地磁暴引起的卫星周期的变化可以用式（4-7）表示。

$$dT_{storm}=-3\pi\sqrt{\bar{a}/\mu}\,d\bar{a}_{storm} \tag{4-7}$$

根据式（4-7）可以通过半长轴的变化估算周期的变化，在 400 km 高度上，半长轴 100 m 的减低可引起周期大约 0.12 s 的减少，考虑到卫星速度很快，接近

8 km/s，周期即便微小的变化都会带来卫星位置的很大变化，相对于原来轨道，1 周后卫星位置的变化将接近 1 km。因此，如果在做轨道预报时，没有充分考虑地磁暴，尤其是 CIR 触发磁暴引起的轨道扰动，半长轴的变化将会对卫星位置的业务预报带来巨大误差。

## 4.3 阻力系数计算方法

由 4.1 小节可知，大气阻力一方面受到大气密度的影响，另一方面受到阻力系数和面质比的影响，实际上，阻力系数模型的不确定性是引起大气密度反演和航天器轨道预报误差的重要因素。下面我们对航天器阻力系数进行讨论。

### 4.3.1 自由分子流气面作用原理

低轨道大气为自由分子流，即气体分子的平均自由程远大于航天器的特征长度。分析自由分子流气体对航天器的作用，主要考虑气体分子与航天器表面的相互作用力，分子间相互作用力可以忽略不计。Sentman 对自由分子流气体对航天器的作用提出两项假设，假设①入射分子与表面的相互碰撞远多于入射分子间的相互碰撞；②入射分子与表面的相互碰撞远多于入射分子与反射分子间的相互碰撞。因此，入射分子与表面的碰撞是入射分子速度分布函数改变的唯一原因，并且入射分子对表面的作用和反射分子对表面的作用可以分开来考虑。

卫星搭载的质谱计和密度计的观测显示，航天器的表面吸附着一层气体分子，表面的污染程度与大气分子的成分有关。特别是作为热层大气主要成分的原子氧，因为具有高活性的物理和化学特性，原子氧极易被表面吸附并且发生化学反应。原子氧浓度的变化被认为是阻尼系数随高度变化的主要原因。另外，实验室的研究也表明分子质量大的气体成分更容易发生漫反射，与表面的能量适应程度更高。航天器在低层大气中飞行时，由于密度较大，表面吸附的气体量增加，所以平均分子质量较大，能量适应程度较高。随着轨道高度的升高，原子氧在大气成分中的占比逐渐升高，表面的吸附效应也随之增强。同时，由于大气总的密度随着高度升高而降低，分子质量也随之减小，当到达一定高度时，表面的吸附效应减弱，能量适应程度降低，反射分子的角分布更趋于镜面反射。

关于阻力系数，现有观测手段无法获取足够的观测数据，无法对其时空变化规律进行准确、完整的描述。一方面由于地面风洞很难模拟低轨道空间超稀薄、超高声速的气体流动，通过风洞实验获取的观测数据难以用于卫星气动参数的计算。另一方面，受轨道观测能力、发射代价等因素限制，通过卫星直接观测的能量适应系数数据非常少。因此，对于低轨航天器的阻力系数 $C_D$，目前并没有公认的精确计算方法。

### 4.3.2　常用阻力系数计算方法

阻力系数 $C_D$ 是表征卫星表面与碰撞上来的粒子之间动量交换的参数。在航天工程应用中常被取值为 2.2，Jacchia（1972）曾利用该阻力系数值和多颗卫星的轨道数据反演大气密度，并以此为基础建立了 JACCHIA 系列模式，但实际上该系数并不是常数，受到卫星的形状、温度和大气成分等因素的影响。

Schamberg（1959）和 Sentman（1961）分别根据实验室实验结果，提出了阻力系数的计算方法，Schamberg（1959）认为大气的入射速度可以看作大气分子的焦耳热运动速度与卫星（负）速度的叠加，反射的角度为准镜像，且反射气体的速度都相同；Sentman（1961）认为大气的反射为完全的散射，速度满足麦克斯韦分布。

1. *基于镜面反射理论的计算方法*

$C_D$ 和 $C_L$ 实际上是表征卫星表面与碰撞上来的粒子之间动量交换的参数。根据 Cook（1964，1965）的理论，它的确定基于两项假设：①大气自由分子流假设。如果分子速度比（卫星速度/最大概率的分子速度）大于 5，就可以忽略大气的随机热运动，从而假设大气粒子为高热的自由分子流。而在 CHAMP 卫星所在的高度，分子速度比大于 5，所以可以认为大气是自由分子流。②大气粒子的散射假设。试验表明，粒子反射性质与物体表面的温度有关，如果物体表面温度接近室温，为散射，而如果温度达到 1 600 K 的高温，则几乎是镜面反射。由于卫星表面的温度在 273 K 左右，接近室温，所以大气粒子的散射假设是成立的。$C_D$ 和 $C_L$ 的计算公式如式（4－8）（Cook，1964，1965）。

$$C_D = 2\left(1 + \frac{2}{3}\sqrt{1 + \alpha\left(\frac{T_{sat}}{T_{atmo}} - 1\right)}\sin\varphi\right) \tag{4-8}$$

$$C_{\mathrm{L}}=\frac{4}{3}\sqrt{1+\alpha\left(\frac{T_{\mathrm{sat}}}{T_{\mathrm{atmo}}}-1\right)}\cos\varphi \tag{4-9}$$

式中，$\varphi$ 为大气速度方向与卫星表面的夹角；$T_{\mathrm{sat}}$ 为卫星表面的温度（K），根据法国 SPOT 卫星的温度模型（Bruinsma 等，2003 b），$T_{\mathrm{sat}}$ 的平均值为 273 K 左右，白天的温度约为 328 K，晚上的温度约为 213 K；$T_{\mathrm{atmo}}$ 表示大气的动力学温度，可用式（4 - 10）计算。

$$\frac{m_{\mathrm{i}}v_{\mathrm{i}}^{2}}{2}=\frac{3kT}{2} \tag{4-10}$$

式中，$m_{\mathrm{i}}$ 为大气的分子质量；$k$ 为玻尔兹曼常数。由于在 200 ~ 600 km 高度，氧原子占有突出的地位，所以本章中 $m_{\mathrm{i}}$ 取氧原子的质量。$\alpha$ 为能量适应系数，常用式（4 - 11）计算。

$$\alpha=3.6\times u/(1+u)^{2} \tag{4-11}$$

式中 $u$ 为入射气体分子的平均质量与卫星散射表面分子质量比。

到目前为止，仅有 4 颗卫星实现了能量适应系数的观测，且观测的高度均不超过 300 km。

能量适应系数是决定气体与表面能量、动量传递的关键参数。影响能量适应系数的因素主要有表面的材质、粗糙程度以及大气的温度、分子质量和化学组成等。

2. 基于漫反射理论的阻力系数计算方法

Moe 等（1998，2004）分析了 Schamberg（1959）和 Sentman（1961）的理论，指出当卫星表面（如侧面）与大气入射速度的夹角很小时，Sentman 的理论更准确，如果卫星星体很长，则 Cook 的理论存在较大误差，他在 Sentman（1961）理论的基础上，提出了计算多面体卫星阻力系数的新方法。其计算如式（4 - 12）所示。

$$C_{\mathrm{D}}=\left(\frac{P}{\sqrt{\pi}}+\gamma QZ+\frac{\gamma V_{\mathrm{r}}}{2V_{\mathrm{i}}}(\gamma\sqrt{\pi}Z+P)\right)\Big/\sin\varphi \tag{4-12}$$

式中，

$$P=\frac{\mathrm{e}^{-\gamma^{2}s^{2}}}{s}\sqrt{\pi} \tag{4-13}$$

$$Q=1+\frac{1}{2s^{2}} \tag{4-14}$$

$$Z=1+\mathrm{erf}(\gamma s) \tag{4-15}$$

$$\mathrm{erf}(x) = \frac{2}{\sqrt{\pi}}\int_0^x \mathrm{e}^{-y^2}\mathrm{d}y \tag{4-16}$$

$$s = V_\mathrm{i}/(2RT_\mathrm{a}/M_\mathrm{a})^{\frac{1}{2}} \tag{4-17}$$

假定卫星为长方体，定义垂直迎风面方向的卫星长度为长，假定其余两个方向的长度相等，定义为宽，分别利用两种方法计算阻力系数，图 4.9 给出了利用两种方法计算的阻力系数随卫星的形状变化，可以看出当卫星长宽比很小，接近于 0 时，两种方法计算的阻力系数很接近，接近 2.4；随着卫星长宽比的增加，由 Cook（1965）方法得到的阻力系数变化很小，而由 Moe 等（2004）方法得到的阻力系数迅速增加，当长宽比达到 4 时，阻力系数接近 3.6，远大于由 Cook（1965）方法计算的阻力系数，也远超过航天工程中常用的数值 2.2。但当卫星迎风面与来流气体方向不垂直时，两种方法计算差别明显减小。

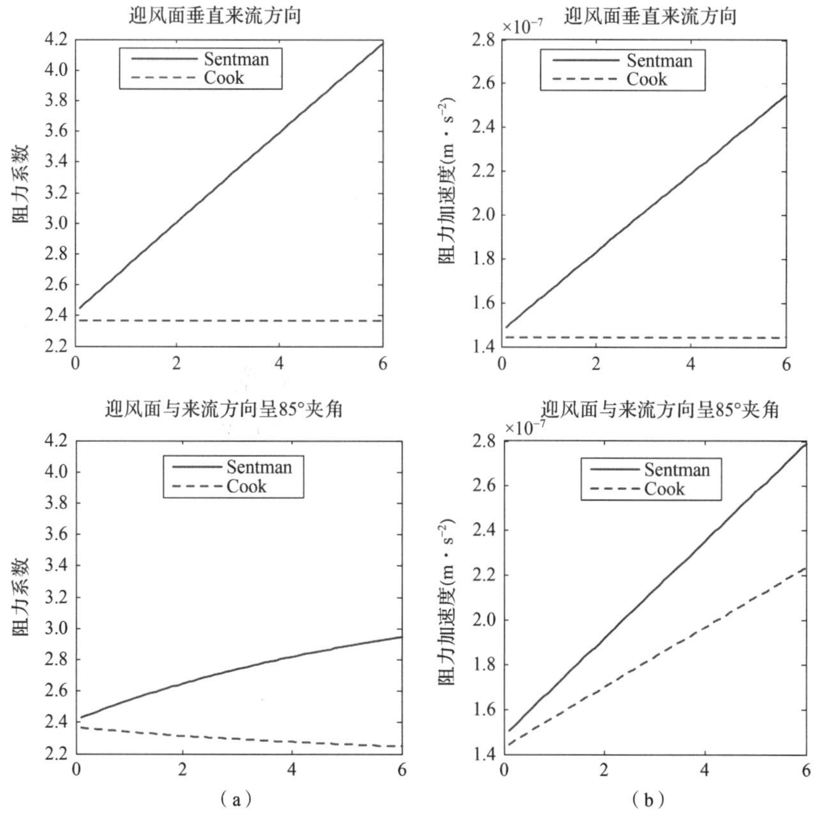


**图 4.9　利用不同的阻力理论计算的阻力系数（a）和阻力加速度（b）随卫星长宽比的变化（假定卫星为长方体）**

分别将利用 Cook 和 Sentman（或 Moe）提出的阻力系数计算方法反演大气密度，与参考数据或模式结果进行比对。

MSIS 系列经验密度模式主要是在星载质谱计测量数据的基础上建立起来的，NRLMSISE00 模式式在空间物理研究和航天工程中都得到了广泛的应用，而 JACCHIA 系列经验模式是基于卫星轨道的数据得来的，主要在航天工程中应用广泛，JB2008 模式是 JACCHIA 系列经验模式的最新版本。我们根据这两个模式结果评估采用不同阻力系数反演数据的质量，检验不同阻力系数计算方法的适用性。

图 4.10 给出了由 CHAMP 卫星数据反演的大气密度与 NRLMSISE00 模式对应预测值的比较，所用数据均为地磁平静期（ap < 15）时的，其中图（a）为利用 Sentman 的方法反演所得数据，图（b）为利用 Cook 的方法反演所得数据。由图可以看出，利用 Sentman 的反演方法得到的结果与模式值更为接近，在各纬度上，CHAMP 卫星观测的密度值略低于模式预测值，平均偏差在 -5% 左右，均方根误差小于 20%，且这种差别随纬度变化不大。根据 Picone（2003）的研究结果，JACCHIA 数据略低于 NRLMSISE00 模式预测值，其平均偏差为 -7% ~ 8%，相对均方根误差在 17% ~ 25%，该数据和 NRLMSISE00 模式值之间的偏差与本文利用 Sentman 方法反演的数据和模式值之间的偏差非常接近。

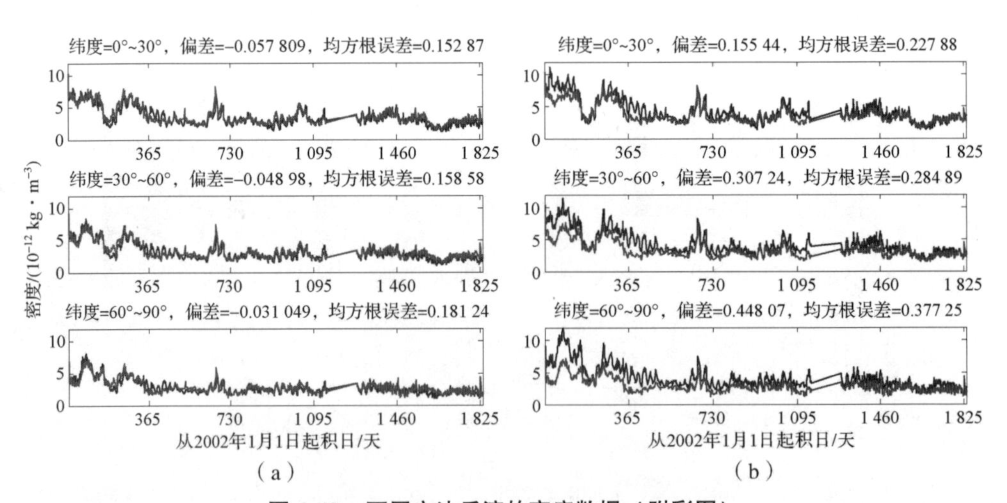


**图 4.10　不同方法反演的密度数据（附彩图）**

（CHAMP 与 NRLMSISE00 模式预测值的比较，蓝线为 CHAMP 卫星值，红线为 NRLMSISE00 模式预测值）

（a）利用 Sentman 的阻力系数计算方法反演所得数据；（b）利用 Cook 的阻力系数计算方法反演所得数据

利用 Cook（1965）方法得到的密度结果要明显高于 NRLMSISE00 模式值，且相对偏差随纬度变化很大，在低纬度相对偏差在 15% 左右，而到高纬度，其相对偏差达到 45% 。

图 4. 11 给出了地磁平静期时 CHAMP 卫星密度数据与 JB2008 模式对应预测值的比较，可以看出利用 Sentman 的方法得到的密度数据与 JB2008 模式预测值之间有很高的一致性，两者平均偏差仅为 1% 左右，而相对均方根误差在 10% 左右。根据 Bowman 等（2008）的研究结果，HASDM 数据与 JB2008 模式相对误差为 −10% ~ 5% ，均方根误差在 10% ~ 20% ，这与本书利用 Sentman 的方法反演得到数据的比对结果非常接近。利用 Cook（1965）方法得到的密度结果明显高于 JB2008 模式值，且相对偏差随纬度变化很大，在低纬度相对偏差在 25% 左右，而到高纬度，其相对偏差升高到 50% 左右，这跟与 NRLMSISE00 模式值的比对结果类似。

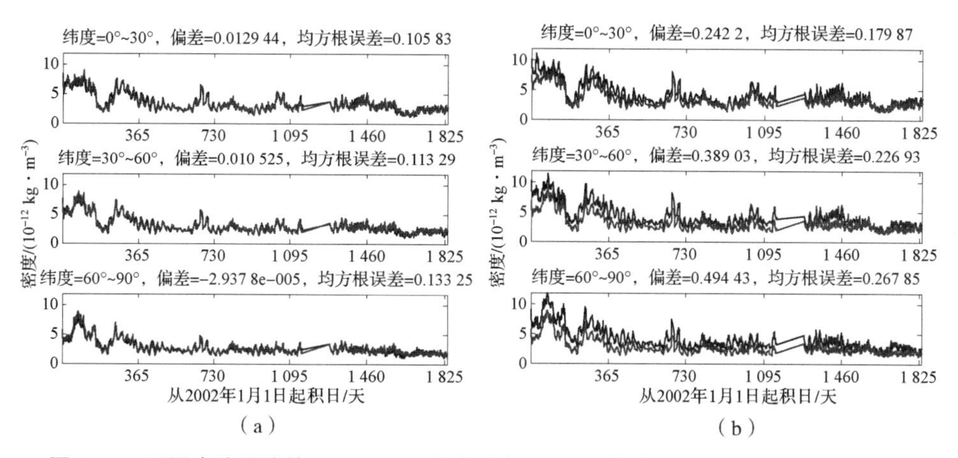


**图 4. 11　不同方法反演的 CHAMP 卫星密度与 JB2008 模式预测值的比较（附彩图）**

（蓝线表示 CHAMP 卫星观测值，红线表示 JB2008 模式的预测值）

（a）利用 Sentman 的阻力系数计算方法反演所得数据；（b）利用 Cook 的阻力系数计算方法反演所得数据

图 4. 12 给出的是地磁平静期时 GRACE 卫星密度数据与 NRLMSISE00 模式和 JB2008 模式对应预测值之间的比较，同样可以看出利用 Sentman 的方法得到的密度数据与模式值之间有更好的一致性。对于利用 Sentman 的方法得到的 GRACE 卫星密度数据，其与 NRLMSISE00 模式的相对偏差在 −10% 左右，且几乎不随纬度变化，其均方根误差在 25% ~ 35% ，这与 Picone（2003）给出的 JACCHIA 数

据与模式的比对结果也更为接近。而利用 Cook（1965）的方法得到的结果，与 NRLMSISE00 模式的相对偏差在 1%~20%，略高于模式值，其相对均方根误差在 30%~40%，误差也略高于利用 Sentman 方法所得的结果。

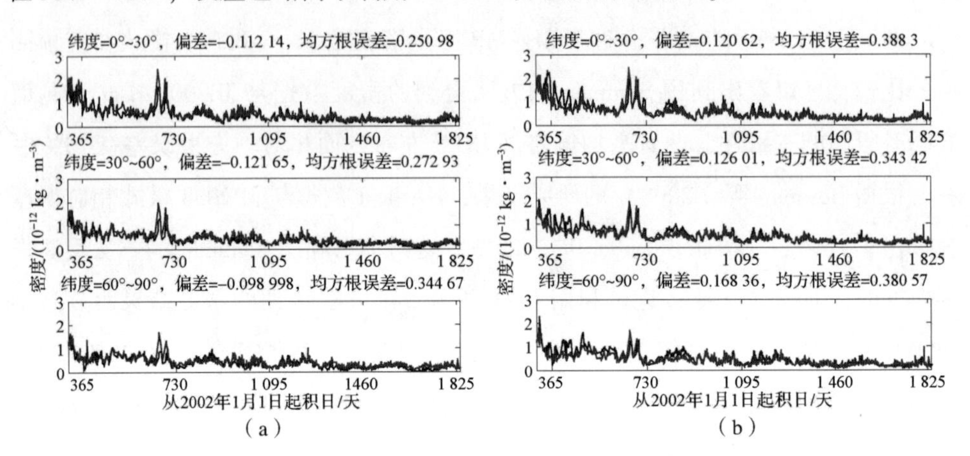


**图 4.12　不同方法反演的 GRACE 卫星密度与 NRLMSISE00 模式预测值的比较（附彩图）**

（蓝线表示 GRACE 卫星观测值，红线表示 NRLMSISE00 模式的预测值）

（a）利用 Sentman 的阻力系数计算方法反演所得数据；（b）利用 Cook 的阻力系数计算方法反演所得数据

图 4.13 给出的是地磁平静期时 GRACE 卫星密度数据与 JB2008 模式对应预测值之间的比较，同样可以看出，利用 Sentman 的方法得到的密度数据与模式值之间有更好的一致性。对于利用 Sentman 的方法得到的 GRACE 卫星密度数据，

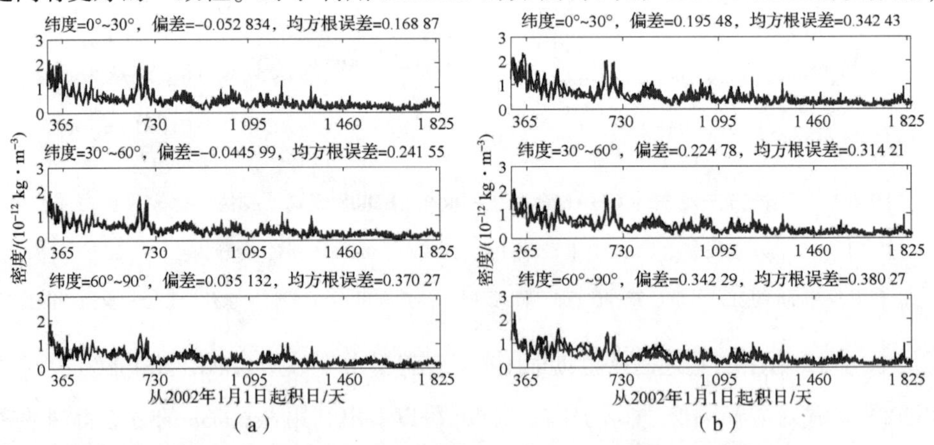


**图 4.13　不同方法反演的 GRACE 卫星密度与 JB2008 模式预测值的比较（附彩图）**

（蓝线表示 GRACE 卫星观测值，红线表示 JB2008 模式预测值）

（a）利用 Sentman 的阻力系数计算方法反演所得数据；（b）利用 Cook 的阻力系数方法反演所得数据

其与 JB2008 模式的相对偏差在 -5% 左右，且几乎不随纬度变化，其均方根误差在 15%~40%，这与 Picone（2003）给出的 JACCHIA 数据与模式的比对结果也更为接近。而利用 Cook（1965）的方法得到的结果，与 JB2008 模式的相对偏差在 19%~35%，略高于模式值。

综上通过对反演密度与经验模式值的对比结果以及与相关研究的比较来看，利用 Sentman 的阻力系数方法反演得到的密度结果可能更接近于真实值，说明 Sentman 的阻力系数方法可能更适用于 CHAMP、GRACE 卫星这类长型的卫星。

### 4.3.3　典型卫星的阻力系数变化特征

APOD 卫星外形简化示意图如图 4.14 所示。

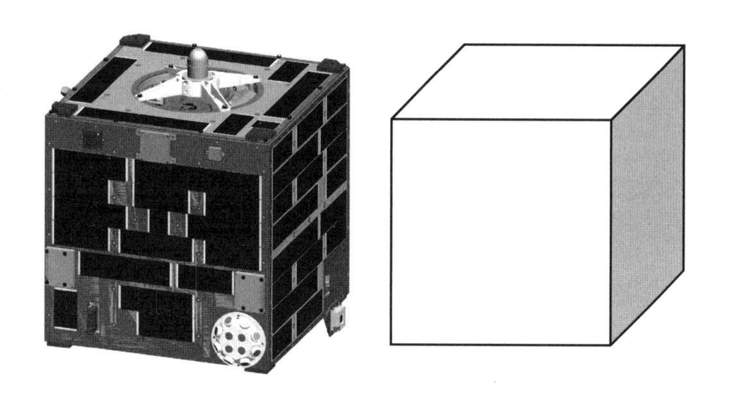

**图 4.14　APOD 卫星外形简化示意图**

以 APOD 卫星为研究对象，将立方体的六个面简化为单面平板来处理，分别计算六个面的（$C_D A_{ref}$），再对所有面（$C_D A_{ref}$）进行求和，最后除以航天器总的有效参考截面，即得到该航天器的阻尼系数。

$$C_D = \frac{\sum_i (C_D A_{ref})\,|_i}{A_{effective}} \tag{4-18}$$

在阻尼系数模型计算过程中，需对下列参数进行设置：航天器的位置、速度来自精密星历，壁面温度假设为 300 K，密度场、温度场来自 NRLMSISE00 模式，风场来自 HWM07 模式，能量适应系数采用半经验模型计算。不考虑卫星姿态变化，假设卫星始终处于正飞姿态。图 4. 15 给出 2015 年 12 月至 2016 年 6 月期间 APOD 卫星 $C_D$ 沿轨道变化情况：$C_D$ 的短周期变化主要受卫星高度、速度以及空间环境的变化影响，变化范围在 2. 8 ~ 3. 2，平均值为 2. 98。

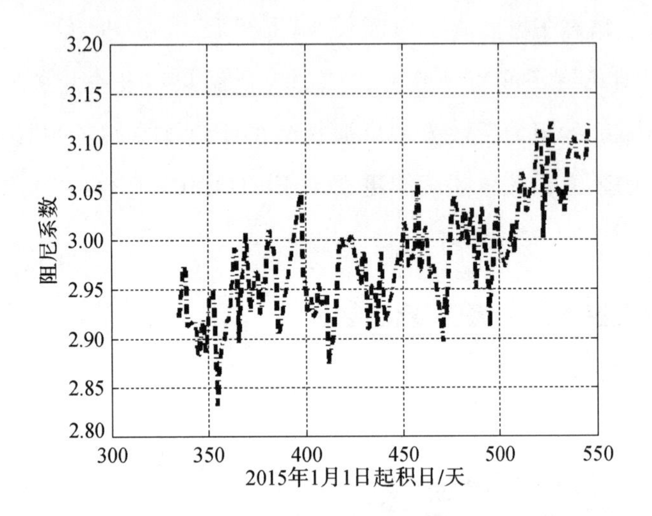


**图 4. 15　APOD 卫星阻尼系数随时间的变化**

为了分析影响卫星阻尼系数的关键因素，我们首先对影响 $C_D$ 的关键参数进行了敏感性分析，四个关键参数分别为能量适应系数（$\alpha$）、大气相对速度、大气环境温度、表面温度，各参数的定常值和变化范围如表 4 - 3 所示，其变化情况见图 4. 16。

**表 4 - 3　APOD 卫星阻尼系数敏感分析关键参数变化范围**

| 参数 | 定常值 | 最小值 | 最大值 |
|---|---|---|---|
| 能量适应系数 | 1 | 0. 5 | 1 |
| 大气相对速度/($m \cdot s^{-1}$) | 7 500 | 5 000 | 9 000 |
| 大气环境温度/K | 1 100 | 200 | 2 000 |
| 表面温度/K | 300 | 100 | 500 |

从图 4. 16 可以看出，APOD 卫星阻尼系数随能量适应系数、大气相对速度增大而减小，随大气温度、表面温度增大而减小，且阻尼系数随能量适应系数变

化范围较大，随其他参数变化范围较小，说明阻尼系数对能量适应系数的变化最为敏感，而能量适应系数与原子氧数密度直接相关。由于在 500 km 高度以下，原子氧是大气的最主要成分，上述结果表明阻尼系数与大气密度同样具有非常强的关联性。

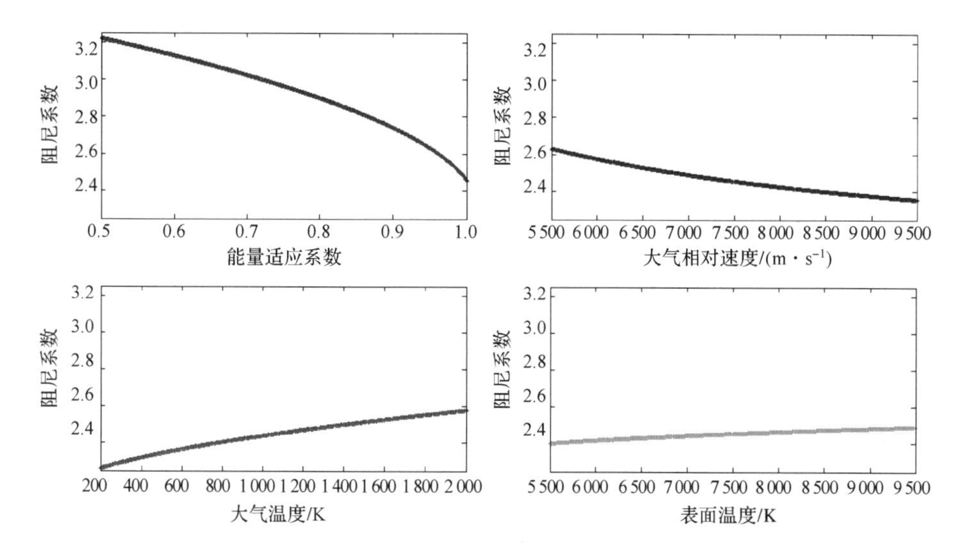


**图 4.16　APOD 卫星阻尼系数随能量适应系数、大气相对速度、大气温度及表面温度的变化**

进一步，将 APOD 卫星阻尼系数做圈平均，分析阻尼系数随能量适应系数、大气环境参数变化的内在物理规律。图 4.17 分别给出了 2015 年 12 月期间地磁活动指数（ap），以及圈平均的原子氧密度、能量适应系数和阻尼系数随时间的变化情况，可以发现原子氧密度、能量适应系数随着地磁活动指数呈正相关变化，而阻尼系数随着地磁活动指数呈现反相关变化。这是由于地磁活动期间伴随磁暴期间太阳风能量的注入，热层大气膨胀、上涌，致使热层大气密度升高，原子氧的浓度也随之升高，而原子氧浓度 $n_O$ 增加导致表面吸附程度增加，入射分子与表面的适应程度增加，能量适应系数 $\alpha$ 增加。又由于 $\alpha$ 与 $C_D$ 的反相关关系，因此阻尼系数随着地磁活动指数呈现反相关变化。

## 4.4 大气阻力计算误差对轨道预报的影响

轨道预报是根据航天器初始状态，基于轨道动力学方程求解未来一段时间内航天器的运行状态。本小节主要阐述大气阻力模型精度对低轨航天器轨道预报的影响，选取典型场景，通过轨道仿真分析大气环境对轨道预报的影响。选择太阳活动低年平静期2007 年 11 月 2—4 日、太阳活动低年磁暴期2006 年 3 月 18—20 日、太阳活动高年平静期2002 年 1 月 4—6 日和太阳活动高年磁暴期2002 年 4 月 17—19 日四个场景，其空间环境参数变化见图 4.17，分析 350 km、400 km 和 450 km 高度的航天器轨道预报对大气阻力系数、大气密度模式、空间环境参数和阻力误差特性的不同敏感性。

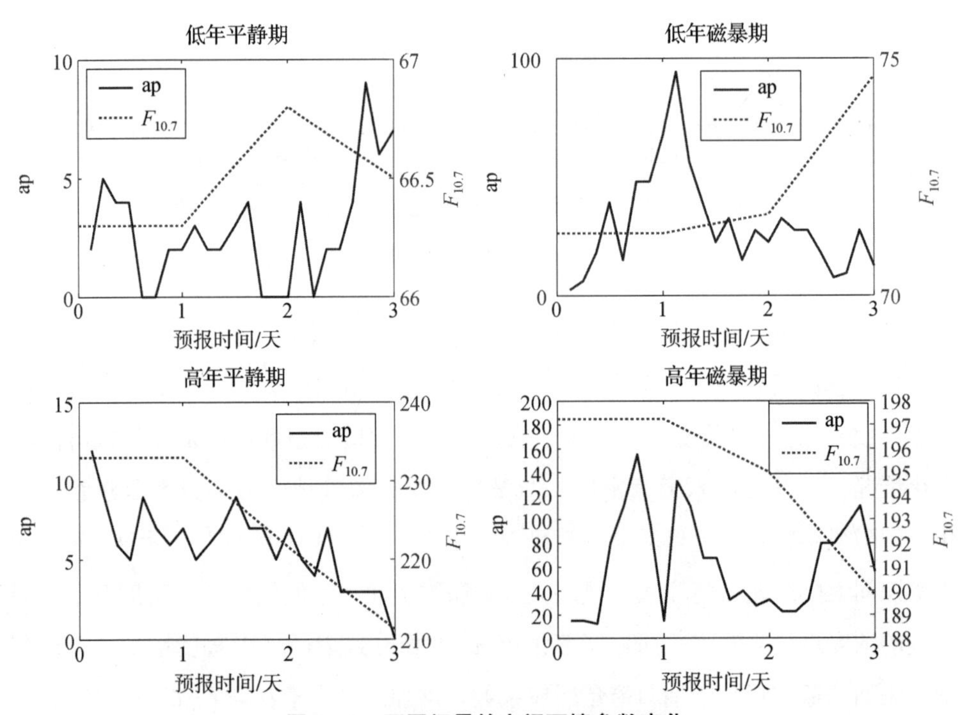


图 4.17 不同场景的空间环境参数变化

以表 4-4 中的初始轨道预报 3 天的航天器位置作为基准星历，考虑地心引力、70×70 阶地球重力场、大气阻力、日月引力、太阳光压和固体潮等摄动力，大气密度使用 NRLMSISE00 模式计算，空间环境参数使用事后观测准确值，航天器面积质量使用大型航天器典型值；然后，分别增加大气阻力系数、大气密度模式和空间环境参数的误差，再次仿真航天器星历；比较新生成星历与基准星历的差异；最后，分析总结轨道预报对各类大气环境要素的敏感性。

**表 4－4　初始轨道根数**

| 历元 | 半长轴 | 偏心率 | 轨道倾角 | 升交点赤经 | 近地点辐角 | 平近点角 |
|---|---|---|---|---|---|---|
| 2007.11.2T0：0：0 | 6 721 km | 0.000 01° | 87° | 30° | 0 | 0 |
| 2006.3.18T0：0：0<br>2002.1.4T0：0：0 | 6 771 km | 0.000 01° | 87° | 30° | 0 | 0 |
| 2002.4.17T0：0：0 | 6 821 km | 0.000 01° | 87° | 30° | 0 | 0 |

## 4.4.1　大气密度模式或大气阻力系数误差对轨道预报的影响

假定大气密度模式存在 10% 的系统误差，引起的轨道预报位置误差如图 4.18 所示。从轨道高度来看，高度越低，轨道预报位置误差越大，以太阳活动高年平静期场景为例，350 km、400 km 和 450 km 高度 3 天轨道预报位置误差分别

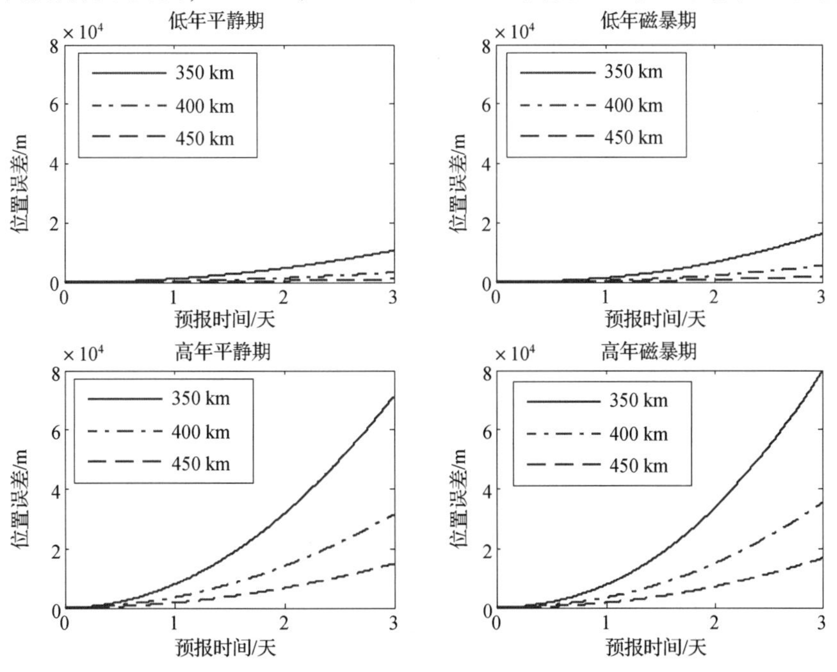


**图 4.18　大气密度模式误差（10%）引起的轨道预报位置误差**

为70.9 km、31.4 km和14.9 km；从太阳活动来看，太阳活动高年的轨道预报位置误差显著大于低年，以400 km高度轨道平静期场景为例，高年和低年3天轨道预报位置误差分别为31.4 km和3.2 km，相差近10倍；从地磁活动来看，磁暴期的轨道预报位置误差略大于平静期，以400 km高度轨道太阳活动高年场景为例，磁暴期和平静期3天轨道预报位置误差分别为35.1 km和31.4 km，相差约10%。

总的来说，在大气阻力系数误差固定的前提下，航天器所处位置的大气密度越大，阻力加速度误差就越大，引起的轨道预报位置误差也越大。

对大气阻力系数施加10%的系统误差，引起的轨道预报位置误差如图4.19所示，可以看出密度误差和大气阻力系数误差对轨道预报位置的影响程度几乎一样。需要说明的是，磁暴期的轨道预报位置误差仅略大于平静期，这是因为此处未考虑空间环境参数误差引起的大气密度模式误差，下一小节将重点讨论这个问题。

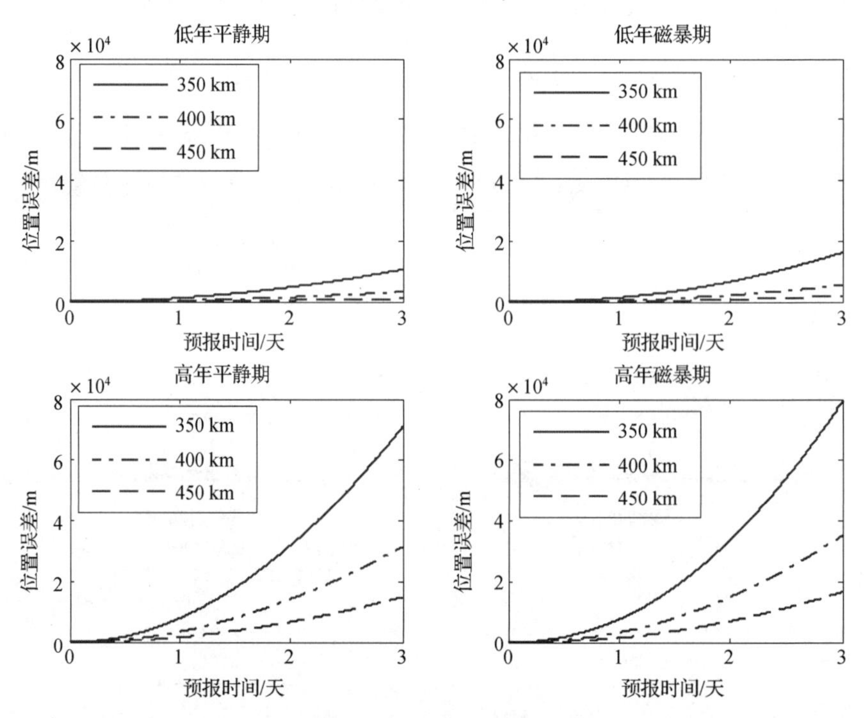


图4.19 大气阻力系数误差（10%）引起的轨道预报位置误差

### 4.4.2 空间环境参数误差对轨道预报的影响

以NRLMSISE00大气密度模式为例，需要输入的空间环境参数有太阳辐射指

数 $F_{10.7}$前一天值，81 天平均值和地磁指数 ap。$F_{10.7}$的 81 天平均值误差较小可忽略，$F_{10.7}$与太阳自转周期明显相关性，变化较平缓，对 $F_{10.7}$预报精度较高；地磁活动受多种复杂因素影响，目前预报精度较低。结合当前空间环境预报能力，对 $F_{10.7}$施加 5% 的系统误差，对 ap 施加 50% 的系统误差。

$F_{10.7}$误差引起的轨道预报位置误差如图 4.20 所示。从地磁活动来看，磁暴期轨道预报位置误差略大于平静期，以 400 km 高度轨道高年场景为例，磁暴期和平静期 3 天轨道预报位置误差分别为 10.9 km 和 9.4 km；从太阳活动来看，太阳活动高年的轨道预报位置误差显著大于低年，以 400 km 高度轨道平静期场景为例，高年和低年 3 天轨道预报位置误差分别为 9.4 km 和 1.4 km，相差约 6.7 倍。

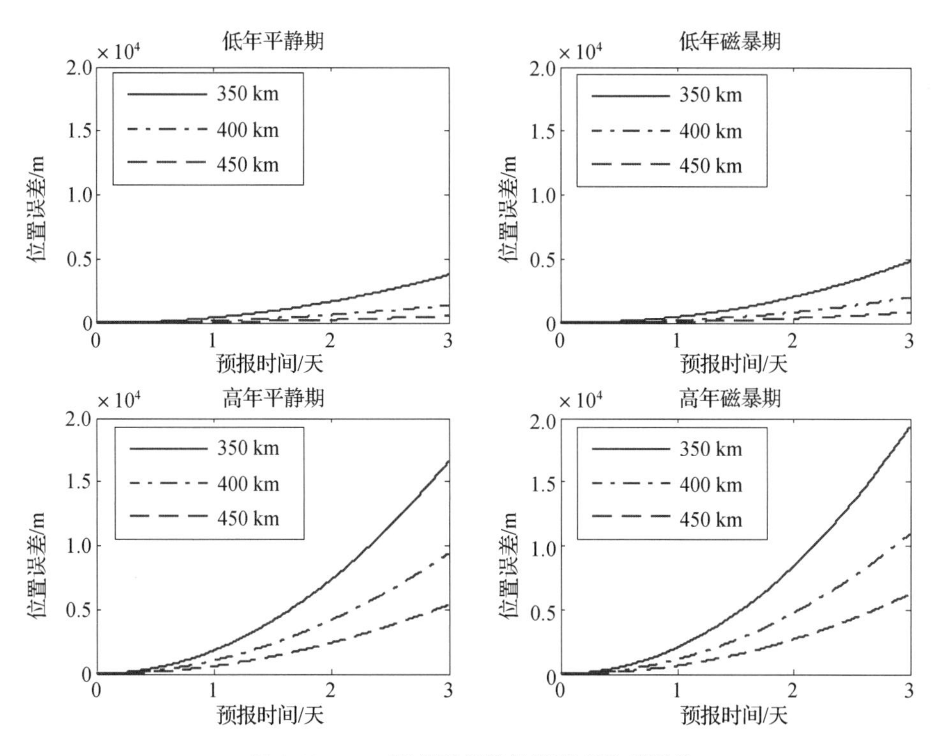


**图 4.20　$F_{10.7}$误差引起的轨道预报位置误差**

ap 误差引起的轨道预报位置误差如图 4.21 所示，由于本节选定的平静期 ap 指数均小于 10，即使对 ap 增加了 50% 的系统误差，也没有造成磁暴虚警，对于磁暴期 ap 施加误差的效果相当于对磁暴的发生时刻做出了准确预报，但放大了磁暴级别。从地磁活动来看，磁暴期轨道预报位置误差大于平静期，以 400 km

高度轨道高年场景为例，磁暴期和平静期 3 天轨道预报位置误差分别为 28 km 和 12. 9 km；从太阳活动来看，太阳活动高年的轨道预报位置误差显著大于低年，以 400 km 高度轨道平静期场景为例，高年和低年 3 天轨道预报位置误差分别为 12. 9 km 和 2. 1 km，相差约 6. 1 倍。

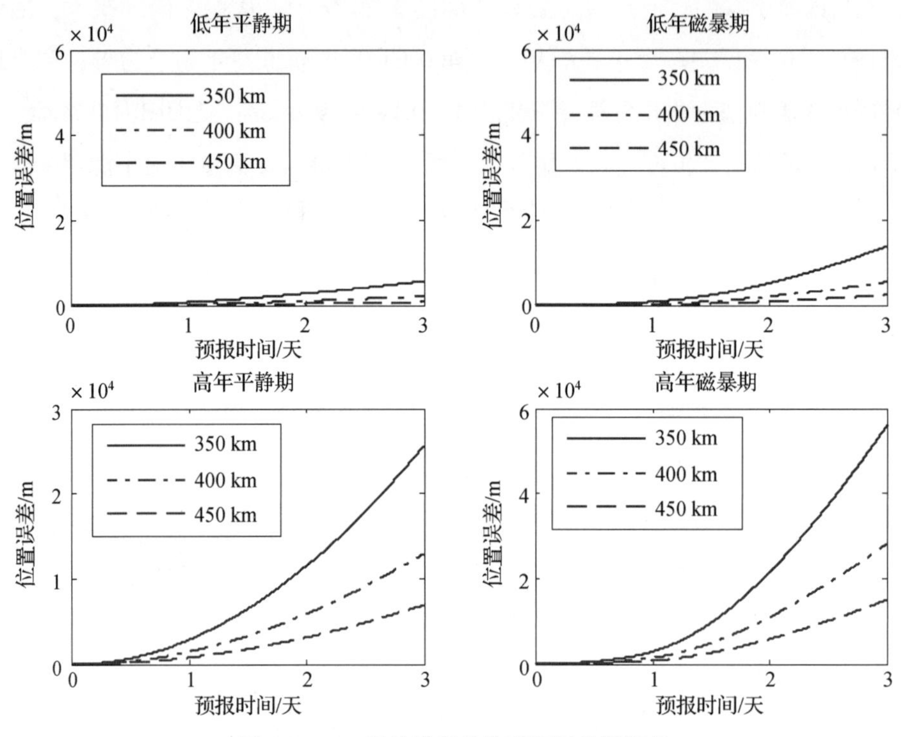


**图 4. 21　ap 误差引起的轨道预报位置误差**

磁暴预测，除了考虑磁暴大小因素外，还需考虑磁暴发生时间。如果磁暴发生时间预测误差较大，则会造成磁暴虚判和漏判等风险。磁暴虚判和漏判对轨道预报影响幅度是同等的，以漏判太阳活动低年 2006 年 3 月 18—20 日磁暴和高年 2002 年 4 月 17—20 日磁暴为例进行轨道预报分析，低年磁暴持续 3 天，ap 日均值为 30，高年磁暴持续 4 天，ap 日均值为 64。使用磁暴前一天日均 ap 值作为大气密度模式的输入参数进行 3 天轨道预报，漏判磁暴引起的轨道预报位置误差如图 4. 22 所示，太阳活动高年的轨道预报误差显著大于低年，以 400 km 高度轨道场景为例，高年和低年 3 天轨道预报位置误差分别为 53. 8 km 和 14. 6 km，相差约 3. 7 倍。

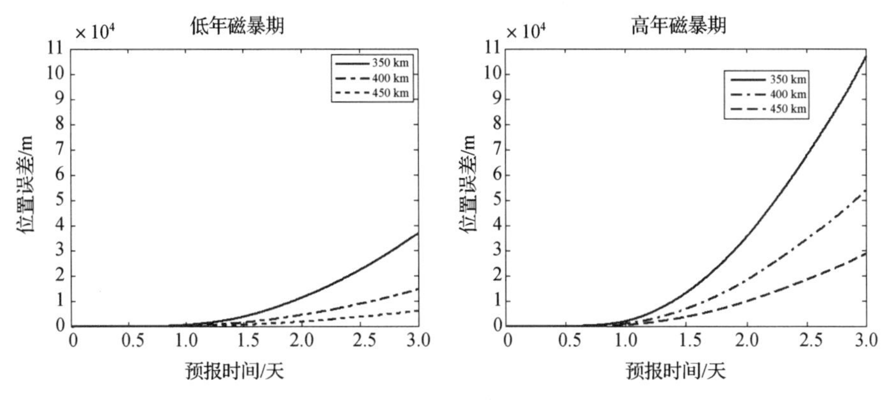


图 4.22　漏判磁暴引起的轨道预报位置误差

### 4.4.3　大气阻力加速度误差变化对轨道预报的影响

轨道预报精度受到大气阻力系数、大气密度模式和空间环境参数等三类误差影响，且三类误差对大气阻力加速度误差的影响效果是"等效的"。实际上大气阻力加速度误差分布是复杂的，除了系统误差还包含随机误差，并且系统误差也是随时间变化的，本节阐述大气阻力加速度误差变化对轨道预报的影响。

以 400 km 高度轨道太阳活动高年平静期场景为例，对大气阻力加速度施加 -10%~10% 的随机误差，误差符合均匀分布，在 $R$（轨道面径向）、$T$（速度方向）和 $N$（轨道面法向）方向产生的轨道预报误差如图 4.23 所示，最大值分

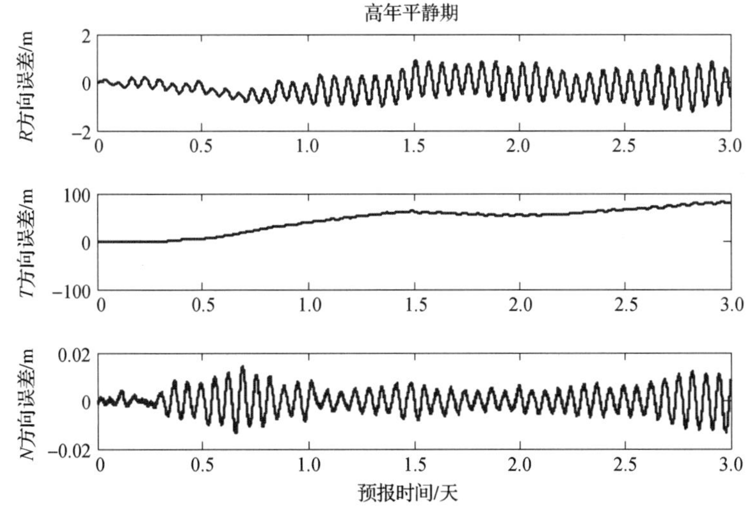


图 4.23　阻力加速度随机误差引起的轨道误差

别为 1.21 m、81.7 m 和 0.01 m。可以看出，和系统误差相比，均值为 0 的阻力加速度随机误差对轨道预报造成的影响非常小，几乎可忽略不计。

假定预报时段内大气阻力加速度误差分布如图 4.24 所示，正误差和负误差交替出现形成周期为 $2T$ 的方波，误差总体均值为 0，当 $T$ 不同时，大气阻力加速度误差对轨道预报的影响也不同。以 400 km 高度轨道太阳活动高年平静期场景为例，对大气阻力加速度分别施加 $T$ 为 1.5 天和 0.5 天，幅度为 ±10% 的系统误差，轨道预报误差如图 4.25 所示。$T$ 为 1.5 天和 0.5 天的阻力加速度误差引起的轨道预报误差在 $R$ 方向分别为 143.7 m 和 31.5 m，在 $T$ 方向为 23.8 km 和 5.4 km，在 $N$ 方向为 3.1 m 和 0.6 m。可以看出，在系统误差幅度固定的前提下，误差周期越大，引起的轨道预报误差越大。

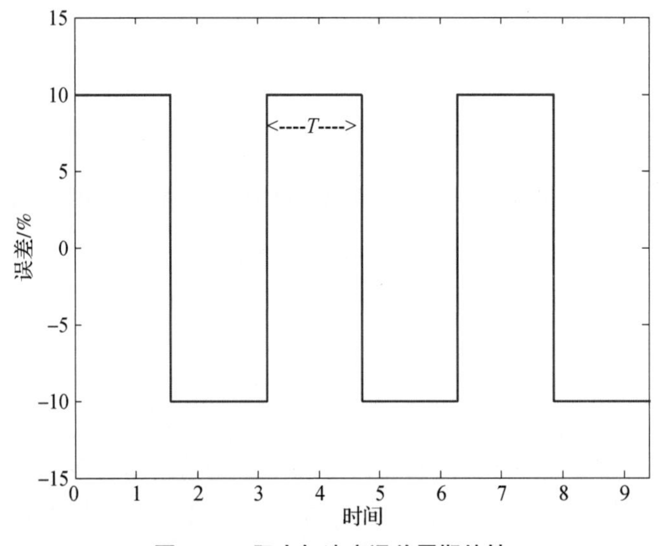


**图 4.24 阻力加速度误差周期特性**

当阻力加速度系统误差幅度变化时，其时变特性也会对轨道预报产生影响。图 4.26 给出了两种误差场景：场景 1 阻力加速度误差在 1、2、3 天预报时段内分别为 10%、5%、2%，场景 2 阻力加速度误差则为 2%、5%、10%。以 400 km 高度轨道太阳活动高年平静期场景为例，对大气阻力加速度分别施加这两种误差，产生的轨道预报误差如图 4.27 所示。场景 1 和 2 的阻力加速度误差引起的轨道预报误差在 $R$ 方向分别为 −151.7 m 和 −103.6 m，在 $T$ 方向分别为 23.7 km 和 12.0 km，在 $N$ 方向分别为 3.1 m 和 2.0 m。进一步分析，场景 1 和 2 预报 1 天时

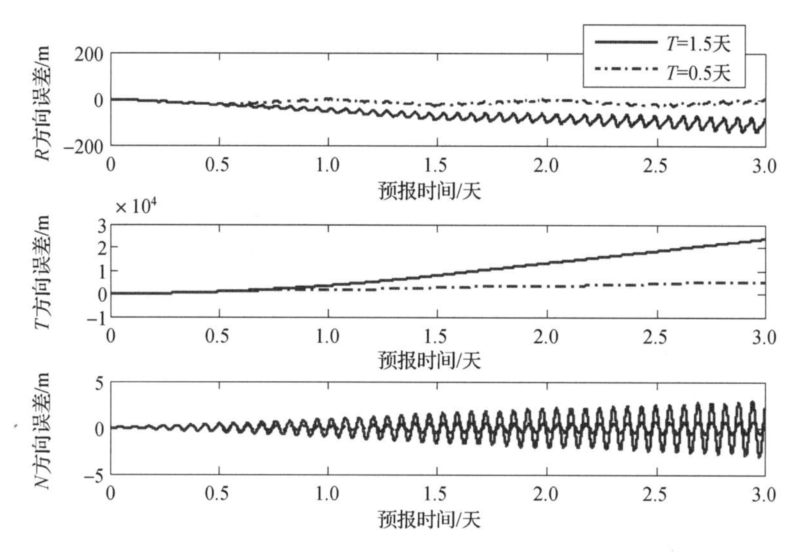


图 4.25　不同周期的阻力加速度误差引起的轨道预报误差

的轨道误差在 $R$ 方向分别为 -50.8 m 和 -10.8 m，在 $T$ 方向分别为 3 577.4 m 和 716 m，在后续第 2、3 天的预报中这个误差将作为初轨误差传递下去。可以看出，预报时段内阻力加速度总误差固定的前提下，预报初期大气阻力加速度误差越小，总的轨道预报误差就会越小。这个结论启示我们，在中长期轨道预报中，提高大气阻力加速度的短期预报精度对于控制整个预报时段内的误差发散速度有重要作用。

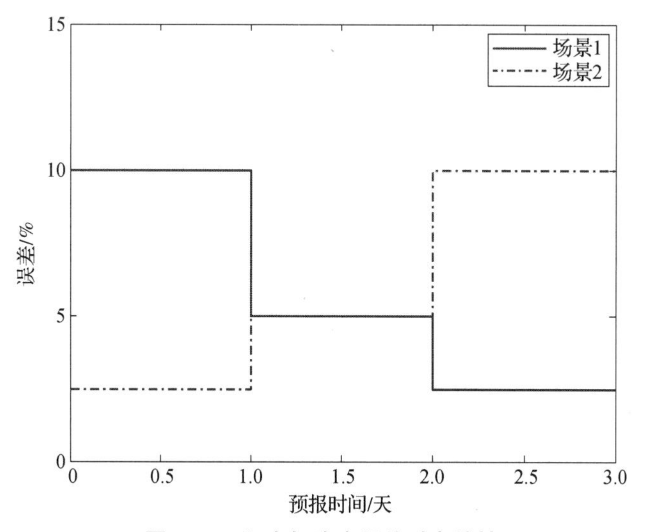


图 4.26　阻力加速度误差时变特性

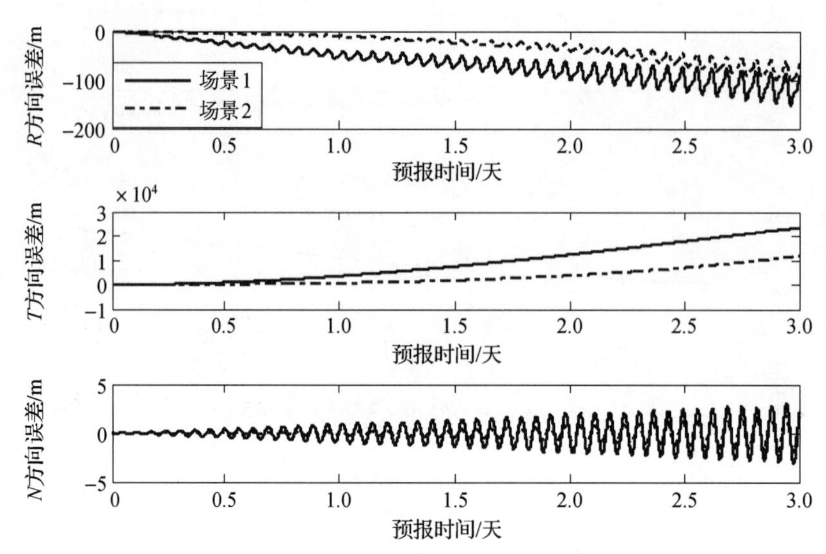


**图 4.27　不同时变特性的阻力加速度误差引起的轨道预报误差**

本节我们分析了大气阻力加速度误差特性对轨道预报的影响，如果大气阻力加速度系统误差呈正负周期性变化，那么周期越小，引起的轨道预报误差就越小；如果预报时段内阻力加速度系统误差幅度变化且总误差固定的前提下，预报初期阻力加速度误差越小，整个预报时段内轨道预报误差就越小。

这些结论启示我们，一是要加强磁暴预报的研究，尤其是磁暴发生时间的预报；二是减小大气密度模式在更短时间内的平均误差；三是重点提高大气密度模式短期预报精度。

# 第 5 章

# 面向航天器定轨预报的大气模式应用

热层大气阻力是作用在低轨航天器上的最大非保守力，它消耗航天器动能和角动量，导致轨道半长轴和偏心率衰减，航天器定轨和轨道预报普遍通过经验大气模式预测大气密度，从而计算大气阻力。制约大气阻力计算精度的因素有：经验大气模式误差、大气阻力系数误差、迎风面面积计算误差等。本章介绍航天工程常用和近年新发布经验大气模式在定轨和轨道预报方面的应用效果评估情况，区分空间环境地磁平静期、活跃期和航天器再入陨落等不同应用场景。

## 5.1 大气密度模式在航天器定轨和轨道预报中的应用效果评估

由第 3 章已知，目前最新的大气密度模式包括 2000 年发布的 NRLMSISE00 模式，之后发布的 JB2008 模式、2020 年发布的 DTM2020 和 NRLMSIS2.0 模式。本小节评估上述大气模式在航天器定轨和轨道预报中的应用效果。

### 5.1.1 大气密度模式在航天器定轨中的应用效果评估

本小节通过定轨残差比较来评估 JB2008、DTM2020、NRLMSISE00 和 NRLMSIS2.0 四个大气模式的应用效果。使用 CHAMP 卫星精密轨道作为定轨数据来源，定轨弧段为 1 天，考虑 70 × 70 阶地球重力场、日月引力、太阳光压和固体潮等摄动力，定轨过程中只解算卫星位置、速度和大气阻力系数 $C_D$。CHAMP 卫星精密轨道精度达到厘米级，使用上述定轨策略的定轨残差 10 m 左右，解算的 $C_D$ 由于吸收了大气密度模式的系统差，与真实阻力系数有较大差异，残差反映了大气模式的随机误差。分别使用不同大气密度模式对同一段数据定轨，通过比较定轨残差来评估密度模式的应用效果。

选择2002年1—3月的72天和2006年1月的28天数据定轨，共计100个案例。2002年CHAMP卫星轨道高度处于390~420 km，2009年处于340~370 km。评估期间的空间环境参数如图5.1所示，2002年是太阳活动高年，太阳辐射指数在170~230，评估时段内无较强地磁暴发生；2006年是太阳活动低年，太阳辐射指数处于70~90，评估时段内地磁活动总体平静。

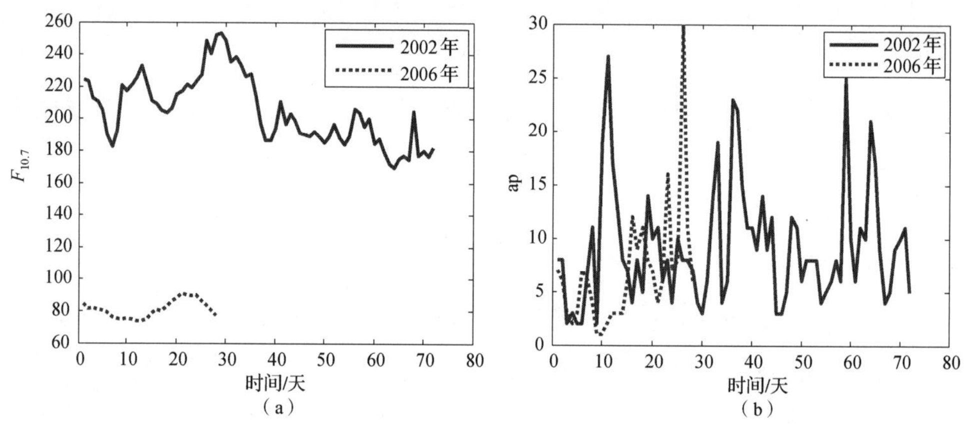


**图5.1 评估期间$F_{10.7}$（a）和ap指数（b）变化**

对每日定轨残差进行统计，结果如图5.2（a）所示，对100天的每日定轨残差求平均值，分别使用JB2008、DTM2020、NRLMSISE00和NRLMSIS2.0定轨的平均残差为11.77 m、11.66 m、11.18 m和11.16 m。NRLMSISE00和NRLMSIS2.0平均残差最小且较稳定，JB2008残差最大，且在个别案例中残差显著大于其他模式。对太阳活动高年和低年的定轨残差分别进行统计，结果如图5.2（b）所示，JB2008、DTM2020、NRLMSISE00和NRLMSIS2.0模式在高年的定轨残差分别为12.5 m、12.51 m、11.76 m和11.74 m，低年分别为9.9 m、9.49 m、9.68 m和9.66 m，所有模式在高年引起的定轨误差都大于低年。在太阳活动高年，MSIS系列的定轨残差略小，在太阳活动低年各模式的表现几乎相同。

使用不同大气模式解算的大气阻力系数如图5.3所示，使用JB2008、DTM2020、NRLMSISE00和NRLMSIS2.0解算的阻力系数均值为3.023、4.084、3.047和3.266，利用DTM2020解算的$C_D$明显大于其他模式，这与其计算的密

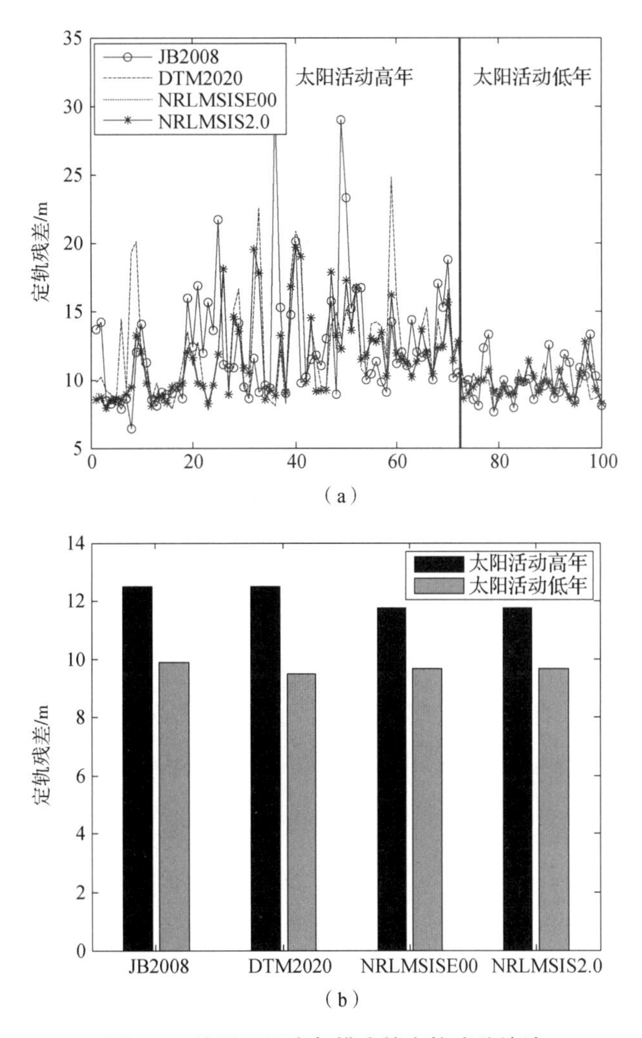


**图 5.2　使用不同大气模式的定轨残差统计**

度偏小有关。MSIS 系列解算的 $C_D$ 变化趋势具有较好的一致性，NRLMSIS2.0 解算的 $C_D$ 比 NRLMSISE00 略大，反映出 NRLMSIS2.0 计算的密度值总体比 NRLMSISE00 偏低。所有模式在太阳活动高年解算的 $C_d$ 比低年略大。解算 $C_d$ 的波动幅度可由波动率来描述，定义波动率 $v$ 如式（5-1）。

$$v = \frac{1}{N}\sum_{i=1}^{N}(C_{di} - \overline{C_d}) \times 100\% \qquad (5-1)$$

在太阳活动高年，JB2008、DTM2020、NRLMSISE00 和 NRLMSIS2.0 解算的阻力系数波动率分别为 16.4%、5.7%、4.8% 和 5.3%，低年波动率分别为 7.2%、

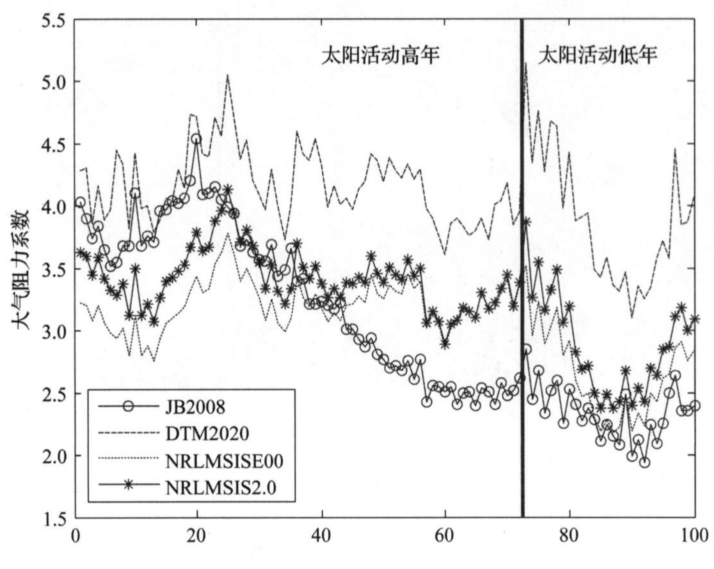


**图 5.3 使用不同大气模式解算的大气阻力系数**

11.0%、11.3%和11.6%。JB2008 在高年的波动率大于低年，这与其他三个模式刚好相反。阻力系数自身随大气成分变化，但定轨解算出的阻力系数波动主要反映了大气密度模式误差的波动，稳定的大气密度模式误差有利于航天器的轨道预报。

### 5.1.2 大气密度模式在航天器轨道预报中的应用效果评估

对 JB2008、DTM2020、NRLMSISE00 和 NRLMSIS2.0 四个大气模式在轨道预报中的应用效果进行评估。CHAMP 卫星精密轨道作为定轨数据来源，同时也是评估轨道预报精度的基准星历，定轨弧段为 1 天，预报弧段为 3 天。使用不同大气模式进行定轨和预报，预报 1~3 天的位置误差（RMS），如图 5.4 所示，横坐标表示案例编号，1~72 处于太阳活动高年（2002 年），73~100 处于太阳活动低年(2006 年)，总体上看，太阳活动高年的误差大于太阳活动低年。NRLMSISE00 和 NRLMSIS2.0 两个模式的误差非常接近。

对定轨和预报中使用不同大气模式的位置误差进行统计，结果见表 5-1。太阳活动低年，使用 JB2008、NRLMSISE00 和 NRLMSIS2.0 预报 1 天的位置误差最小，约 132 m；使用 JB2008 预报 2 天和 3 天的位置误差最小。太阳活动高年，使用 NRLMSISE00 预报 1、2、3 天的位置均为最优。

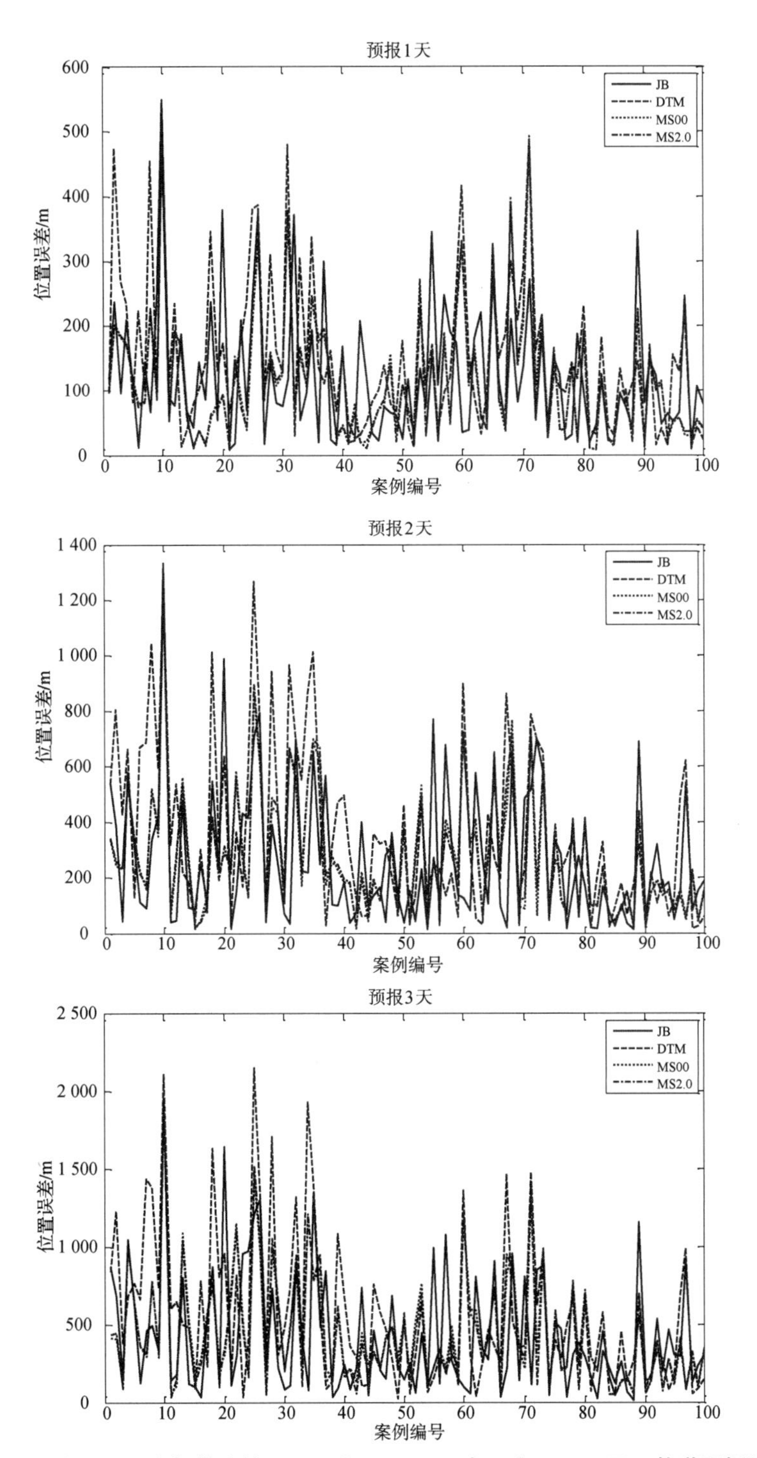


**图5.4　使用不同大气模式的1天（上）、2天（中）和3天（下）轨道预报误差**

表 5－1　轨道预报中使用不同大气模式的位置误差（RMS）　m

| | 大气模式 | 定轨残差 | 预报 1 天 | 预报 2 天 | 预报 3 天 |
|---|---|---|---|---|---|
| 太阳活动高年（2002，72 天） | JB2008 | 12.50 | 132.6 | 298.8 | 471.9 |
| | DTM2020 | 12.51 | 174.8 | 423.6 | 646.6 |
| | NRLMSISE00 | 11.76 | 132.3 | 324.9 | 512.0 |
| | NRLMSIS2.0 | 11.74 | 131.7 | 324.6 | 502.0 |
| 太阳活动低年（2006，28 天） | JB2008 | 9.90 | 94.1 | 181.6 | 321.1 |
| | DTM2020 | 9.49 | 96.6 | 202.9 | 332.8 |
| | NRLMSISE00 | 9.68 | 76.6 | 165.8 | 293.2 |
| | NRLMSIS2.0 | 9.66 | 77.4 | 168.8 | 298.7 |
| 总体统计 | JB2008 | 11.77 | 121.8 | 266.0 | 429.7 |
| | DTM2020 | 11.66 | 152.9 | 361.8 | 558.7 |
| | NRLMSISE00 | 11.18 | 116.7 | 280.3 | 450.7 |
| | NRLMSIS2.0 | 11.16 | 116.5 | 280.9 | 445.1 |

对每一个案例统计预报精度最优的大气模式，由于 NRLMSISE00 和 NRLMSIS2.0 在轨道预报方面的表现极为接近，故把两个模式合并，统计结果见表 5－2。太阳活动高年 JB2008 在预报 1 天、2 天和 3 天表现最优的案例占比最高，达到 45.8%、48.6% 和 44.4%。太阳活动低年，JB2008 在预报 1 天和 2 天表现最优的案例占比最高，达到 32.4% 和 39.3%，DTM2020 在预报 3 天表现最优的案例占比最高，达到 35.7%。

表 5－2　轨道预报中使用不同大气模式的最优表现案例个数及所占比例

| | 大气模式 | 定轨残差 | | 预报 1 天 | | 预报 2 天 | | 预报 3 天 | |
|---|---|---|---|---|---|---|---|---|---|
| 太阳活动高年（2002，72 天） | JB2008 | 28 | 38.9% | 33 | 45.8% | 35 | 48.6% | 32 | 44.4% |
| | DTM2020 | 19 | 26.4% | 12 | 16.7% | 15 | 20.8% | 15 | 20.8% |
| | MSIS 系列 | 25 | 34.7% | 27 | 37.5% | 22 | 30.5% | 25 | 34.7% |
| 太阳活动低年（2006，28 天） | JB2008 | 11 | 39.3% | 9 | 32.4% | 11 | 39.3% | 9 | 32.4% |
| | DTM2020 | 13 | 46.4% | 7 | 25% | 10 | 35.7% | 10 | 35.7% |
| | MSIS 系列 | 4 | 14.2% | 12 | 42.9% | 7 | 25% | 9 | 32.1% |

续表

| | 大气模式 | 定轨残差 | | 预报 1 天 | | 预报 2 天 | | 预报 3 天 | |
|---|---|---|---|---|---|---|---|---|---|
| 总体统计 | JB2008 | 39 | 39% | 42 | 42% | 46 | 46% | 41 | 41% |
| | DTM2020 | 32 | 32% | 19 | 19% | 25 | 25% | 25 | 25% |
| | MSIS 系列 | 29 | 29% | 39 | 39% | 29 | 29% | 34 | 34% |

综上所述，NRLMSISE00 和 NRLMSIS2.0 两个模式在定轨和轨道预报中的表现非常接近，两个模式在 100 ~ 500 km 密度的建模方法和建模数据方面并无实质性差异，工程中可以继续沿用 NRLMSISE00。JB2008 在太阳活动低年的轨道预报误差（RMS）表现最好，在太阳活动高年最优表现案例个数最多，值得进一步关注。DTM2020 在这四个模式中综合表现不佳，仅在太阳活动高年预报 3 天最优表现案例个数方面略有优势。

## 5.2　轨道预报中的大气阻力系数解算

### 5.2.1　大气阻力系数的常用解算方法

地磁平静期大气密度模式误差较为稳定，轨道预报误差可能更多受大气阻力系数计算误差的影响。传统方法是在定轨过程中解算阻力系数，并用于后续轨道预报，但实际上，解算的阻力系数吸收了观测资料、大气模式、卫星面质比等误差，偏离了其物理本质，因此导致长期轨道预报准确性大幅下降。本小节介绍了一种基于最优 $C_D$ 与 ap 指数、$T$ 向残差的关系，进行大气阻力系数补偿的算法，对短弧段解算的初始 $C_D$ 进行修正，能够提高长期轨道预报精度。

基于以上原因，在精密定轨中往往把 $C_D$ 作为未知量与卫星的运动状态矢量一起解算，解算得到的 $C_D'$ 吸收了大气密度模型误差和迎风截面积误差，在轨道预报中使用解算后的 $C_D'$ 计算大气阻力加速度。通过解算阻力系数能够消除大气密度模型和迎风截面积的系统差，使动力学模型和观测数据更好地拟合，减小观测数据残差，从而得到更高的内符合精度，但是这种方法在实际应用中也有缺陷。首先，解算 $C_D$ 主要基于观测期间的空间环境，如果预报期间的空间环境发生了较大变化，使用 $C_D'$ 进行轨道预报必然会带来较大偏差；其次，解算 $C_D$ 系数需要较长的观测弧段，但是在空间站交会对接过程中，由于频繁对航天器进行轨道机动和姿态调整，只能用控后累积的资料进行定轨，整个测控弧段将被分割成多个较短的观测弧段，因此很难获得满意的 $C_D$ 解算精度。

不同弧长的轨道资料解算出的 $C_D$ 差异较大，分别使用2008－01－02 T00：00：0.0 和2008－01－09 T00：00：0.0 起 8h、16h、24h、32h、48h 和 72h 的 CHAMP 卫星 GPS 数据定轨并解算 $C_D$，其值见表 5－3 第二列和第四列，$C_D$ 变化幅度分别达到 12.4% 和 16.7% 。$C_D$ 系数准确与否对轨道预报的影响非常大，使用 8H 数据定轨，不解算 $C_D$，分别使用刚才解算的 $C_D$ 值，并预报 3 天的轨道，位置最大误差见图 5.5，可见，当使用适当的 $C_D$ 系数时，即使只有较短弧段的定轨数据（8h），依然能达到较高的轨道预报精度，相对于使用 8h 数据解算的 $C_D$，使用 72h 和 32h 数据解算的 $C_D$ 能使预报轨道精度提高一个量级以上。

**表 5－3 不同定轨弧段解算的 $C_D$**

| 2008－01－02 数据 | | 2008－01－09 数据 | |
|---|---|---|---|
| 定轨弧长 | 解算的 $C_D$ | 定轨弧长 | 解算的 $C_D$ |
| 8h | 2.608 2 | 8h | 3.091 8 |
| 16h | 2.561 9 | 16h | 2.851 7 |
| 24h | 2.453 3 | 24h | 2.773 1 |
| 32h | 2.321 4 | 32h | 2.711 4 |
| 48h | 2.304 7 | 48h | 2.649 |
| 72h | 2.394 6 | 72h | 2.658 |

### 5.2.2 大气阻力系数补偿算法

在定轨数据弧段较短的情况下，如何调整 $C_D$ 系数以提高中长期轨道预报的精度是本小节要讨论的问题。如果定轨弧段内空间环境比较平静，ap 值较小，而预报弧段内有地磁扰动，ap 值较大，大气密度会增加，那么实际轨道可能比预报轨道偏低，这时提高 $C_D$ 系数，使动力学模型中大气阻力的作用增加，重新

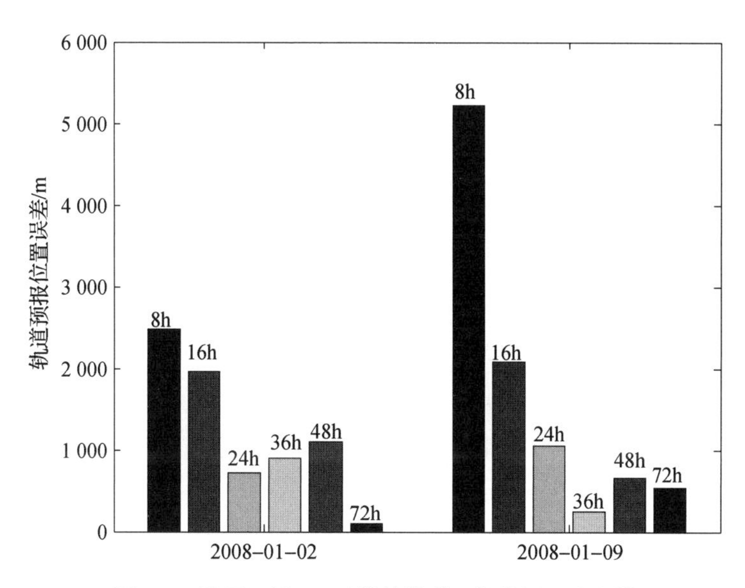


**图 5.5　使用不同 $C_D$ 系数的轨道预报位置误差比较**

进行轨道预报，有可能得到更接近实际轨道的结果，反之，应降低 $C_D$ 系数。将定轨残差（观测值减去计算值）分解到卫星飞行方向（$T$ 向），如果 $T$ 向残差均值大于 0，说明计算得到的轨道周期偏大，轨道高度偏高，如果基于一个偏高的轨道根数做预报，只有提高 $C_D$ 系数，增加大气阻力，才能使预报轨道与实际轨道吻合，反之，应降低 $C_D$ 系数。

阻力系数补偿算法有很多种，这里我们仅以 CHAMP 卫星定轨预报为例，介绍一种阻力系数补偿算法。选取了 CHAMP 卫星在 2008 年的 13 段数据（8h）进行定轨，并预报 3 天的轨道。由于磁暴期间大气密度时空变化非常复杂，不是本节讨论的范围，所以选择的这 13 段数据都处于地磁平静期，日平均 ap 指数小于 30。表 5 - 4 第二列是使用 8h 定轨数据解算的 $C_D$，第六列列出了该定轨弧段内 $T$ 向残差的均值，在此基础上做 3 天轨道预报，第三列列出了最大位置误差。使用更长的数据弧段解算 $C_D$，再使用 8H 数据定轨，定轨和预报中分别使用不同弧段解算的 $C_D$，比较位置最大误差，挑选最优 $C_D$，即表 5 - 4 第四列，需要指出，最优 $C_D$ 不全部是由定轨解出，有时即使使用较长弧段数据定轨，解出的 $C_D$ 也不理想，因此在某些弧段，根据预报轨道 $T$ 向平均误差调整 $C_D$，以谋求最优的轨道预报精度。表 5 - 4 第五列列出了使用最优 $C_D$ 定轨并预报 3 天的轨道位置最大误差。第七列为定轨弧段内与预报弧段内 ap 平均值的比例。

**表 5-4 最优 $C_D$ 与 $T$ 向残差、ap 平均值比例的统计**

| 日期 | 8h $C_D$ | 位置最大误差/m | 最优 $C_D$ | 位置最大误差/m | $T$ 向残差均值/m | ap 平均值比例 |
|---|---|---|---|---|---|---|
| 20080102 | 2.608 2 | 2 482.3 | 2.394 6 | 93.3 | -0.116 2 | 0.359 6 |
| 20080109 | 3.091 8 | 5 227.2 | 2.711 4 | 247.2 | -0.123 0 | 3.348 8 |
| 20080302 | 2.408 6 | 1 857.5 | 2.560 0 | 250.3 | 1.275 7 | 2.062 5 |
| 20080306 | 2.413 4 | 915.1 | 2.500 0 | 267.7 | 0.306 0 | 0.247 1 |
| 20080309 | 2.479 1 | 5 181.4 | 2.802 5 | 658.8 | 0.838 4 | 2.773 6 |
| 20080314 | 2.547 0 | 2 709.6 | 2.450 0 | 1 214.6 | -0.872 8 | 1.684 2 |
| 20080320 | 2.159 5 | 129.1 | 2.159 5 | 129.5 | -0.145 4 | 0.727 3 |
| 20080324 | 2.250 8 | 1 758.4 | 2.350 0 | 289.2 | 0.527 3 | 0.237 8 |
| 20080328 | 3.665 4 | 6 257.7 | 3.363 8 | 671.1 | -0.165 6 | 2.616 0 |
| 20080502 | 2.068 9 | 2 198.5 | 2.210 0 | 284.3 | 0.161 8 | 2.666 7 |
| 20080509 | 1.667 4 | 2 635.2 | 1.853 6 | 194.7 | 0.143 8 | 1.047 6 |
| 20080513 | 1.645 2 | 3 844.9 | 1.920 0 | 176.9 | 1.370 2 | 1.454 5 |
| 20080517 | 1.874 3 | 3 643.1 | 1.717 9 | 854.8 | 0.227 8 | 0.287 4 |

依据 $C_D$ 补偿算法原理，ap 平均值比例小于 1 和 $T$ 向残差均值大于 0 均是增大 $C_D$ 的因素，而 ap 平均值比例大于 1 和 $T$ 向残差均值小于 0 则是减小 $C_D$ 的因素。在 $T$ 向残差均值与 ap 平均值比例的共同影响下，表 5-4 第 1~12 组数据最优 $C_D$ 的变化都符合该原理，只有第 13 组数据与 $C_D$ 补偿算法原理矛盾，故在后续建立 $C_D$ 补偿算法公式时剔除第 13 组数据。

使用多元线性回归分析建立 $C_D$ 补偿算法公式。线性回归是利用称为线性回归方程的最小二乘函数对一个或多个自变量和因变量之间关系进行建模的一种回归分析。这种函数是一个或多个称为回归系数的模型参数的线性组合。多元线性回归分析通常分为三个步骤：

（1）用各变量的数据建立回归方程；

（2）将各变量代入回归方程进行计算，比较与原始数据的偏差；

（3）若某个自变量的偏差比较大，则应把该变量剔除，重新建立不包含该变量的多元回归方程。

修正后的 $C_D$ 记为 $y_i$，8h 解算的 $C_D$ 作为初始 $C_D$，记为 $x_{i1}$，$T$ 向残差均值记为 $x_{i2}$，ap 平均值比例记为 $x_{i3}$，将表5－4 中12 组数据代入式（5－2）。

$$\begin{cases} y_1 = b_0 + b_1 x_{11} + b_2 x_{12} + b_3 x_{13} + e_1 \\ y_2 = b_0 + b_1 x_{21} + b_2 x_{22} + b_3 x_{23} + e_2 \\ \vdots \\ y_n = b_0 + b_1 x_{n1} + b_2 x_{n2} + b_3 x_{n3} + e_n \end{cases} \tag{5-2}$$

其中 $b_0$、$b_1$、$b_2$、$b_3$ 为待估参数，$e_i$ 为随机误差，写成矩阵形式，$\boldsymbol{Y} = \boldsymbol{XB} + \boldsymbol{E}$，其中 $\boldsymbol{Y}$、$\boldsymbol{B}$、$\boldsymbol{E}$、$\boldsymbol{X}$ 如式（5－3）所示。

$$\boldsymbol{Y} = \begin{pmatrix} y_1 \\ y_2 \\ \vdots \\ y_n \end{pmatrix},\ \boldsymbol{B} = \begin{pmatrix} b_1 \\ b_2 \\ \vdots \\ b_n \end{pmatrix},\ \boldsymbol{E} = \begin{pmatrix} e_1 \\ e_2 \\ \vdots \\ e_n \end{pmatrix},\ \boldsymbol{X} = \begin{pmatrix} 1 & x_{11} & x_{12} & x_{13} \\ 1 & x_{21} & x_{22} & x_{23} \\ \vdots & \vdots & \vdots & \vdots \\ 1 & x_{n1} & x_{n2} & x_{n3} \end{pmatrix} \tag{5-3}$$

求 $\boldsymbol{B}$ 的最小二乘估计，$\boldsymbol{B} = (\boldsymbol{X}^{\mathrm{T}}\boldsymbol{X})^{-1}\boldsymbol{X}^{\mathrm{T}}\boldsymbol{Y}$，解得 $\boldsymbol{B} = (0.563\,6 \quad 0.740\,6 \quad 0.145\,6 \quad 0.016\,8)^{\mathrm{T}}$，由此得到修正后 $C_D$ 的计算公式。

$$y = 0.583\,6 + 0.740\,6x_1 + 0.145\,6x_2 + 0.016\,8x_3 \tag{5-4}$$

使用不同数据源对 $\boldsymbol{B}$ 进行最小二乘估计，得到的 $\boldsymbol{B}$ 也不相同，故将式（5－4）描述的算法记为补偿算法1。不同卫星由于表面材料、形状及轨道高度不同，$C_D$ 值存在差异，因此，把从一颗卫星得到的 $C_D$ 补偿公式应用到其他卫星时，不应该再考虑初始 $C_D$，式（5－2）改写为式（5－5）。

$$\begin{cases} y_1 = b_0 + b_2 x_{12} + b_3 x_{13} + e_1 \\ y_2 = b_0 + b_2 x_{22} + b_3 x_{23} + e_2 \\ \vdots \\ y_n = b_0 + b_2 x_{n2} + b_3 x_{n3} + e_n \end{cases} \tag{5-5}$$

再次求 $\boldsymbol{B}$ 的最小二乘估计，解得 $\boldsymbol{B} = (0.033\,9 \quad 0.246\,3 \quad -0.059\,9)^{\mathrm{T}}$，由此得到 $C_D$ 修正量的计算公式见式（5－6），记为补偿算法2。

$$y = 0.033\,9 + 0.246\,3x_2 - 0.059\,9x_3 \tag{5-6}$$

### 5.2.3 大气阻力系数补偿算法在轨道预报中的应用

上一小节的 $C_D$ 补偿公式来源于对 CHAMP 卫星 2008 年 1—5 月份的轨道数据分析，本小节将在 CHAMP 和“天宫一号”的轨道预报中对该公式进行验证。选择 CHAMP 卫星 2005 年 1 月 8 日、2006 年 12 月 16 日和 2008 年 5 月 18 日 3 段数据，以及“天宫一号”2011 年 12 月 24、25、26 和 28 日的四段数据进行验证。使用 8h 数据定轨并预报未来 3 天轨道，预报过程中分别使用直接解算的 $C_D$、补偿算法 1 和 2 修正后的 $C_D$，通过比较补偿前后预报轨道的误差验证补偿算法的有效性，并分析补偿算法的适用场景。

阻力系数补偿算法在 CHAMP 卫星 3 个轨道预报案例中的效果见表 5－5，相对于使用直接解算的 $C_D$，补偿算法 1 对轨道预报精度提高了 49.5%、24.3% 和 25.3%，补偿算法 2 提高了 91.3%、16.9% 和 2.3%。两种算法对 CHAMP 卫星轨道预报精度均有不同程度提高，其中，2005 年 1 月 8 日的案例算法 2 的预报精度比算法 1 明显提高，这是因为这段数据时间与建立补偿公式的数据源时间相隔 3 年以上，这期间的轨道高度、卫星状态发生了较大变化，真实的 $C_D$ 系数也相应改变，补偿算法中不应该再受到初始 $C_D$ 的约束，所以补偿算法 2 更好一些。

**表 5－5 补偿算法应用于 CHAMP 卫星的定轨和预报**

| 算法 | 2005－01－08 | | 2006－12－16 | | 2008－05－18 | |
|---|---|---|---|---|---|---|
| | $C_D$ | 最大误差/m | $C_D$ | 最大误差/m | $C_D$ | 最大误差/m |
| 直接解算 | 3.511 2 | 2 657 | 2.609 7 | 5 159 | 1.883 8 | 637 |
| 补偿算法 1 | 2.992 4 | 134 2 | 2.523 8 | 3 953 | 1.967 4 | 462 |
| 补偿算法 2 | 3.163 | 232 | 2.545 2 | 4 287 | 1.881 6 | 4 531 |

阻力系数补偿算法在“天宫一号”4 个轨道预报案例中的效果见表 5－6。使用补偿算法 1 后，只有 28 日的轨道预报精度有所提高，其他 3 天的精度反而降低。这是因为补偿算法 1 把 8h 解算的初始 $C_D$ 也作为一个因素考虑，这就使得补偿结果受到初始 $C_D$ 的影响，与表 5－4 中的初始 $C_D$ 发生联系。例如 25 日的初始 $C_D$ 为 2.062 4，与表 5－4 中 2008 年 5 月 2 日的初始 $C_D$ 值 2.068 9 非常接近，因

此补偿结果向 2008 年 5 月 2 日的最佳 $C_D$ 值 2.21 靠近，削弱了 $T$ 向残差和 ap 比例这两个因素的影响，导致轨道预报结果变差。24 日和 26 日的数据也存在类似问题，所以对不同于建立补偿公式的其他卫星进行阻力系数补偿时，需要剥离初始 $C_D$ 对补偿算法的影响，即采用补偿算法 2，结果见表 5－6 最后一行，4 组轨道预报精度相对于直接解算 $C_D$ 都有提高，提高幅度分别为 41.2%、82.8%、55.8% 和 25.6%。

**表 5－6　补偿算法应用于“天宫一号”的定轨和预报**

| 算法 | 2011－12－24 | | 2011－12－25 | | 2011－12－26 | | 2011－12－28 | |
|---|---|---|---|---|---|---|---|---|
| | $C_D$ | 最大误差/m | $C_D$ | 最大误差/m | $C_D$ | 最大误差/m | $C_D$ | 最大误差/m |
| 直接解算 | 2.078 2 | 5 006 | 2.602 4 | 4 344 | 1.998 5 | 1 620 | 1.870 9 | 7 750 |
| 补偿算法 1 | 2.189 6 | 12 985 | 2.167 5 | 11 941 | 2.052 3 | 5 409 | 1.962 8 | 1 877 |
| 补偿算法 2 | 2.049 5 | 2 946 | 1.993 2 | 746 | 1.985 6 | 716 | 1.893 9 | 5 769 |

上述案例的应用分析表明，利用 A 卫星 T1 时段数据建立的补偿公式应用到 A 卫星 T2 时段轨道预报时，如果 T1 和 T2 间隔较近（如 2 年以内），宜选用补偿算法 1；如果 T1 和 T2 间隔较长，宜选用补偿算法 2。补偿公式应用到 B 卫星时，宜选用补偿算法 2。

需要指出的是，本节使用的 ap 数据均来源于事后实测，而实际航天工程轨道预报时只能使用 ap 预报值，中科院空间科学与应用研究中心能够使用我国自主监测的数据对未来 3 天的 ap 指数进行预报，其精度基本满足轨道预报的需求，因此该补偿算法在未来的航天工程中有一定的实用性。

## 5.3　大气模式在航天器再入陨落预报中的应用

自 1957 年第一颗人造卫星上天以来，已有两万多个目标陨落坠入地球大气层，其中大部分是非合作目标。再入过程中，虽然大多数航天器在与大气相互作用过程中烧蚀、熔融和解体，但仍有 10%~40% 的器件落到地面，对人类安全和财产带来潜在威胁。随着商业巨型星座的快速发展，服役期满航天器再入大气的频率越来越高，对这些目标开展陨落预报，对于国土防空早期预警以及增强空间态势感知能力，具有十分重要的意义。对于即将陨落目标，由于其轨迹上的大气密度和阻力系数快速变化，传统预报方法难以满足安全预警的要求。本小节介绍一种利用多组 TLE（two line elements）根数精确解算弹道系数的方法，从而提高再入预报精度，并在“天宫一号”陨落过程中进行了验证分析。

### 5.3.1 航天器再入陨落轨道预报方法

航天器再入陨落预报包含了对航天器再入时间和再入地点的预报，在长期预报中一般只针对再入时间进行预报，即空间目标从当前轨道高度逐渐衰减到再入大气层所需要的时间，一般取 80 ~ 120 km 为再入点高度，本小节重点阐述再入陨落时间的预报方法。美国空间监视网（Space Surveillance Net）对大部分在轨目标进行监视、编目和维护，北美防空司令部将目标的轨道信息以 TLE 根数形式发布在 Space – Track 网站。TLE 为非合作目标提供了有效的轨道信息，是进行航天器再入陨落预报的重要数据源。

TLE 根数包含轨道倾角、升交点赤经、偏心率、近地点角距、平近点角、平均平运动和与阻力相关的参数。TLE 根数用特定方法平滑掉了地球非球形引力等周期项扰动，是描述空间目标轨道长期演化趋势的平均根数，为了获得目标瞬时的位置速度，需使用 SGP4/SDP4（simplified general perturbation version 4/simplified deep – space perturbation version 4）轨道模型对 TLE 根数进行解析。常规再入预报流程包括，TLE 根数异常数据处理，利用 TLE 数据获得目标初始状态，利用数值法、半解析法和三/六自由度运动微分方程等轨道传播方法进行再入和陨落预报。本节阐述影响航天器再入陨落预报精度的关键技术解决方法：TLE 根数预处理和弹道系数估算。

### 5.3.2 TLE 异常数据处理

TLE 数据不包含轨道精度信息，其精度除了存在周期性的波动现象外，某些轨道根数还会出现异常，导致不合理的预报结果，为提高轨道预报精度，应剔除精度较低的 TLE 根数。对于具备机动能力的目标，飞行过程中可能会发生轨道机动，造成半长轴变化，由于后续弹道系数解算利用了半长轴的连续变化信息，因此需要在预处理中检测轨道机动，对轨道机动前后的 TLE 根数分别进行处理。

对于不同轨道类型的 TLE 根数异常，不同学者提出了针对近地点高度异常、偏心率异常、轨道倾角异常的 TLE 根数清理方法（Kelecy，2007；Lemmens，2014；Lidtke，2018）。由于大气摄动力是陨落预报中最主要的误差源，大气摄动力对轨道的影响直接体现为半长轴衰减，且后续弹道系数解算利用了半长轴信息，因此本章针对半长轴异常进行预处理。采用二次多项式拟合的方法对 TLE 根数的半长轴进行初步检测和二次判别，在这个过程中需结合地磁指数变化进行识别，避免地磁暴引起的半长轴快速衰减被误判为低精度 TLE 根数。具体方法如下：

首先，利用 SGP4 模型计算出所有 TLE 根数的半长轴；然后，对连续的第 1、2、3、5、6、7 个历元的半长轴进行二次多项式拟合，根据拟合的多项式计算第 4 个历元的半长轴的拟合值 $a_{4_p}$；接着，计算第 4 个历元的拟合值与观测值的差异 $\varepsilon = a_{4_p} - a_{4_t}$，并根据 3 倍方差准则进行判别；最后，对于超过门限的 $\varepsilon$ 进行二次判别，结合地磁指数，识别出三类情况，即野值、轨道机动和地磁暴。

对 2012 年 1—3 月的“天宫一号”TLE 根数半长轴进行了初步平滑检测，门限值 3 倍方差取 20 m，如图 5.6 所示，发现有 5 个时段（红圈标识）的半长轴超过门限，图 5.7 给出了同时期地磁指数 ap，并用方框标出了超出门限的时段。可

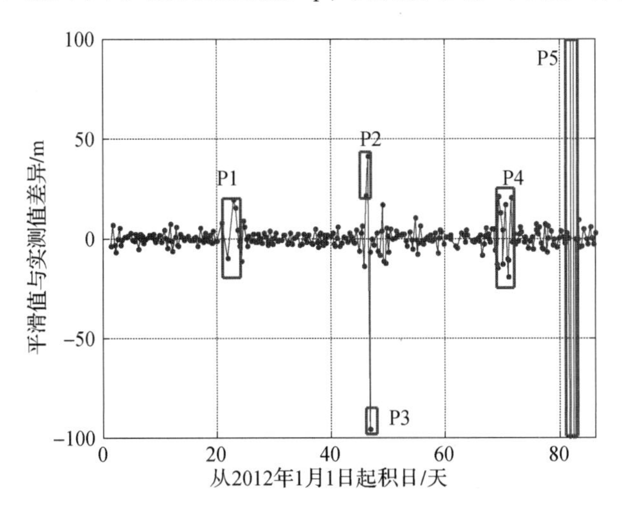


**图 5.6　半长轴平滑值与实测值的差异**

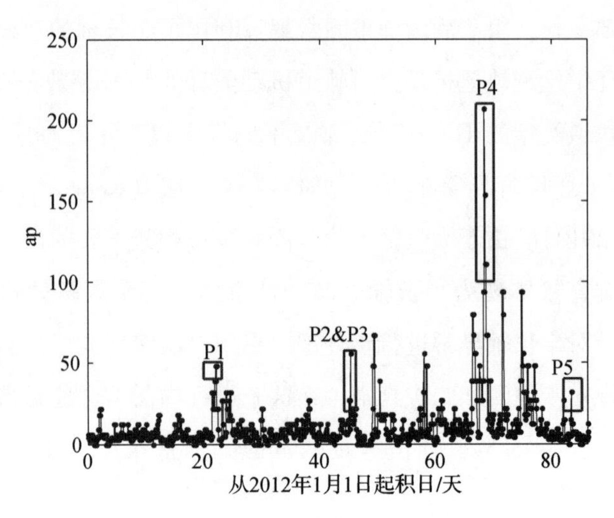


**图 5.7 地磁指数 ap 变化**

以看出 P1、P2、P3 和 P4 时段都发生了地磁暴，导致 P1、P2 和 P4 时段航天器半长轴比平静期衰减得多，即 $a_{4t}$比拟合值 $a_{4p}$小，使得 $\varepsilon$ 超出门限，因此 P1、P2 和 P4 时段的 TLE 根数不是野值，不应剔除；P3 时段虽然有微小地磁扰动，但 $a_{4t}$ 反而大于拟合值 $a_{4p}$，可以认定 P3 是野值；P5 时段平滑值与实测值差异达到 1 000 m 以上，即使这个时段发生了地磁扰动，也应认定为发生了轨道机动。

### 5.3.3 航天器再入陨落预报中弹道系数解算方法

弹道系数 $B$ 是计算大气阻力的重要参数，它是包含了航天器质量、外形和气动特性的组合参数，其表达式见式（5－7），其中，$m$ 为航天器质量；$C_{\mathrm{D}}$ 为大气阻力系数；$s$ 为航天器迎风面积。对于非合作目标，$m$、$C_{\mathrm{D}}$ 和 $s$ 都是未知数，因此需要利用其轨道信息来解算弹道系数。

$$B = \frac{C_{\mathrm{D}} s}{m} \tag{5-7}$$

TLE 由于其完备性、实时性、精确性及开放性，为非合作目标提供了有效的轨道信息，是解算非合作目标弹道系数的重要数据源。Gupta 根据 $t_0$时刻 TLE 根数推算 $t$ 时刻近地点 $h_{\mathrm{pi}}$和远地点高度 $h_{\mathrm{ai}}$，再根据 TLE 根数计算历元 $t$ 时刻近地点 $h_{\mathrm{pt}}$和远地点高度 $h_{\mathrm{at}}$，令 $|h_{\mathrm{pi}} - h_{\mathrm{pt}}|$和 $|h_{\mathrm{ai}} - h_{\mathrm{at}}|$最小来获得最优弹道系数。据报道该方法在航天器陨落的末期较准确，但是过于依赖 TLE 根数中的偏心率，而偏心

率的精度往往较低。为了弥补 TLE 根数中偏心率精度较低的缺陷，Sharma 提出了一种同时估算弹道系数和初始偏心率的方法，使用响应曲面法拟合远地点高度来估计偏心率和弹道系数。由于 TLE 根数中的半长轴精度优于偏心率，Saunders（2012）和 Sang（2013）利用不同 TLE 根数中半长轴的衰减估算弹道系数，并通过使用多天 TLE 根数，多次迭代提高弹道系数估算精度。但对于非合作目标，由于不知道其轨道机动情况，在使用多天数据解算时，如果发生轨道机动，则会降低弹道系数估算精度。

针对上述问题，本节在 Saunders 方法的基础上进行了改进。大气阻力对半长轴的影响，主要体现为半长轴的长期衰减效应，即式（5－8）。

$$\frac{\mathrm{d}a}{\mathrm{d}t}=\frac{2a^2v}{\mu}\ddot{r}_{\mathrm{drag}} \tag{5-8}$$

式中：$\frac{\mathrm{d}a}{\mathrm{d}t}$为半长轴的衰减率；$v$ 为航天器瞬时速度；$\mu$ 为引力常数；$\ddot{r}_{\mathrm{drag}}$为阻力摄动加速度。半长轴 $a$ 由式（5－9）计算。

$$a_{\mathrm{tle}}=\left(\frac{\mu}{n_k^2}\right)^{\frac{1}{3}} \tag{5-9}$$

对于任意两个连续时间间隔范围的半长轴衰减，可记为式（5－10）。

$$\Delta a_{\mathrm{tle}}=a_{\mathrm{tle2}}-a_{\mathrm{tle1}} \tag{5-10}$$

将 $\Delta a_{\mathrm{tle}}$作为半长轴衰减观测量，构建条件方程。前文已经提到，半长轴的衰减，主要是受大气阻力的影响，因此在给定时间间隔内，对式（5－8）进行积分，即可获取半长轴衰减的理论解算结果，即式（5－11）。

$$\int\frac{\mathrm{d}a}{\mathrm{d}t}\cdot\mathrm{d}t=\int\frac{2a^2v}{\mu}\ddot{r}_{\mathrm{drag}}\mathrm{d}t \tag{5-11}$$

将$\ddot{r}_{\mathrm{drag}}=-\frac{1}{2}B\rho v^2$ 代入式（5－11），则有式（5－12）。

$$\Delta a_{\mathrm{comp}}=-\int\frac{2a^2v}{\mu}\cdot\left(\frac{1}{2}B\rho v^2\right)\mathrm{d}t=-\int\frac{B\rho a^2v^3}{\mu}\mathrm{d}t=-\sum\frac{B\rho a^2v^3}{\mu}\Delta t \tag{5-12}$$

其中，积分区间即为连续两个 TLE 根数的时间间隔，可利用常规求积算法给出。需要说明的是，在积分求和过程中，给定了积分步长，则积分区间内每个步点上的 $\rho$、$a$ 和 $v$，可利用数值积分计算。数值积分的初值包含初始历元时刻、初始位置速度和弹道系数，可通过 SGP4 模型对 TLE 根数进行单点转换得到。将半长轴的衰减展开，并略去高阶项，得到式（5－13），$\Delta B$ 为弹道系数改进量。

$$\Delta a_{\text{tle}} = \Delta a_{\text{comp}} + \frac{\partial \Delta a_{\text{comp}}}{\partial B} \cdot \Delta B \tag{5-13}$$

由于式（5－13）为超定方程，采用最小二乘迭代求解，设定相邻两次迭代弹道系数改进量小于给定门限，方程收敛，从而得到最终的弹道系数。

弹道系数解算流程如图 5.8 所示。

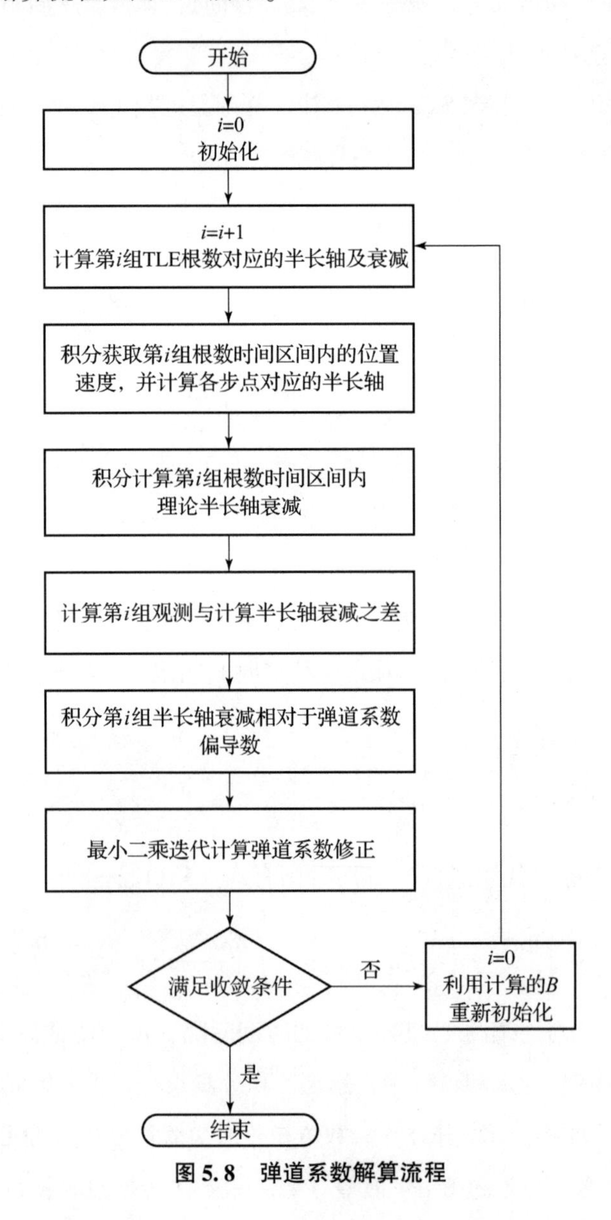


**图 5.8　弹道系数解算流程**

利用 TLE 根数解算“天宫一号”2012 年全年的大气阻力系数 $C_D$ 和弹道系数，解算过程中采用了 2 天时间间隔的 TLE 根数构建观测量 $\Delta a_{tle}$，分别设置为 2 天和 3 天；观测弧段分别选取 7 天和 10 天，即分别采用 7 天和 10 天的 TLE 根数解算一个弹道系数。4 组解算结果如图 5.9 所示，同时给出了精密轨道的解算结果。可以看出，TLE 根数解算的 4 组结果与精密轨道解算结果的变化趋势十分吻合，都能反映出太阳活动的周期性变化；不同时间间隔的观测量对解算结果影响不大；观测弧段为 10 天的解算结果更稳定，曲线更加平滑。

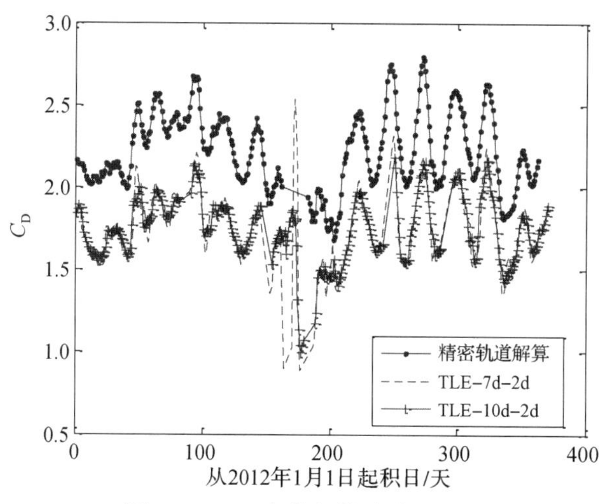


**图 5.9　TLE 根数解算的弹道系数**

## 5.3.4 “天宫一号”陨落预报验证分析

“天宫一号”是我国第一个非受控再入大气层的超大型航天器，于 2016 年 3 月 16 日正式终止数据服务。在大气阻力影响，“天宫一号”轨道不断衰减，最终于 2018 年 4 月 2 日 8 时 15 分落入南太平洋。陨落之前数月因姿态不稳难以估算迎风面积，因此适宜采用 5.3.3 节的方法，对包含了 $C_D$ 和迎风面积的弹道系数进行联合估算。

使用 5.3.2 节的方法对陨落前 40 天的 TLE 根数的半长轴进行平滑检测，结果如图 5.10 所示。在陨落前（－）40 天至 23 天，平滑值与 TLE 半长轴差异在 20 m 之内，说明这期间飞行器高度衰减变化稳定，TLE 根数精度较高。－22 天至陨落，平滑值与 TLE 半长轴差异逐渐增大，陨落前两天的差值甚至超过 200 m，初步判断可能是以下原因造成的：一是 -15~ -14 天有地磁扰动；二是飞行器姿态不稳定导致迎风面积变化；三是 200 km 以下大气密度更加复杂多变；四是 TLE 根数本身的精度较差。前三个原因造成的差异不影响弹道系数解算，不需要剔除，只需剔除精度较差的 TLE 根数。经过二次判别，-3 天至陨落的 TLE 数据大部分不可用，因此后续轨道预报中 -2 天和 -1 天的弹道系数使用 -3 天的结果。

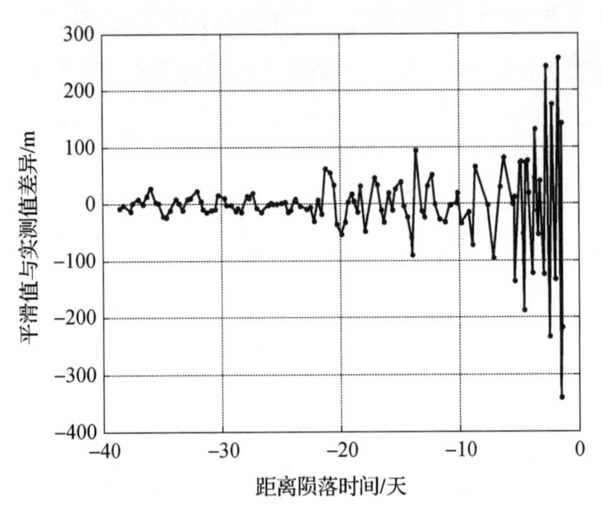


**图 5.10 “天宫一号”TLE 半长轴平滑检测结果**

基于 2 天间隔的 TLE 根数构建观测量 $\Delta a_{\text{tle}}$，分别采用每 5 天、7 天和 10 天的观测弧段解算弹道系数，结果如图 5.11 所示，随着观测弧段的增长，弹道系数的变化趋势趋于平缓。MOE（2005）利用 Sentman 模型计算了 150~300 km 高度范围不同构型卫星的大气阻力系数，认为圆柱体卫星（与“天宫一号”构型较接近）的阻力系数在 2.3~2.7 变化，最大值是最小值的 1.17 倍。图 5.11 给出的类似高度范围的弹道系数（TLE -10d -2d）在 $4.7\times10^{-3}$ ~ $5.4\times10^{-3}$ 变化，最大值是最小值的 1.15 倍，变化幅度与 Sentman 模型计算结果接近，故后续采用 TLE -10d -2d 的解算策略计算“天宫一号”弹道系数。

使用两种方法基于美国空间监视网每日发布的“天宫一号”TLE 轨道根数对陨落时间进行预报。第一种方法：利用 SGP4 模型计算 TLE 根数历元时刻的卫星位置速度（$r$，$\dot{r}$），以此作为初始轨道，利用自主定轨软件做轨道预报，计算卫星高度降至 125 km 的时刻 $T_r$，预报过程中使用 64×64 阶重力场模型和 MSISE00 大气密度模型，空间环境参数太阳辐射流量 $F_{10.7}$ 和地磁指数 ap 使用陨落前 30 天的均值，弹道系数使用图 5. 11 中 5 天解算值；另外，利用 SGP4 模型和 TLE 根数进行轨道预报，计算卫星高度降至 125 km 的时刻 $T_r'$；最后，用上述两种方法逐日预报“天宫一号”陨落时间，得到图 5. 12。可以看出，利用该方法解算的弹道系数预报“天宫一号”陨落，最大误差 15 天，平均误差 7. 03 天，精度显著优于 SGP4 模型（最大误差 25 天，平均误差 15. 6 天）。

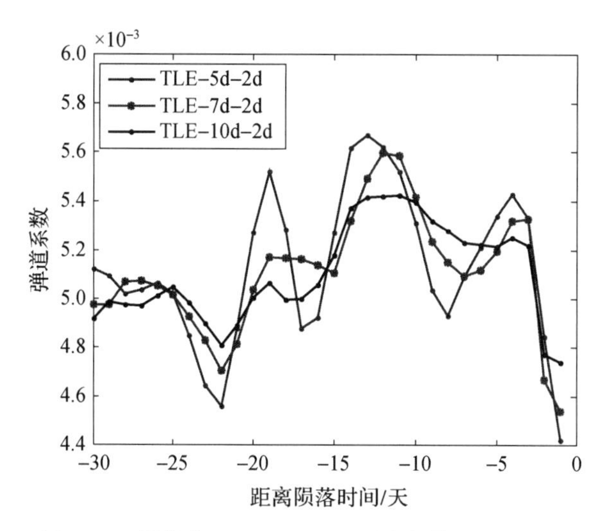


**图 5. 11　陨落前 30 天不同观测弧段解算的弹道系数**

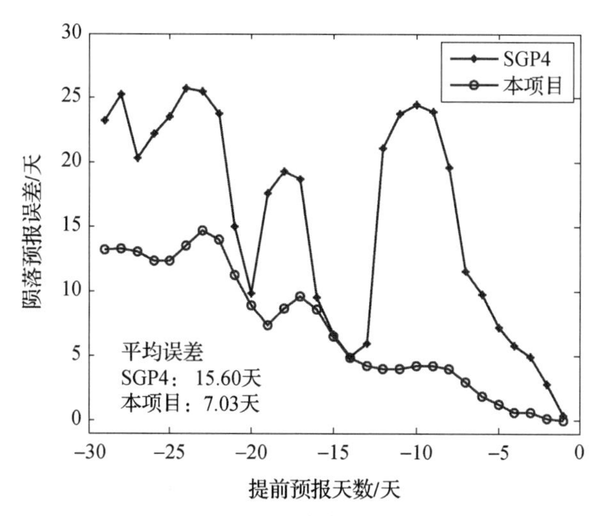


**图 5. 12　使用不同弹道系数的预报误差**

"天宫一号"陨落事件在国际上备受关注，世界主要航天大国都发布了各自预报的再入窗口，如图5.13所示。统计了俄罗斯国家航天集团、美国国家航空航天局、欧洲空间局、日本宇宙航空研究开发机构和印度空间研究组织 -4 ~ -1天发布的再入窗口，其中缺少美国（-3天）、欧洲（-2天）、俄罗斯（-1天）和日本（-1天）的数据。需要说明的是，在轨道预报中使用的太阳辐射流量 $F_{10.7}$ 和地磁指数 ap 是陨落前30天的实测平均值，因此可直接计算出航天器再入大气层（125 km）的时刻，而各国是基于 $F_{10.7}$ 和 ap 的一个变化范围做出的轨道预报，因此发布的再入窗口也是一个时间范围，为方便比较，取各国发布的时间窗口的中间值。从图5.13的统计结果可看出，该项目第 -4，-1天的预报精度最高，第 -3，-2天的预报精度处于中间水平，总的来看，该项目的陨落预报精度在各航天大国中处于领先水平，这说明弹道系数解算方法是正确可行的。

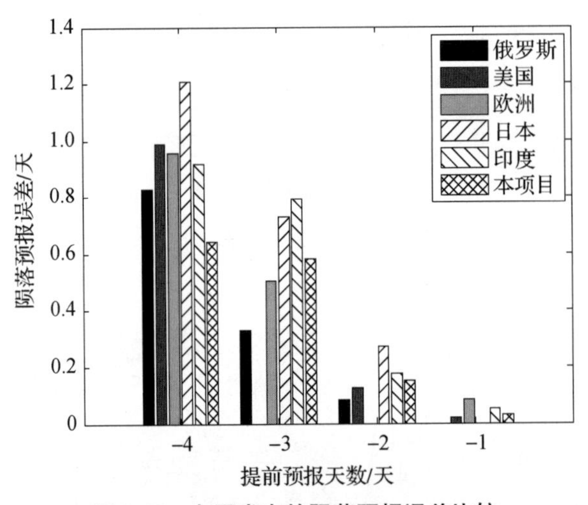


**图5.13 各国发布的陨落预报误差比较**

# 第6章

# 经验大气模式动态修正

鉴于经验大气模式的种种不足常常无法满足各类航天工程中的高精度需求，科学家们寻求采用动态改进的方法，通过最新观测数据对经验大气模式进行修正。通过模式动态修正一方面可以得到更为准确的经验模型和热层大气密度数据，为热层大气物理研究提供支持；另一方面可以用于提高航天器的定轨精度，有重要的应用价值。

## 6.1 基于轨道的大气模式动态修正

早在1990年代，Binebrink就针对低轨航天器的寿命预报，采用1982—1988年的历史数据，对Harris－Priester和Jacchia－Robert两个经验密度模式进行了太阳活动高年的尺度因子校正，并应用SME和SMM两颗卫星的半长轴平根数的衰减数据进行了验证。而真正航天工程应用意义上的热层大气经验密度模式动态修正的方法是1998年由位于马萨诸塞州汉斯科姆空军基地（Hanscom AFB）的美国空军研究实验室航天飞行器局的科学家Marcos提出的。他利用选定卫星的测轨数据，连续对5天弧段进行最小二乘轨道改进，得到吸收了绝大部分密度模式误差的弹道系数估计值 $B_i$，并将全部时段内得到的弹道系数 $B_i$ 进行加权平均作为真实的弹道系数 $B_{avg}$。而每个弧段估计得到的弹道系数与真实弹道系数的比值 $B_s=B_i/B_{avg}$ 反映了模式与真实阻力之间的差别，将 $B_s$ 作为对密度模式计算结果的修正因子，则密度修正可表示为 $\rho=B_s\rho$。采用该方法，选择1988—1989年间，在400～500 km高度的四颗卫星，利用LDEF卫星的测轨数据对J70模式进行修正，产生一个随时间变化的修正的全球密度场，并应用于其他三颗卫星（SolarMax、SME、SALYUT7）的轨道确定中，有效提高了轨道确定精度。此外，该修正方法还可提高短期轨道预报（3 h、6 h、24 h）精度15%~30%。国内的研究者也开展了相关研究工作，早在20世纪90年代，紫金山天文台吴连大研究员在DTM77模式的基础上，利用40多颗卫星的轨道演化资料和近14万组轨道数据，开展了大气密度模型动态标定的研究工作，建立了卫星轨道演化资料反演模型参数的条件方程，利用条件方程对模型中的某些参数进行求解，达到动态改进的目的，获得了与当时国际上最新模型（MSIS90）相当的精度。

低轨卫星轨道受大气阻力摄动发生变化，这使得卫星轨道成为大气密度探测的天然仪器，利用卫星轨道对大气密度模式修正的思想源于精密定轨过程中对动力学参数解算的方法。低轨卫星数量多、覆盖广，随着星载GNSS接收机的广泛应用，轨道测量精度达到厘米级，数据获取相对于测量而言，也更容易做到及时获取。因此，利用卫星轨道可以及时获取高精度、覆盖良好的探测数据源，这是基于轨道数据开展动态修正的优势。

模式动态修正主要有两种方式：一种是对模式计算的结果进行动态修正，该种修正方式往往基于大量实测数据的统计规律，在工程实践中具有一定的可行性；另一种是对模式本身进行修正，涉及模式的构建方式、模式中的参数选择。下面对一些常用的误差修正方法进行介绍。

### 6.1.1 基于尺度因子方法的模式修正

#### 6.1.1.1 修正原理

20世纪90年代末期，Nazarenko、Cefola和Yurasov等通过对观测大气密度和模式大气密度之比的分析，发现了经验密度模式误差与近地点高度之间存在线性变化的关系，如图6.1所示。

假设，对于第 $i$ 颗卫星，在第 $j$ 个区间段内，构造经验密度模式相对误差关于近地点高度的线性模型：

$$\frac{\delta\rho}{\rho_m}(h_{ij}) = \left(\frac{B_{ij}}{B_i}\right) - 1 = b_{1j}f_1(h_{ij}) + b_{2j}f_2(h_{ij}) + \Delta_{ij} \tag{6-1}$$

其中，

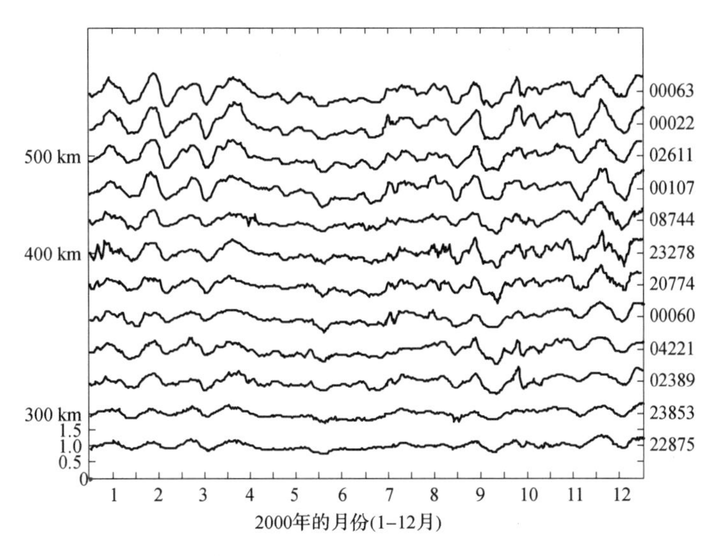


**图 6.1 不同轨道高度大气密度观测值与模式值之比随时间的变化**

$$f_1(h_{ij})=1,\ f_2(h_{ij})=(h_{ij}-400)/200 \tag{6-2}$$

$\Delta_{ij}$为模型残差；$b_{1j}$、$b_{2j}$为线性误差模型的待定系数，其物理意义是：$b_{1j}$表示在参考高度（400 km）的密度模式误差，$b_{2j}$表示在参考高度正负 200 km 范围内密度模式误差的相对变化。假设待定系数在第 $j$ 个时间段内为常数，利用最小二乘法求解待定系数。

$$\boldsymbol{b}_j=(\boldsymbol{F}_j^{\mathrm{T}}\boldsymbol{P}_j\boldsymbol{F}_j)^{-1}\boldsymbol{F}_j^{\mathrm{T}}\boldsymbol{P}_j\boldsymbol{a}_j \tag{6-3}$$

其中，

$$\boldsymbol{b}_j=\begin{bmatrix} b_{1j} \\ b_{2j} \end{bmatrix},\ \boldsymbol{F}_j=\begin{bmatrix} f_1(h_{1j}) f_2(h_{1j}) \\ \vdots \quad \vdots \\ f_1(h_{ij}) f_2(h_{ij}) \end{bmatrix} \tag{6-4}$$

$$\boldsymbol{a}_j=\begin{bmatrix} \left(\dfrac{B_{1j}}{\bar{B}_1}\right)-1 \\ \vdots \\ \left(\dfrac{B_{ij}}{\bar{B}_i}\right)-1 \end{bmatrix},\ \boldsymbol{P}_j=\begin{bmatrix} \dfrac{1}{\bar{\sigma}_1^2} & & \\ & \ddots & \\ & & \dfrac{1}{\bar{\sigma}_i^2} \end{bmatrix} \tag{6-5}$$

如上式所示，在区间段内弹道的真实值 $B_i$ 使用全部时段内反演弹道系数的平均值 $\bar{B}_i$ 代替，由于反演过程中引入了经验密度模式的误差，使 $\bar{B}_i$ 与真实值

$B_i$ 存在偏差。为了消除这种偏差，可以采用迭代的方式对 $\bar{B}_i$ 进行修正。具体可以采用如下方案：

首先，采用平滑、拟合等手段对 TLE 数据进行筛选：①利用三次样条插值对每个目标的平运动角速度（$N_m$）进行拟合，如图 6.2 所示，实线表示观测值，虚线表示拟合值；②观测值相比拟合值的残差求标准偏差（$\sigma_{res}$），利用 5 倍标准偏差门限剔除野值（如目标 18912）；③依次将每个观测值与 3 天后的首个观测值做差，如果差值大于 0 说明 $N_m$ 单调递增，反之单调递减。定义单调比（M3）为单调递增观测值与所有观测值之比，为消除轨道机动、观测误差等不确定因素的影响，单调比小于 75% 的目标将被剔除（如目标 02682）；④定义阻尼噪声比（DNR）为整个时间段内 $N_m$ 拟合值的改变量 $\Delta N_{fit}$ 与标准偏差 $\sigma_{res}$ 之比，阻尼噪声比偏小说明阻尼引起的 $N_m$ 值变化不足以掩盖噪声，因此 DNR 较小的目标将被剔除（如目标 25544）。

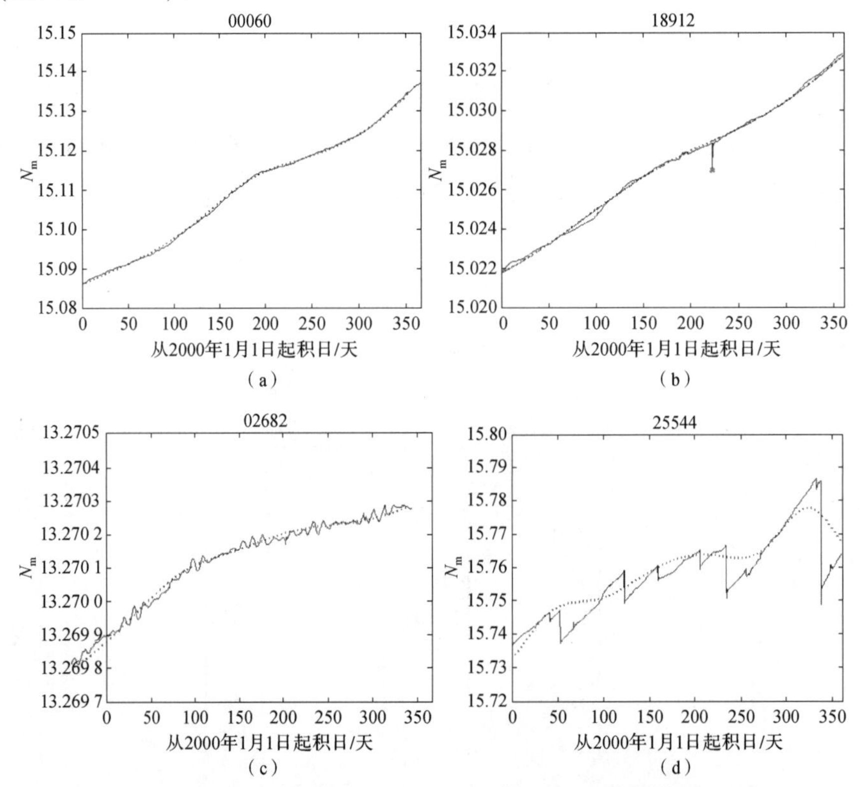


**图 6.2 空间目标筛选规则样例（实线表示观测值，虚线表示拟合值）**

（a）（M3 = 100%，DNR = 185.6）；（b）（M3 = 98.5%，DNR = 159.2）；

（c）（M3 = 66.2%，DNR = 48.5）；（d）（M3 = 91.9%，DNR = 6.8）

其次，根据空气动力学特性将选取的空间目标分为两类：一类是具有规则外形、弹道系数基本保持不变的标准目标；另一类为外形不规则、弹道系数变化的非标准目标。定义标准目标和非标准目标的质量因子如式（6-6）。

$$Q_s = \frac{\sum_{j \in N_s} \Delta_{sj}}{|N_s|},\ Q_n = \frac{\sum_{j \in N_n} \Delta_{nj}}{|N_n|} \tag{6-6}$$

s 表示标准卫星（standard），$N_s$ 则是标准目标落在各个区间内总和，n 表示非标准卫星（non - standard），$N_n$ 则是非标准目标落在各个区间内总和。本质上，$Q_s$ 和 $Q_n$ 为模型误差 $\Delta$ 的数学期望。定义标准目标的修正因子如式（6-7）。

$$\xi \approx 1 + \frac{Q_s \cdot |N_s|}{\sum_{j \in N_s} \left[ 1 + \sum_{q=1}^{2} b_{qj} f_q(h_{sj}) \right]} \tag{6-7}$$

由于标准目标的真实弹道系数可以用物理模型计算，$\xi$ 的值反映了经验密度模式系统性的偏差，因此可以用 $\xi$ 对 $\bar{B}_n$ 进行系统误差修正，使其更接近真实值。

$$(\bar{B}_n)_{new} = \frac{(\bar{B}_n)_{old}}{\xi} \tag{6-8}$$

对于非标准目标而言，受其外形和轨道高度各自影响，光对 $\bar{B}_n$ 进行系统误差修正还不够，还需要每颗非标准目标的随机误差进行修正。与 $\xi$ 的定义方式类似，对于每个非标准目标定义修正因子如式（6-9）。

$$\psi_n \approx 1 + \frac{Q_n \cdot |N_n|}{\sum_{j \in N_n} \left[ 1 + \sum_{q=1}^{2} b_{qj} f_q(h_{nj}) \right]} (n = 1, 2, \cdots) \tag{6-9}$$

利用 $\psi_n$ 分别对相应 $\bar{B}_n$ 行进随机误差修正。

$$(\bar{B}_n)_{new} = \psi_n \cdot (\bar{B}_n)_{old}$$

由于每颗非标准目标在不同批处理区间内的线性误差模型残差是相互独立的，且满足正态分布，因此权重矩阵可由式（6-10）确定。

$$\bar{\sigma}_i^2 = \frac{\sum_{j \in N_i} \Delta_{ij}^2}{|N_i|} \tag{6-10}$$

最后，将权重系数和修正后的弹道系数$(\bar{B}_{\mathrm{n}})_{\mathrm{new}}$代入下一次迭代过程，重新求解待定系数和修正因子。当修正因子$\xi$和$\psi_{\mathrm{n}}$趋近于1时，$b_{1j}$、$b_{2j}$趋近于真实值，迭代收敛，即可利用所确定的线性模型补偿经验密度模式。上述迭代修正过程的流程如图6.3所示。

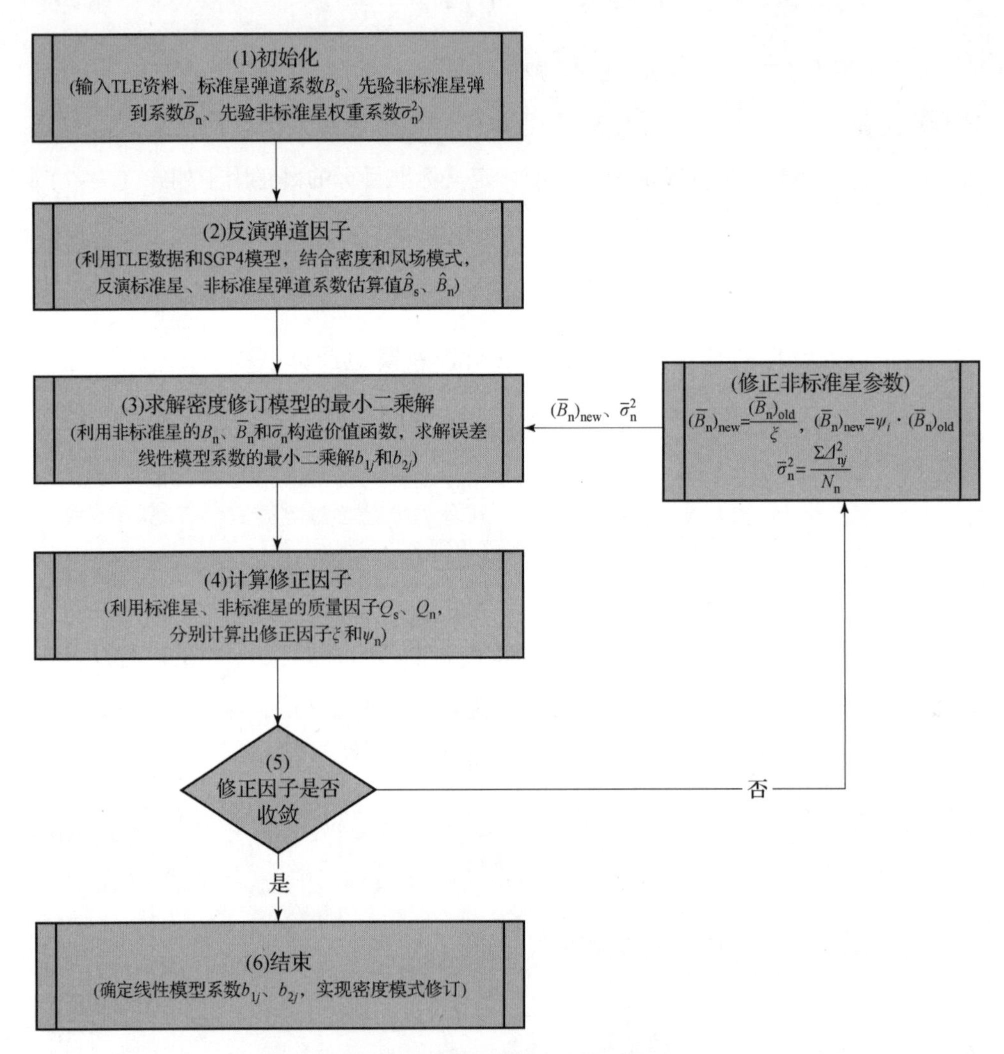


**图6.3 尺度因子修正方法流程图**

### 6.1.2.2 修正结果分析

本书在空间编目数据库中，选取了2001年10月到2003年2月期间在轨运行的、近地点高度在200~600 km范围内的近700颗空间目标，并以其中的一颗球形卫星（Starshine－3）作为标准目标，利用上面介绍的修正方法对 NRLMSISE00 模式进行了修正。关于标准目标阻尼系数的确定，Pilinski 给出了各个高度上 Starshine－3 卫星的物理阻尼系数计算结果。结合平均横截面积（0.701 $m^2$）和质量（90.04 kg），本书采用了线性插值的方法，对每个批处理区间内标准目标的“真实”弹道系数进行了估计。

图 6.4 给出了前 3 个研究周期内（2001 年 10—12 月）线性误差模型系数的估计结果。可以看出，$b_1$ 和 $b_2$ 的总体变化趋势一致，但 $b_1$ 随时间的变化很平缓，$b_2$ 的小时间尺度振荡较为明显。将 $b_1$、$b_2$ 代入线性误差模型，得到不同高度上 NRLMSISE00 模式的相对误差 $\delta\rho/\rho_m$。如图 6.5 图所示，经验密度模式的相对误差 $\delta\rho/\rho_m$ 变化趋势与 $b_1$、$b_2$ 相符合，且随着高度的增加而略有增加。这与前文大气密度相对修正量的分析结果相一致，说明经验密度模式的误差确实存在这种随着高度线性变化的性质。

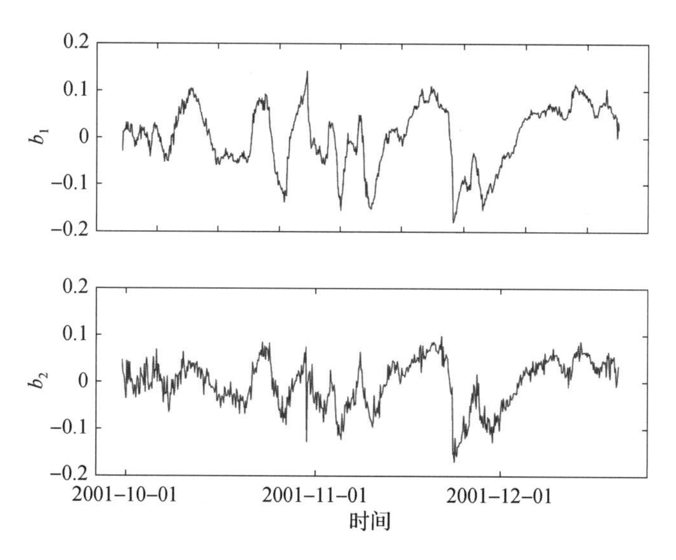


**图 6.4　线性误差模型系数随时间的变化**

为进一步检验密度模式的修正效果，利用修正后的经验密度模式重新反演目标的弹道系数，对比修正前后反演弹道系数与“真实”弹道系数之比 $B/B_{\mathrm{true}}$ 的变化，如图 6.6 所示。本文选取了轨道高度在 200 ~ 500 km 的 9 颗空间目标，编号分别为 22879、22781、19824、22875、23853、23878、08745、00060、02611。

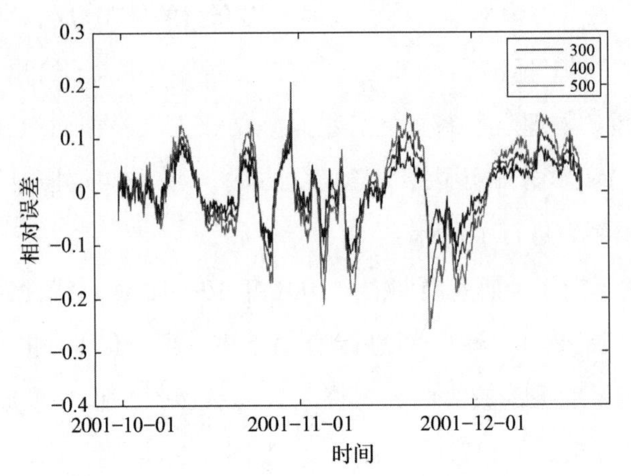


**图 6.5 不同高度上 NRLMSIE00 模式误差随时间的变化（附彩图）**

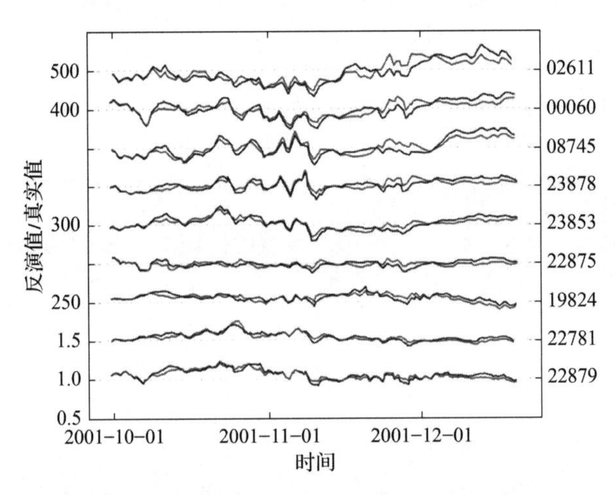


**图 6.6 多颗目标模式修正前后弹道系数反演值和真实值之比（附彩图）**

（深色：修正前；浅色：修正后）

表 6－1 给出了上图所给目标的相对误差在修正前后的统计结果。可以看出，利用尺度因子方法修正后，基于 NRLMSISE00 模式反演的弹道系数 $B$ 更趋于“真实”值，$B/B_{\mathrm{true}}$ 的标准偏差均有不同程度的提高，相比修正前更加接近收敛于 1，表明对 NRLMSISE00 模式的修正有效地减小了反演弹道系数中的误差。

**表 6－1 尺度因子方法修正前后模式相对误差**

| 编号 | 修正前相对误差 | 修正后相对误差 | 修正前后误差比 |
|---|---|---|---|
| 02611 | 15.64% | 13.07% | 1.20 |

续表

| 编号 | 修正前相对误差 | 修正后相对误差 | 修正前后误差比 |
|---|---|---|---|
| 00060 | 11.40% | 8.86% | 1.29 |
| 08745 | 12.08% | 9.57% | 1.26 |
| 23878 | 6.99% | 5.57% | 1.25 |
| 23853 | 8.44% | 6.65% | 1.27 |
| 22875 | 4.17% | 3.29% | 1.27 |
| 19824 | 4.81% | 5.08% | 0.95 |
| 22781 | 5.65% | 6.04% | 0.94 |
| 22879 | 6.23% | 5.82% | 1.07 |
| 26929 | 13.79% | 10.65% | 1.30 |

奥本大学的 Walker 和麻省理工学院的 Bergstrom 进行了相关的研究工作，麻省理工学院林肯实验室和俄罗斯空间研究中心分别针对 GOST 模式和 NRLMSISE00 模式开展了大量工作，修正前后弹道系数的标准偏差如图 6.7 所示。

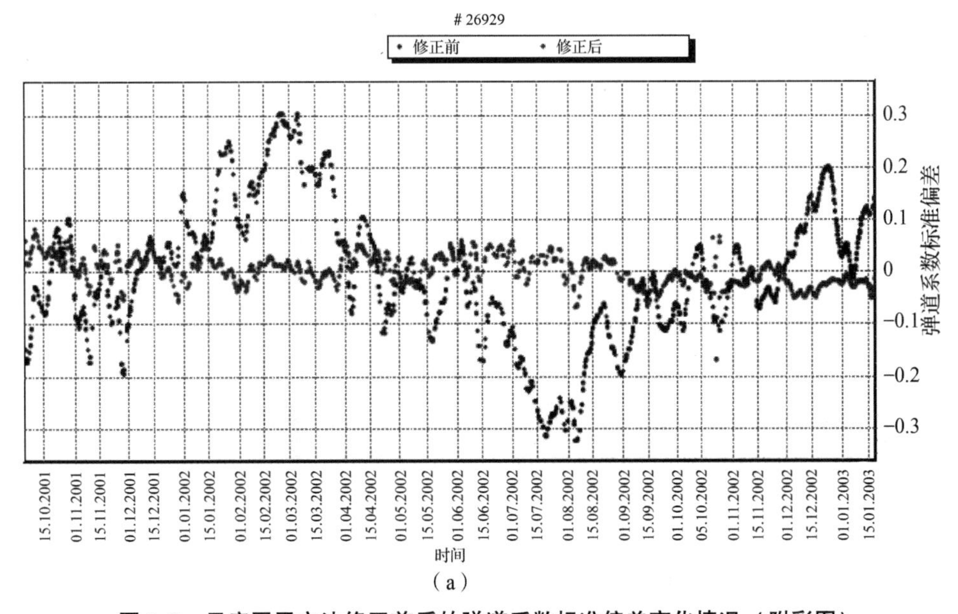


(a)

**图 6.7　尺度因子方法修正前后的弹道系数标准偏差变化情况（附彩图）**

(a) GOST 模式

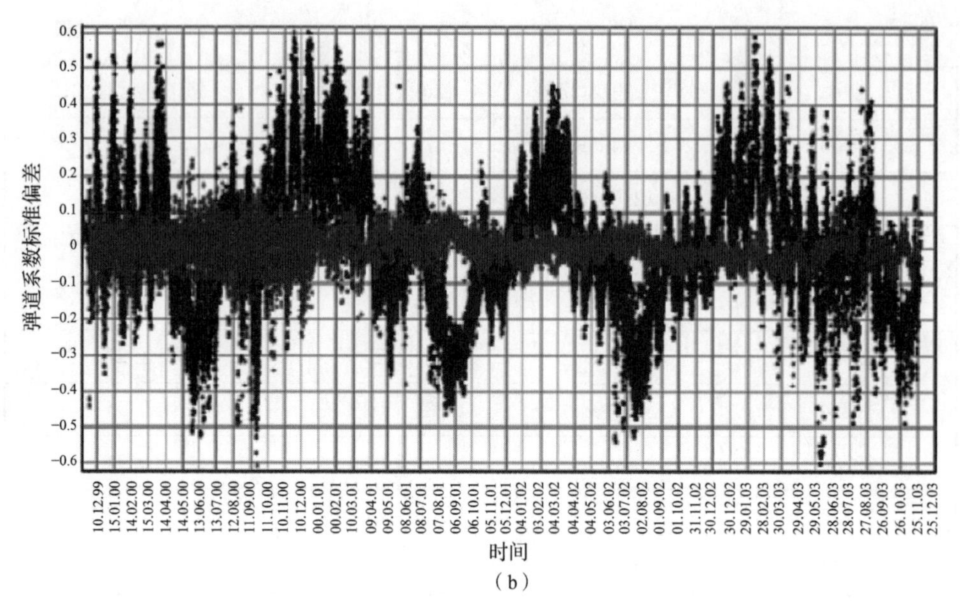

(b)

**图 6.7 尺度因子方法修正前后的弹道系数标准偏差变化情况（续）（附彩图）**

(b) NRLMSISE00 模式

Doornbos 对该方法进行了改进，把随高度线性变化的尺度因子展开为纬度和经度的球谐函数形式，分别估计不同高度尺度因子的球谐函数展开系数。图 6.8 给出了对不同经验密度模式修正前后的均方根误差比较。

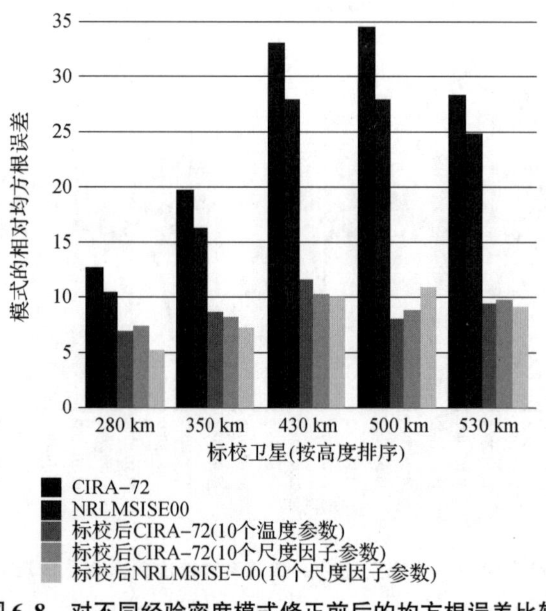


**图 6.8 对不同经验密度模式修正前后的均方根误差比较**

### 6.1.2　基于模式参数的动态修正

与上述方法利用测量数据估计经验密度模式的修正因子不同，第二种思路着重于对经验密度模式的相关参数进行动态修正，该方法的典型代表是美国空军空间作战实验室倡导的“高精度卫星阻力模型”（HASDM）研究计划，其目的是满足美国空军太空司令部对空间目标监测网观测的空间目标轨道预报的精度要求。

该项研究计划共分为两个阶段，第一阶段被称为“动力标定大气”（dynamic calibration atmosphere），利用一系列定标卫星的跟踪测轨数据，近实时地确定 J70 模式全球温度场的修正系数。修正量采用温度参数的球谐函数展开系数形式，以提高模式修正的空间分辨率。此外，通过 DCA 方法得到的修正系数，利用时间序列滤波器，并考虑修正系数与空间环境参数的相关性，可以获得修正系数 3 天的预报值。实测数据测试表明，经过 DCA 处理后模式计算结果的平均误差能显著降低。Casali 和 Barker 的研究结果表明，HASDM 能够使定轨精度平均提高 32%，预报 1 天预报精度平均提高 25%。Casali 等又将定标卫星由 80 颗增加至 144 颗，温度参数球谐函数展开的阶数增加至 4 阶，也取得了不错的效果。

作为 HASDM 计划的第二阶段，“蓝宝石龙”（Sapphire Dragon）工程旨在重点改善模式的预报能力，采用的方式主要是增加定标星的数量，以及各种空间天气指数的综合应用，目前相关进展情况和效果还鲜见报道。

低轨卫星除大气阻力以外的其他受力模型，如地球重力场、日月引力和太阳光压等都已进行了高精度建模，因此通过对多颗卫星轨道的测量，可以在定轨过程中解算卫星受到的真实大气阻力，进而对大气密度模式的关键参数进行修正，提高大气密度模式的短期预报精度。以常用经验大气模式作为基础模式，选择影响大气密度的且相对独立的关键温度参数，建立轨道观测数据与关键温度参数的数学关系，通过多星联合定轨每 3 ~ 18 h 解算一组温度参数修正量。将温度参数修正量展开为纬度、地方时和地磁指数的球谐函数，对球谐函数的系数每 3 ~ 18 h 进行估计，实现对不同地磁活动条件下的全球范围密度修正。

本节以发展较成熟的 HASDM 为例，介绍基于卫星轨道动态修正大气模式的关键技术和评估效果。

#### 6.1.2.1 HASDM 的关键技术

1. 弹道系数确定技术

由大气阻力加速度公式可知，弹道系数 $B$ 与大气密度完全耦合，共同影响大气阻力，因此，在对大气模式修正过程中，必须首先确定标校星弹道系数真值，其定义为 $B = C_D A/M$，$C_D$ 是大气阻力系数，$A$ 是卫星的迎风面积，$M$ 是卫星质量。阻力系数与大气成分和卫星形状尺寸有关（Afonso，1985）。通常，对于大致球形的物体，当大气主要成分为原子氧时，$C_D$ 约为 2.2；主要成分为氦时，$C_D$ 约为 2.8；当氢成为主要成分时，$C_D$ 大于 4.0。当卫星高度或太阳活动变化时，卫星所处大气环境的成分会随之发生较大变化，因此，阻力系数和面质比的乘积 $B$ 值在较大的高度范围内变化多达 80%。

轨道确定过程中弹道系数经常作为未知参数进行估算，记作 $B_m$，如式（6-11）定义，其中，$B$ 表示真实弹道系数，$\rho$ 表示真实大气密度，$\rho_m$ 表示模式计算的大气密度。可见，估算的 $B_m$ 不仅包含了 $C_D$ 和卫星面质比的误差，还包含了大气密度模型的误差。

$$B_m = B\left(\frac{\int_0^{\Delta t}\rho v^3\,\mathrm{d}t}{\int_0^{\Delta t}\rho_m v^3\,\mathrm{d}t}\right) \tag{6-11}$$

HASDM 需要获得校准卫星的真实弹道系数 $B$，否则，无法将未建模的密度误差与 $B_m$ 值的波动分开。为此，使用卫星跟踪数据，对 1970—2001 年期间的长期在轨的 40 多颗卫星（不一定是校准卫星）的弹道系数进行了分析。对每颗卫星每 3 天计算一个弹道系数 $B_m$，约得到 3 200 个 $B_m$，对所有 $B_m$ 求平均值，认为是该卫星的真实弹道系数 $B'$。通过这种方法建立不同轨道高度，不同卫星形状、尺寸的弹道系数库，从弹道系数库中寻找条件类似的目标，从而确定校准卫星的弹道系数初值。

下面用两种方式验证 $B'$ 的可靠性。第一种验证方法是比较轨道高度尺寸、形状和质量非常相似的成对目标的 $B'$，表 6-2 列出了三对目标及相应的 $B'$。前两对是上级火箭体，每一对都在同一年内将卫星发射到几乎相同的轨道，它们都是固体燃料火箭，会一直燃烧到所有燃料都用完，所以面质比是相同的，这两对目标的 $B'$ 相差不到 1%，对于轨道高度更为接近的第二对目标，$B'$ 几乎相等。第三对是 Elektron 1 和 3 卫星，发射时间间隔不超过 6 h，轨道高度近似，尽管这些卫星的形状很复杂，但 $B'$ 差异依然在 0.2% 以内。

**表 6－2　相似卫星的 $B'$ 比较**

| 序号 | NORAD | 近地点高度/km | 轨道倾角/(°) | $B'$ | $B'$ 差异 |
|---|---|---|---|---|---|
| 第一对 | 165 | 740 | 47.9 | 0.051 13 | 0.9% |
| | 229 | 700 | 48.2 | 0.051 57 | |
| 第二对 | 1583 | 649 | 98.6 | 0.045 13 | 0.0% |
| | 2129 | 634 | 98.6 | 0.045 12 | |
| 第三对 | 746 | 395 | 60.8 | 0.016 03 | 0.2% |
| | 829 | 405 | 60.8 | 0.016 00 | |

第二种验证方法是比较面质比已知的球形卫星的 $B'$ 值与理论模型计算值的差异，选择球形卫星是为了降低面质比误差对弹道系数的影响。根据（Cook，1965；Moe，1996；Pardini，1999）提出的大气阻力系数 $C_D$ 的理论计算公式，结合卫星尺寸、质量信息，计算了近地点高度分别为 560 km 和 280 km 的 Vanguard 2 和 AE－B 卫星的弹道系数，其值分别为 0.048 99 和 0.005 91，相对于平均法估算的 $B'$ 值 0.049 04 和 0.005 92，误差仅为 0.1% 和 0.2%。

图 6.10 显示了近地点高度 400 km 左右的 5 颗卫星 $B_m$ 年均值与 $B'$ 的差异变化，即 $\dfrac{\left(\dfrac{1}{365}\sum\limits_{i=1}^{365} B_{mi}\right)-B'}{B'}=\dfrac{\Delta B}{B'}$，同时还给出了 90 天平均太阳辐射通量 $F_{10.7}$ 指数的变化。这张图表明，不同卫星的 $B_m$ 年均值与 $B'$ 差异具有显著的一致性，这个特征对于建立我国自主大气动态修正模型有很大的启示作用。由于我国在轨卫星数目、在轨时间和卫星监测数据与美国相比还有较大不足，因此，尚不具备大批量卫星几十年的跟踪数据来解算弹道系数真值 $B'$。但可以把 $B_m$ 的年均值视为 $B'$，虽然在某些年份 $B_m$ 年均值与 $B'$ 差异较大，但由于所有卫星的差异比较接近，可以通过大气密度校正系数的零阶项来解算。

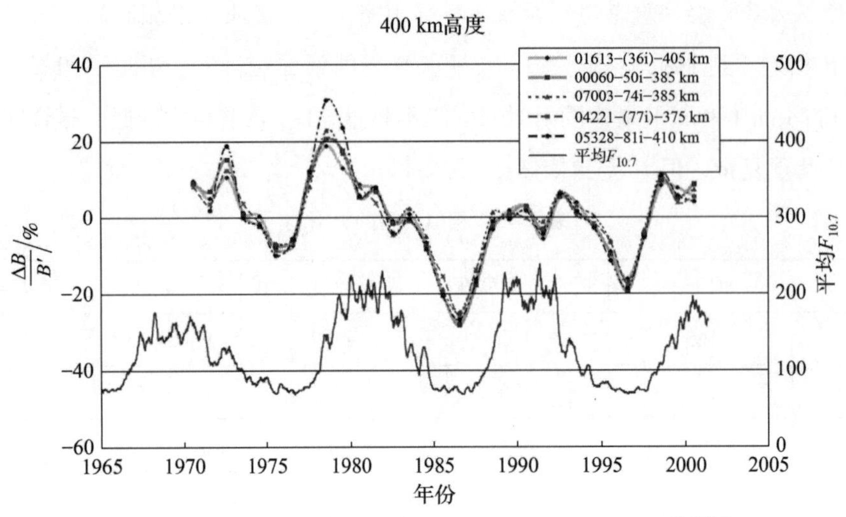


**图 6.10 弹道系数的年均值变化（Bowman，2003）（附彩图）**

2. 大气密度动态校正技术

动态校准大气技术（dynamic calibration atmosphere，DCA）代表了 HASDM 计划的第一阶段成果。DCA 使用一组校准卫星的跟踪数据近实时地修正 JACCHIA70 密度模型逃逸层温度 $T_c$ 和125 km 拐点温度 $T_x$。通过将校正参数展开为纬度、地方时的球谐函数实现对全球温度场的修正，利用最小二乘法对球谐函数系数进行估计。修正量 $\Delta T_c$ 和 $\Delta T_x$ 可以表示为式（6－12），$\mathrm{P}_n^m(\varphi)$为正交归一化 $n \times m$ 阶连带勒让德多项式，$C_{nm}$和 $S_{nm}$为球谐函数的谐系数，$\varphi$，$\lambda$ 分别为参考点的地理纬度和地方时。

$$\Delta T_c(\varphi,\lambda) = \sum_{n=0}^{N}\sum_{m=0}^{n}\left[C_{nm}\mathrm{P}_n^m(\varphi)\cos(m\lambda) + S_{nm}\mathrm{P}_n^m(\varphi)\sin(m\lambda)\right] \tag{6-12}$$

$$\Delta T_x(\varphi,\lambda) = \sum_{n=0}^{N}\sum_{m=0}^{n}\left[C_{nm}\mathrm{P}_n^m(\varphi)\cos(m\lambda) + S_{nm}\mathrm{P}_n^m(\varphi)\sin(m\lambda)\right] \tag{6-13}$$

待估参数为 $\boldsymbol{X}^{\mathrm{T}} = [\boldsymbol{X}_1^{\mathrm{T}} \quad \boldsymbol{X}_2^{\mathrm{T}} \quad \cdots \quad \boldsymbol{X}_N^{\mathrm{T}} \quad \boldsymbol{X}_D^{\mathrm{T}}]$，其中 $\boldsymbol{X}_i^{\mathrm{T}}(i=1\sim N)$表示第 $i$ 个卫星的待估位置、速度，$\boldsymbol{X}_D^{\mathrm{T}}$ 为待估算的温度修正场球谐系数。构建利用轨道观测数据解算大气参数的条件方程，如式（6－14）。其中，$\boldsymbol{A}$ 表示卫星位置速度对观测量的偏导数，$\boldsymbol{D}$ 表示密度对观测量的偏导数矩阵，$\boldsymbol{W}$ 表示观测量的权重矩

阵，$b$ 表示残差。

$$\begin{bmatrix} (\boldsymbol{A}^{\mathrm{T}}\boldsymbol{W}\boldsymbol{A})_1 & 0 & 0 & \cdots & (\boldsymbol{A}^{\mathrm{T}}\boldsymbol{W}\boldsymbol{D})_1 \\ 0 & (\boldsymbol{A}^{\mathrm{T}}\boldsymbol{W}\boldsymbol{A})_2 & 0 & \cdots & (\boldsymbol{A}^{\mathrm{T}}\boldsymbol{W}\boldsymbol{D})_2 \\ 0 & 0 & \ddots & \vdots & \vdots \\ \vdots & \vdots & \cdots & (\boldsymbol{A}^{\mathrm{T}}\boldsymbol{W}\boldsymbol{A})_N & (\boldsymbol{A}^{\mathrm{T}}\boldsymbol{W}\boldsymbol{D})_N \\ (\boldsymbol{D}^{\mathrm{T}}\boldsymbol{W}\boldsymbol{A})_1 & (\boldsymbol{D}^{\mathrm{T}}\boldsymbol{W}\boldsymbol{A})_2 & \cdots & (\boldsymbol{D}^{\mathrm{T}}\boldsymbol{W}\boldsymbol{A})_N & (\boldsymbol{D}^{\mathrm{T}}\boldsymbol{W}\boldsymbol{D})_{\Sigma} \end{bmatrix} \Delta\boldsymbol{X} = \begin{bmatrix} (\boldsymbol{A}^{\mathrm{T}}\boldsymbol{W}b)_1 \\ (\boldsymbol{A}^{\mathrm{T}}\boldsymbol{W}b)_2 \\ \vdots \\ (\boldsymbol{A}^{\mathrm{T}}\boldsymbol{W}b)_N \\ (\boldsymbol{A}^{\mathrm{T}}\boldsymbol{W}b)_{\Sigma} \end{bmatrix} \tag{6-14}$$

根据链式求导法则，偏导数矩阵 $\boldsymbol{D}$ 可分解为密度对 $T_c$ 的偏导，密度对 $T_x$ 的偏导以及温度对球谐系数的偏导来求解，求解方法可参考 6.2.3。

由于轨道观测数据是有限的，无法估算无穷高阶球谐系数，所以，根据轨道观测数据的时空分辨率和精度，需要确定球谐函数的阶数和度数，以及对每类系数的分段解算策略，这是 DCA 技术中的关键问题。HASDM 首批测试计划选择了 60 颗校准卫星，选星原则综合考虑了迎风面积稳定性以及轨道高度、倾角和升交点赤经的覆盖性，所有标校卫星都获得了空间目标监测网的加密观测。下面针对这批校准卫星的跟踪情况对 DCA 解算策略进行分析阐述。

DCA 校正 JACCHIA70 模型温度剖面中低海拔和高海拔处的两个参数 $T_x$ 和 $T_c$，从而产生独特的密度剖面。300 km 以下的大气密度变化主要是通过校正 $T_x$ 的修正系数集来捕获的，而 300 km 以上的大气密度变化主要是依赖 $T_c$ 的修正系数集捕获的。由于 300 km 以下的长寿命卫星轨道资料相对稀缺，只有 10 颗卫星可用，因此，$T_x$ 的修正球谐函数设定为 1 × 1 阶，即需要解算 $C_{00}$、$C_{10}$、$C_{11}$ 和 $S_{11}$ 4 个参数。对于 $T_c$，普遍认为至少应使用 2 × 2 的修正场来调整 JACCHIA70 模型中已经存在的强昼夜分量，如果将每颗卫星及其轨道跟踪数据集视为一个可观测的温度场，那么 60 颗卫星构成的星座完全具备解算 2 阶温度场的能力。3 × 3 阶的温度场理论上能够描述更精细的温度变化结构，HASDM 测试期间对 2 × 2 阶和 3 × 3 阶 $T_c$ 温度修正场分别进行了评估。在定轨残差 RMS 方面，两种解决方案都对轨道跟踪数据产生了相同的高质量拟合，然而，3 × 3 阶的温度系数不确定性普遍较高，解的鲁棒性较差，对标定卫星的可扩展性也较差。因此，$T_c$ 的修正球谐函数设定为 2 × 2 阶，待解参数 9 个。

由于密度校正的分辨率明显大于实现状态解所需的观测数据弧段，因此在估算修正参数时采用了“分段”估算的方法。根据定轨的经验，观测弧段设置为1.5~3天，过长的观测弧长会导致动力学模型误差的过度积累。通过评估拟合的加权定轨残差RMS和待估温度参数的协方差，确定温度修正参数的分段策略为：每3 h求解零阶$T_c$温度系数；每18 h求解高阶$T_c$温度系数；每18 h求解一个零阶$T_x$温度场。

3. 密度预报

利用解算的最近一段时间的温度场校正参数$\Delta T_c$和$\Delta T_x$预报未来3天大气密度，一般取一个太阳自转周期27天的温度场校正参数作为预报基准。假设定轨弧段为3天，将会得到9组温度场修正参数$\Delta T_{c1}$、$\Delta T_{c2}\cdots\Delta T_{c9}$和$\Delta T_{x1}$、$\Delta T_{x2}\cdots\Delta T_{x9}$，由于采用了分段解算策略，每组$\Delta T_{ci}$包含24个$C_{00}$，$C_{10}$，$C_{20}$，4个$C_{11}$，$C_{21}$，$C_{22}$，$S_{11}$，$S_{21}$，$S_{22}$，每组$\Delta T_{xi}$包括4个$C_{00}$，$C_{10}$，$C_{11}$，$S_{11}$。所有的校正参数都以时间为自变量，通过时间序列与太阳辐射指数$F_{10.7}$和地磁活动指数kp建立关联，因此，上述校正参数的变化可视为与$F_{10.7}$和kp指数相关。

使用预测滤波器对温度场校正参数进行短期预报。首先，将这些参数与辐射指数$F_{10.7}$和地磁指数kp的时间序列相关联；其次，对校正参数的频率、相位和幅度进行离散傅里叶变换以及离散小波变换来提取信号的瞬态部分；然后，分析校正参数在过去27天的变化特征；最后，使用预测滤波器根据解算的最近27天的密度校正参数，预报的$F_{10.7}$和kp预测未来3天的校正参数，记为$C_{nm}^{\mathrm{p}}$和$S_{nm}^{\mathrm{p}}$，按式（6-12）、式（6-13）求$\Delta T_c^p$和$\Delta T_x^p$，把修正后$T_c$和$T_x$重新代入JACCHIA70模式，即可得到改进后的大气密度。

#### 6.1.2.2 HASDM的测试评估

从三个方面对HASDM的性能进行评估：一是测试温度修正场解算的准确性，二是测试HASDM对定轨和轨道预报方面的改进，三是比较HASDM与常用经验大气模式的差异。

1. 温度修正场的测试评估

第一阶段测试期为2001年1—6月，收集了75颗校准卫星和50颗评估卫星的观测数据。校准卫星的选择基于获得广泛覆盖的高度和轨道倾角，其分布如表

6 – 3 所示。这一阶段包含了对校准卫星真实弹道系数的验证，将球卫星的弹道系数值与基于其已知物理尺寸的理论值进行比较，并比较了具有非常相似的尺寸、形状和质量的成对卫星的弹道系数。

**表 6 – 3　HASDM 2001 年测试期间标校星轨道分布情况**

| 倾角/(°) \ 高度/km | 190 ~ 250 | 250 ~ 300 | 300 ~ 400 | 400 ~ 500 | 500 ~ 600 | 600 ~ 700 | 700 ~ 900 |
|---|---|---|---|---|---|---|---|
| 20 ~ 30 | 2 | 3 | 2 | 0 | 0 | 0 | 0 |
| 30 ~ 40 | 5 | 0 | 0 | 2 | 0 | 0 | 0 |
| 40 ~ 50 | 1 | 0 | 3 | 1 | 2 | 1 | 0 |
| 50 ~ 60 | 1 | 1 | 1 | 0 | 1 | 0 | 0 |
| 60 ~ 70 | 0 | 0 | 0 | 3 | 0 | 0 | 3 |
| 70 ~ 80 | 0 | 1 | 4 | 1 | 0 | 0 | 0 |
| 80 ~ 100 | 0 | 2 | 6 | 6 | 13 | 6 | 4 |
| 合计 | 9 | 7 | 16 | 13 | 16 | 7 | 7 |

在 6 个月的测试期间，温度修正场每 3 ~ 18 h 解算一次，该温度修正场随后用于 HASDM 热层密度修正模型，以重新在定轨过程中计算同时期校准卫星和评估卫星的 $B_m$ 值。如果温度修正系数正确，则 $B_m$ 值应在整个测试期间接近真实值 $B'$，因此，$\frac{B_m - B'}{B'}$的均方根可以等同于密度场的百分比误差，该指标被用来评估温度场修正的效果。图 6.11 显示了标校前后的百分比密度误差，这些值是每颗卫星 1 倍密度标准差的 6 个月平均值。在没有任何校正的情况下（三角形表示），密度误差随海拔升高从 8% 增加至 24%；校准卫星（菱形表示）显示出最好的结果，密度误差在整个高度范围内几乎恒定为 4%，这 4% 的误差可能是由于局部密度变化引起的，而低阶温度球谐函数无法捕捉到这些变化；评估卫星（正方形表示）的结果略差于校准卫星，密度误差从 6% 到 8% 不等。对于所有卫星来说，经过 HASDM 校正后密度误差都有所降低，同时也显示 HASDM 校正无法消除所有误差，这是温度修正场球谐函数高阶项被截断后无法避免的问题。

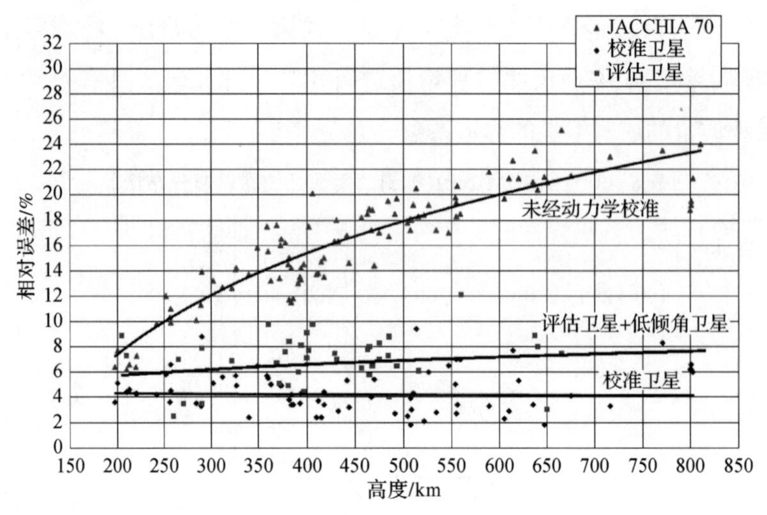


**图 6.11 标校前后密度误差（Bowman，2003）**

2. 定轨与轨道预报的测试评估

HASDM 的第二测试阶段是从 2002 年 8 月开始的为期 2 个月的测试期，测试目的是证明修正后的大气模式在轨道拟合和预测方面的改进。为便于描述大气阻力对不同卫星的影响程度，引入能量耗散率（EDR）的概念，定义如式（6－15）。

$$\dot{\varepsilon} = \frac{B}{2\Delta t}\int_0^{\Delta t}\rho V_{\text{rel}}(V_{\text{rel}} \cdot V_{\text{sat}})\,\mathrm{d}t \tag{6-15}$$

通过 40 颗评估卫星（不包括校准卫星）的轨道拟合误差来评估 DCA 提供的改进。根据分段解算的 $B_{\text{m}}$ 是否具有一致趋势，将它们分为两类：典型卫星和异常卫星。典型卫星的弹道系数变化趋势与校准卫星没有太大的不同，并且被认为代表了大部分低轨卫星的拖曳特征；异常卫星通常不遵循校准卫星所显示的明显的弹道系数变化趋势，其中一些卫星是因为它们的太阳能电池帆板或长天线存在较大的迎风面积变化，有意选择这类卫星用于评估，是为了验证由于迎风面积变化或局部密度异常条件下的 DCA 可用性。

为了完整起见，DCA 解算的温度修正场同时应用于校准卫星和评估卫星的定轨过程。通过已建立的参考精密轨道评估定轨历元精度，历元精度实际上包含了历元前后半个轨道圈次 $U$、$V$、$W$ 方向（径向、横向和法向）的轨道位置误差统计信息，如图 6.12 所示。为对比各种方法相对精度，$Y$ 轴被设置为 0～100″。对于校准卫星，使用 JACCHIA70、DCA 和 DCA＋SSB 的平均误差分别为 27、17

和10。对于典型卫星，相应的平均误差约为33、23和12，而对于异常卫星，平均误差分别是27、18和10。使用JACCHIA70模型的误差变化范围较大，而使用DCA和DCA+SSB的误差具有更好的稳定性。值得注意的是，DCA对61~63号卫星定轨精度没有改善，这是因为它们受大气阻力的影响较小。这些案例说明，EDR存在一个门限，低于该门限，DCA技术不会对定轨精度有明显改善。

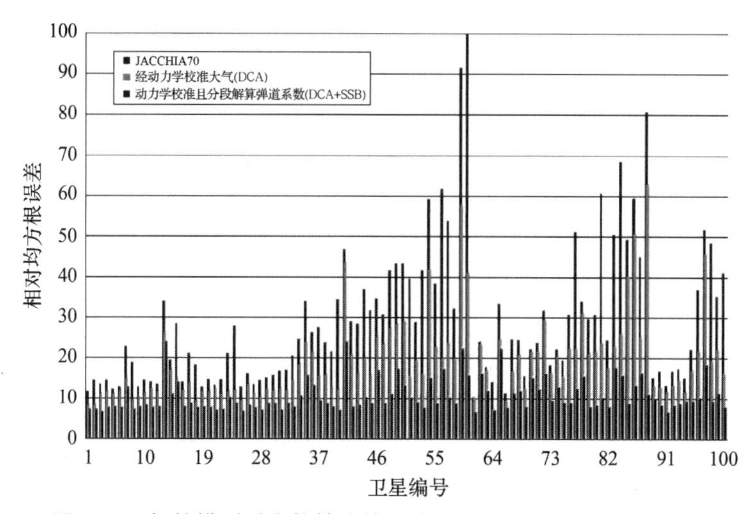


**图6.12 标校模型对定轨精度的影响（Casali，2002）（附彩图）**

### 6.1.2.3 HASDM模式与经验模式的比较评估

2020年，美国太空部队联合太空作战中心首次向授权用户发布了HASDM模型大气密度数据集（https://spacewx.com/hasdm/），温度修正系数并未发布。数据集时间跨度为2000—2019年，高度范围为175~825 km，时间分辨率为3 h，空间分辨率为10°×15°×25 km（纬度、经度和高度）。据称，该数据集的平均精度优于4%。开发者还指出，HASDM模式数据可以用作评估探测数据和模式结果的依据。图6.13给出了300 km、400 km和600 km典型高度上HASDM和MSISE00模式密度在2000—2019年期间月均值的比较，并以HASDM为基准计算了两者的平均差和标准差。MSISE00模式计算的密度值总体上偏小，在300 km、400 km和600 km高度上比HASDM平均小8.6%、6.65%和9.1%。MSISE00与HASDM的标准差随着高度升高而增加，在300 km、400 km和600 km高度上分别为11.97%、15.16%和28.76%，这主要是因为随着高度升高大气密度值呈指数级下降，微小的差异就会导致两个模式标准差增大。

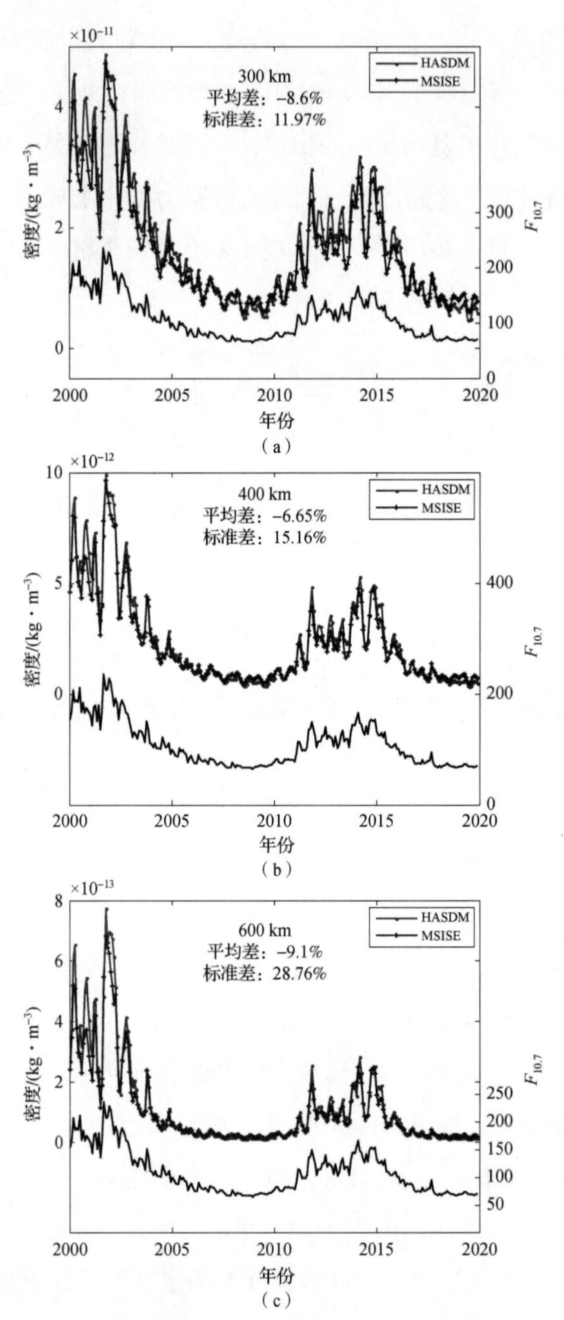


**图 6.13　300 km（a）、400 km（b）和 600 km（c）HASDM 与 MSISE00 模式月均值变化（附彩图）**

HASDM 和 MSISE00 模式在不同年份差异变化不同，这主要与太阳辐射和地磁活动相关。依据国标 GB/T 31160－2014，按照 kp 指数变化将地磁活动划分平静期

(kp <5), 小磁暴 (kp =6), 中等磁暴 (kp =7), 大磁暴 (kp =8), 特大磁暴 (kp =9), 超大磁暴 (kp >9), 分别对不同级别磁暴期间的 HASDM 和 MSISE00 密度值进行比较分析, 结果如图6.14 所示。在300 km 高度各类地磁条件下, MSISE00 密度值整体比 HASDM 偏小; 在400 km 和600 km 高度, 平静期 MSISE00 密度值比 HASDM 偏大, 磁暴期相反; 在所有高度上, 磁暴越剧烈, MSISE00 密度值比 HASDM 越小, 这说明 MSISE00 模式不能完全刻画强烈磁暴期间大气密度的响应。

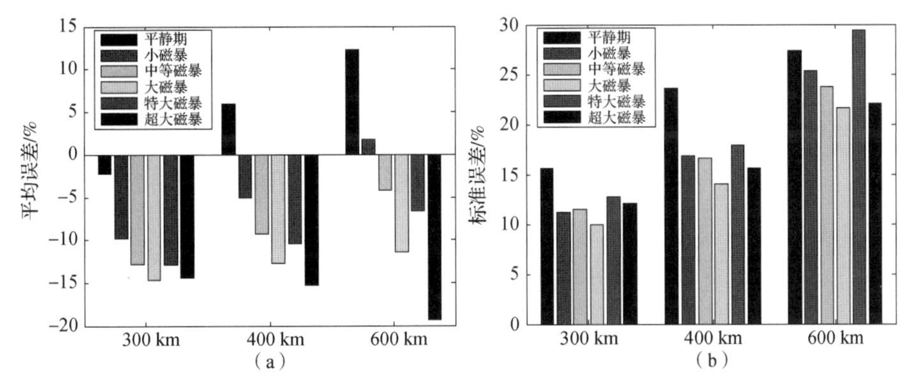


**图6.14 HASDM 和 MSISE00 模式值在不同类磁暴期间的差异**

(a) 平均误差; (b) 标准误差

按照太阳辐射指数 $F_{10.7}$ 日均值将太阳辐射分为弱 ($F_{10.7}<80$)、中 ($80<F_{10.7}<125$)、强 ($F_{10.7}>125$) 三个等级, 分别对不同太阳辐射强度期间的 HASDM 和 MSISE00 密度值进行比较分析, 如图6.15 所示。太阳辐射较强时 MSISE00 密度值较 HASDM 偏低; 反之, MSISE00 密度值较 HASDM 偏高。太阳

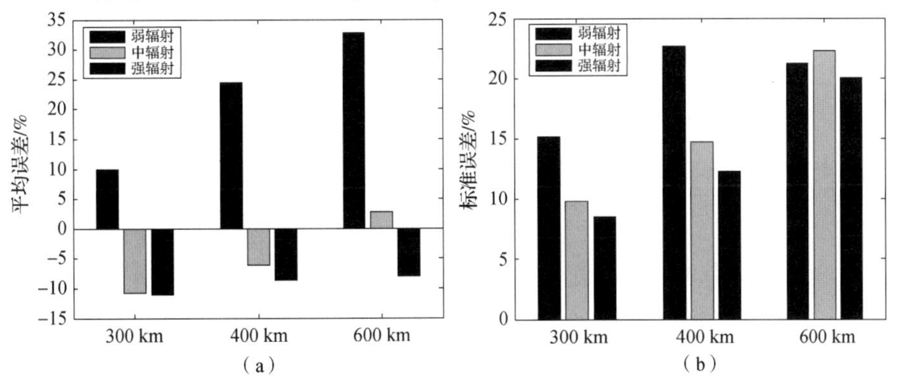


**图6.15 MSISE00 和 HASDM 模式值在不同太阳活动条件下的差异**

(a) 平均误差; (b) 标准误差

辐射强度越弱，两者的标准偏差和平均偏差越大。

## 6.2 基于实测密度数据的大气模式修正

相对于轨道数据，大气密度实测数据有更高的时空分辨率，可以更方便地开展高时间分辨率的大气模式修正。

模式修正方法可以采用直接密度修正法，即直接对密度本身进行修正。如苗娟等研究人员通过对载人飞船就位探测数据的分析，采用相同纬度和地方时误差基本一致的假设，建立了一个基于纬度和地方时的经验密度模式误差修正库；中科院空间中心陈旭杏等和任廷领等分别利用 CHAMP 等卫星数据，对 NRLMSISE00 模式进行修正，均取得了一定的修正效果。

与 HASDM 模式修正方法类似，基于实测数据的模式修正方法也可以采用温度参数修正法，即对模式的温度参数进行修正，从而间接地修正模式密度。相对于密度直接修正，这种方法更容易实现不同高度上密度模式修正的合理性。基于温度的模式修正方法也有很多种，下面仅以一种 JACCHIA 模式的温度参数修正法为例作详细介绍。

### 6.2.1 修正参数选取

JACCHIA 模式中，尽管影响热层大气密度变化的因素很多，但我们可以通过下面简单的表达式，来描述热层大气密度变化的基本情况。

$$\rho = f(T_c, T_\infty, T_x, T(h), c) + \Delta\rho \tag{6-16}$$

其中，$T_c$ 为全球夜间散逸层顶温度最小值；$T_\infty$为计算点上空的顶层温度；$T_x$ 为模式下边界条件 125 km 高度处的拐点温度；$T(h)$ 为随高度和其他因素变化的温度轮廓；$c$ 为一系列系数和拟合参数；$\Delta\rho$ 为其他修正的影响。由此可见，影响密度变化的最主要因素是温度，因此我们选择温度参数作为研究对象。

上述温度参数可以进一步表示为式（6-17）。

$$
\begin{cases}
T_{\infty} = f(T_{c}, \alpha, \delta, \alpha_{s}, \delta_{s}) + \Delta T_{\infty}(kp) \\
T_{x} = f(T_{\infty}) \\
T = f(T_{\infty}, T_{x}, T_{0}, h, l) \\
l = f(T_{\infty})
\end{cases}
\tag{6-17}
$$

其中，$\alpha$、$\delta$ 为计算点的赤经和赤纬；$\alpha_{s}$、$\delta_{s}$ 为太阳的赤经和赤纬；$T_{0}$ 为90 km 高度大气温度；$h$ 为计算点大地高度；$l$ 为温度轮廓拟合参数。通过式（6－17）可以看出，$T_{x}$、$T$ 均是顶层温度 $T_{\infty}$的函数，而顶层温度除了计算参考点与太阳的相对关系及地磁的影响外，主要受散逸层顶温度 $T_{c}$ 的影响。因此，$T_{\infty}$、$T_{x}$、$T$ 均可以表示为 $T_{c}$ 的函数，换言之，最终决定热层大气密度变化的关键温度参数是 $T_{c}$ 和 $T_{x}$。因此我们选择 $T_{c}$ 和 $T_{x}$ 作为修正参数。

## 6.2.2　动态修正算法

### 6.2.2.1　$T_{c}$ 和 $T_{x}$ 修正

为了定量地描述与分析述散逸层顶温度参数 $T_{c}$、拐点温度 $T_{x}$ 的变化对热层密度的影响，我们建立密度与温度参数的条件方程式（6－18）。

$$
\rho_{i,\text{ture}} - \rho_{i,\text{model}} = \frac{\partial \rho_{i}}{\partial T_{c}} \cdot \Delta T_{c} + \frac{\partial \rho_{i}}{\partial T_{x}} \cdot \Delta T_{x}
\tag{6-18}
$$

式中，$\rho_{\text{ture}}$为大气密度真值，由于获取真实的大气密度较为困难，这里采用基于加速度计测量（或轨道数据）的反演结果和实际就位探测数据作为真值；$\rho_{\text{model}}$为模式计算结果。$\partial \rho_{i}/\partial T_{c}$、$\partial \rho_{i}/\partial T_{x}$ 为大气密度相对于温度参数的偏导数；$\Delta T_{c}$、$\Delta T_{x}$ 即为温度参数的修正量，可以表示为式（6－19）。

$$
\begin{cases}
\Delta T_{c} = T_{c} - T_{0c} \\
\Delta T_{x} = T_{x} - T_{0x}
\end{cases}
\tag{6-19}
$$

$T_{c0}$，$T_{x0}$为温度初值。

如果令：

$$
\boldsymbol{A} = \begin{bmatrix} \dfrac{\partial \rho_{i}}{\partial T_{c}}, \dfrac{\partial \rho_{i}}{\partial T_{x}} \\ \cdots \end{bmatrix}_{i=1,n}
\tag{6-20}
$$

$$
\boldsymbol{b} = [\rho_{i,\text{ture}} - \rho_{i,\text{model}}]_{i=1,n}
\tag{6-21}
$$

$$x = [\Delta T_c, \Delta T_x]^T \tag{6-22}$$

则方程式（6－18）可以写为式（6－23）。

$$Ax = b \tag{6-23}$$

其最小二乘解的形式如式（6－24）。

$$x = (A^T A)^{-1} \cdot (A^T b) \tag{6-24}$$

#### 6.2.2.2 $\Delta T_c$ 和 $\Delta T_x$ 修正

散逸层顶温度和拐点温度参数表达式如式（6－25）和式（6－26）。

$$T_c = 379°.0 + 3°.24\bar{F}_{10.7} + 1.3°(F_{10.7} - \bar{F}_{10.7}) = f(F_{10.7}, \bar{F}_{10.7}) + \Delta T_c \tag{6-25}$$

$$T_x = 371°.667\,8 + 0°.051\,880\,6T_\infty - 294°.350\,5e^{-0.002\,162\,22T_\infty} + \Delta T_x \tag{6-26}$$

其中 $\Delta T_c$ 和 $\Delta T_x$ 是对模式计算结果的修正。我们将 $\Delta T_c$ 和 $\Delta T_x$ 在球面上进行展开，可表示如下。

$$\Delta T_c(\varphi, \lambda) = \sum_{n=0}^{N} \sum_{m=0}^{n} [C_{mm} P_n^m(\sin\varphi)\cos(m\lambda) + S_{mm} P_n^m(\sin\varphi)\sin(m\lambda)] \tag{6-27}$$

$$\Delta T_x(\varphi, \lambda) = \sum_{n=0}^{N} \sum_{m=0}^{n} [\tilde{C}_{nm} P_n^m(\sin\varphi)\cos(m\lambda) + \tilde{S}_{nm} P_n^m(\sin\varphi)\sin(m\lambda)] \tag{6-28}$$

则条件方程式（6－18）可写为式（6－29）。

$$\rho_0 - \rho_m = \sum_{n=0}^{v} \sum_{m=0}^{n} \left[\frac{\partial\rho}{\partial C_{nm}}, \frac{\partial\rho}{\partial S_{nm}}, \frac{\partial\rho}{\partial \tilde{C}_m}, \frac{\partial\rho}{\partial \tilde{S}_{nm}}\right] [\Delta C_m, \Delta C_{mm}, \Delta\tilde{C}_{nm}, \Delta\tilde{C}_{mm}]^T \tag{6-29}$$

这里以 $\Delta T_c$ 为例进行说明，$\Delta T_x$ 同理可得。

$$\begin{cases} \dfrac{\partial\rho}{\partial C_m} = \dfrac{\partial\rho}{\partial T_c} \dfrac{\partial T_c}{\partial \Delta T_c} \dfrac{\partial \Delta T_c}{\partial C_{mm}} \\ \dfrac{\partial\rho}{\partial S_m} = \dfrac{\partial\rho}{\partial T_c} \dfrac{\partial T_c}{\partial \Delta T_c} \dfrac{\partial \Delta T_c}{\partial S_{mm}} \end{cases} \tag{6-30}$$

其中，

$$\frac{\partial T_c}{\partial \Delta T_c} = 1 \tag{6-31}$$

$$\begin{cases} \dfrac{\partial \Delta T_{\mathrm{c}}}{\partial C_{nm}} = \mathrm{P}_n^m(z)\cos(m\lambda) \\ \dfrac{\partial \Delta T_n}{\partial S_{nm}} = \mathrm{P}_n^m(z)\sin(m\lambda) \end{cases} \tag{6-32}$$

$\mathrm{P}_n^m(z)$为连带勒让德多项式。上述表达式中涉及的偏导数关系，将在下节中给出。

### 6.2.3　偏导数计算

由于条件方程（6－18）是一个线性不定方程，一般采用迭代方法进行求解。从以上公式可以看出，要想获得温度参数的微分修正值，首先必须计算矩阵 $\boldsymbol{A}$、$\boldsymbol{b}$，特别是矩阵 $\boldsymbol{A}$ 的计算是模式修正的难点和关键。下面我们就给出密度相对于 $T_{\mathrm{c}}$ 和 $T_{\mathrm{x}}$ 的偏导数关系。

模式中描述的密度本底变化之外的项 $\Delta\rho$ 主要包括地磁影响、半年变化、季节纬度变化等修正，在形式上与温度参数无关，因此我们暂不考虑上述因素的修正影响。热层大气总的质量密度可以表示为 $N_2$、Ar、He、$O_2$、O，五种成分质量密度之和，则总的质量密度对温度参数的偏导数如式（6－33）所示。

$$\frac{\partial \rho}{\partial T_{\mathrm{c,x}}} = \sum_{i=1}^{5} \frac{\partial \rho_i}{\partial T_{\mathrm{c,x}}} \tag{6-33}$$

上述各成分的质量密度轮廓表达如式（6－34）所示。

$$\rho_i(Z) = \rho_i(125)\left(\frac{T_{\mathrm{x}}}{T}\right)^{1+\alpha_i+\gamma_i}\left(\frac{T_\infty - T}{T_\infty - T_{\mathrm{x}}}\right)^{\gamma_i} \tag{6-34}$$

可以看出，各成分的密度轮廓与拐点处的质量密度（数密度）、温度，以及温度轮廓、顶层温度等因素有关。我们将针对乘积形式的每一个分量，分别给出其解析表达式以及偏导数。

$\rho_i(125)$为 125 km 高度的质量密度，可表示式（6－35）

$$\begin{cases} \rho_i(125) = \dfrac{n_i(125)M_i}{R} \\ \lg n_i(125) = \displaystyle\sum_{j=0}^{5} \delta_{ij} T_\infty^j \end{cases} \tag{6-35}$$

其中，$n_i(125)$为 125 km 高度各成分数密度；$M_i$ 为各成分平均分子量；$R$ 为阿佛加德罗常数；$\delta_{ij}$为拟合参数，则$\rho_i(125)$的偏导数如式（6-36）。

$$\begin{cases}\dfrac{\partial\rho_i(125)}{\partial T_c}=\dfrac{n_iM_i}{R}\cdot\ln(10)\cdot\sum\limits_{j=1}^{5}\delta_{ij}jT_\infty^{j-1}\cdot\dfrac{\partial T_\infty}{\partial T_c}\\ \dfrac{\partial\rho_i(125)}{\partial T_x}=0\end{cases}\tag{6-36}$$

顶层温度$T_\infty$的表达式如式（6-37）。

$$\begin{cases}T_\infty=T_1+\Delta T_\infty\\ T_1=T_c\cdot F(\alpha,\delta,\alpha_s,\delta_s)\end{cases}\tag{6-37}$$

因此有式（6-38）。

$$\frac{\partial T_\infty}{\partial T_c}=\frac{\partial T_1}{\partial T_c}=F(\alpha,\delta,\alpha_s,\delta_s)\tag{6-38}$$

$F(\alpha,\delta,\alpha_s,\delta_s)$只与航天器和太阳的相对位置关系有关，通过拐点温度的表达式：

$$T_x=371^\circ.6678+0^\circ.051\,880\,6T_\infty-294^\circ.350\,5\mathrm{e}^{-0.002\,162\,22T_\infty}\tag{6-39}$$

可以容易得到$\partial T_x/\partial T_\infty$。

如果令

$$\begin{cases}u=\left(\dfrac{T_x}{T}\right)\\ v=1+\alpha_i+\gamma_i\end{cases}\tag{6-40}$$

则指数函数可以简记式（6-41）。

$$f=\left(\frac{T_x}{T}\right)^{1+\alpha_i+\gamma_i}=u^v\tag{6-41}$$

其对温度参数的偏导数也可简记为式（6-42）。

$$\begin{cases}G(T_x,T_\infty,l)=\dfrac{\partial f}{\partial T_c}\\ G'(T_x,T_\infty,l)=\dfrac{\partial f}{\partial T_x}\end{cases}\tag{6-42}$$

其中，$\alpha_i$为不同成分的热扩散系数；$\gamma_i$为与一系列温度参数相关的函数，形式如式（6-43）。

$$\gamma_i=\frac{M_ig_0R_e^2}{RlT_\infty}\left(\frac{T_\infty-T_x}{T_x-T_0}\right)\left(\frac{Z_x-Z_0}{R_e+Z_x}\right)\tag{6-43}$$

式中，$g_0$ 为重力加速度；$R$ 为普适气体常数；$Z_x = 125$ km 为拐点高度；$Z_0 = 90$ km 为下边界条件；$R_e$ 为地球平均半径。

为了得到上式中的偏导数，我们进行如下对数变换。

$$\frac{\partial \ln f}{\partial x} = \frac{\partial \ln f}{\partial f} \cdot \frac{\partial f}{\partial x} = \frac{\partial v}{\partial x} \ln u + v \frac{\partial \ln u}{\partial x} \tag{6-44}$$

则复合函数的偏导数可写为式（6-45）。

$$\begin{cases} \dfrac{\partial f}{\partial T_c} = f \cdot \left( \dfrac{\partial v}{\partial T_c} \ln u + \dfrac{v}{u} \dfrac{\partial u}{\partial T_c} \right) \\ \dfrac{\partial f}{\partial T_x} = f \cdot \left( \dfrac{\partial v}{\partial T_x} \ln u + \dfrac{v}{u} \dfrac{\partial u}{\partial T_x} \right) \end{cases} \tag{6-45}$$

而：

$$\frac{\partial v}{\partial T_c} = \frac{\partial \gamma_i}{\partial T_c}, \frac{\partial v}{\partial T_x} = \frac{\partial \gamma_i}{\partial T_x} \tag{6-46}$$

$$\begin{cases} \dfrac{\partial u}{\partial T_c} = \dfrac{\partial u}{\partial T} \dfrac{\partial T}{\partial T_c} + \dfrac{\partial u}{\partial T_x} \dfrac{\partial T_x}{\partial T_c} \\ \dfrac{\partial u}{\partial T_x} = \dfrac{\partial u}{\partial T} \dfrac{\partial T}{\partial T_x} + \dfrac{\partial u}{\partial T_x} \end{cases} \tag{6-47}$$

$$\begin{cases} \dfrac{\partial T_x}{\partial T_c} = \dfrac{\partial T_x}{\partial T_\infty} \dfrac{\partial T_\infty}{\partial T_c} \\ \dfrac{\partial T}{\partial T_c} = \dfrac{\partial T}{\partial T_\infty} \dfrac{\partial T_\infty}{\partial T_c} + \dfrac{\partial T}{\partial T_x} \dfrac{\partial T_x}{\partial T_c} + \dfrac{\partial T}{\partial l} \dfrac{\partial l}{\partial T_c} \end{cases} \tag{6-48}$$

通过以上表达式即可计算得到 $G(T_x, T_\infty, l)$ 和 $G'(T_x, T_\infty, l)$。

同理，令：

$$w = \left( \frac{T_\infty - T}{T_\infty - T_x} \right) \tag{6-49}$$

可将指数函数的偏导数写为式（6-50）。

$$\begin{cases} Q(T_\infty, T_x, T) = \dfrac{\partial w^{\gamma_i}}{\partial T_c} \\ Q(T_\infty, T_x, T) = \dfrac{\partial w^{\gamma_i}}{\partial T_x} \end{cases} \tag{6-50}$$

则有式（6-51）。

$$
\begin{cases}
\dfrac{\partial w^{\gamma_i}}{\partial T_c} = w^{\gamma_i} \cdot \left[\dfrac{\partial \gamma_i}{\partial T_c}\ln w + \dfrac{\gamma_i}{w_c}\dfrac{\partial w}{\partial T_c}\right] \\
\dfrac{\partial w^{\gamma_i}}{\partial T_x} = w^{\gamma_i} \cdot \left[\dfrac{\partial \gamma_i}{\partial T_x}\ln w + \dfrac{\gamma_i}{w}\dfrac{\partial w}{\partial T_x}\right]
\end{cases}
\tag{6-51}
$$

那么就可以计算得到 $Q(T_x, T_\infty, l)$ 和 $Q'(T_x, T_\infty, l)$。至此，我们就得到了 $\partial\rho_i/\partial T_c$ 和 $\partial\rho_i/\partial T_x$ 的完备计算公式，从而解决模式修正算法中的一个关键问题。

## 6.3 连续磁暴期间的大气模式的修正

在磁暴期间，特别是在连续发生的磁暴期间，大气密度变化剧烈、复杂，由于经验模式中通常没有很好地考虑降温机制，对于大气密度模式误差也随之大幅增加。目前，引起热层大气变化的物理机制尚未完全掌握，全面提升暴时大气密度模式精度仍是一个尚未解决的难题。NO 辐射作为热层大气重要的冷却方式，在磁暴期间变化复杂，对热层大气密度的变化有着重要影响。本节针对连续磁暴条件，基于 NO 冷却效应，对大气密度模式修正方法及应用效果做一些探讨。

### 6.3.1 基于冷却效应对大气模式的修正方法

1.4.2.4 小节阐述了连续磁暴期间在 NO 冷却作用下大气密度的变化特征，NO 的冷却机制主要是由于激发态的 NO 与 O 原子的非弹性碰撞，这种碰撞使得动能迅速转化为 NO 内部的振动能，再由 NO 的自发辐射散发掉，导致了大气的冷却。磁暴期间，上述物理过程依然发生，并且出现以下特征：第一，在极区电子沉降和焦耳加热作用下，NO 和 O 原子密度急剧增加；第二，温度控制 NO 碰撞激发的效率，更高的温度意味着产生更多激发态的 NO。因此激发态 NO 与 O 原子的碰撞更加频繁，从而使得暴时 NO 冷却率迅速增大。

连续磁暴期间，中低热层与中高热层之间能量传输过程如图 6.16 所示，NO 冷却率的增强意味着大气中能量的损失，虽然暴时热层大气温度迅速增加，但是增强的 NO 冷却率部分抵消了热层温度的增幅，有计算表明，夏季半球 130 km 附近 NO 的冷却作用使热效率降低了 4 倍（Solomon，1999）。进一步的分析认为，NO 冷却率的增强降低了 120 ~ 180 km 范围内大气温度，由此引起了向下的垂直风，携带上层分子量较小的气体传输到较低高度，使得200～500 km的热层密度有所降低（Burns，1989）。

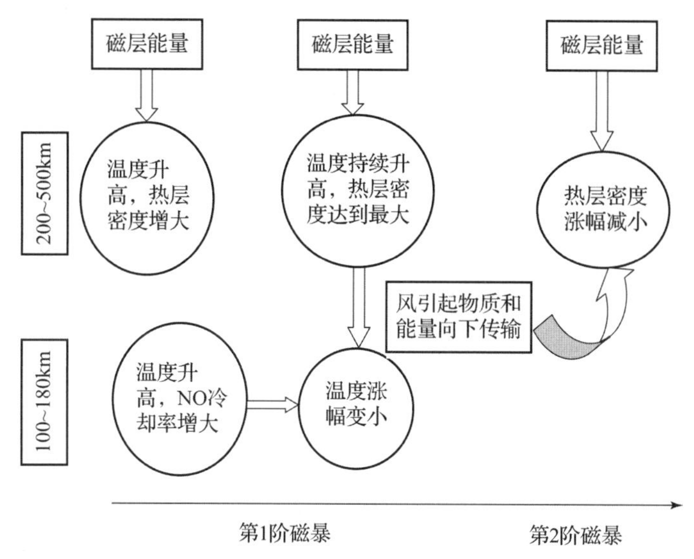


**图6.16 多阶磁暴期间能量传输示意图**

根据上述分析，在连续磁暴期间，由于NO的冷却作用，会使得后发生磁暴期间热层密度的涨幅减弱，这个现象在现有经验大气模式的预测结果中没有体现。以2004年11月7—10日发生的连续磁暴为例，使用第1阶磁暴期间的数据定轨，预报第2阶磁暴期间的轨道，定轨和预报过程中使用JACCHIA70模式，预报轨道误差如图6.17所示。$R$方向误差小于0，说明模式高估了大气密度，造成预报轨道高度过度衰减，因此比基准轨道高度低。轨道高度与轨道周期成反比，预报的轨道周期也相应偏小，因此预报的卫星位置在飞行方向明显比基准位置提前，即$T$方向误差大于0。

磁暴期间，NO冷却率主要在120～140 km显著增大，引起这个高度范围内温度增幅减小，因此可以尝试在后发生磁暴期间，通过减小JACCHIA70模式中125 km拐点温度$T_x$，来体现这个物理现象。图6.18给出了2004年11月7—11日磁暴期间修正后JACCHIA70模式计算的CHAMP卫星轨道位置对应的热层密度，其中（a）（b）两图使用标准模式，（c）（d）两图对模式中9—11日的125 km温度$T_x$做了－24 ℃的修正。使用标准JACCHIA70模式计算的热层密度在时间变化趋势上与输入的kp指数一致，两阶磁暴期间的密度值相当；而修正后的

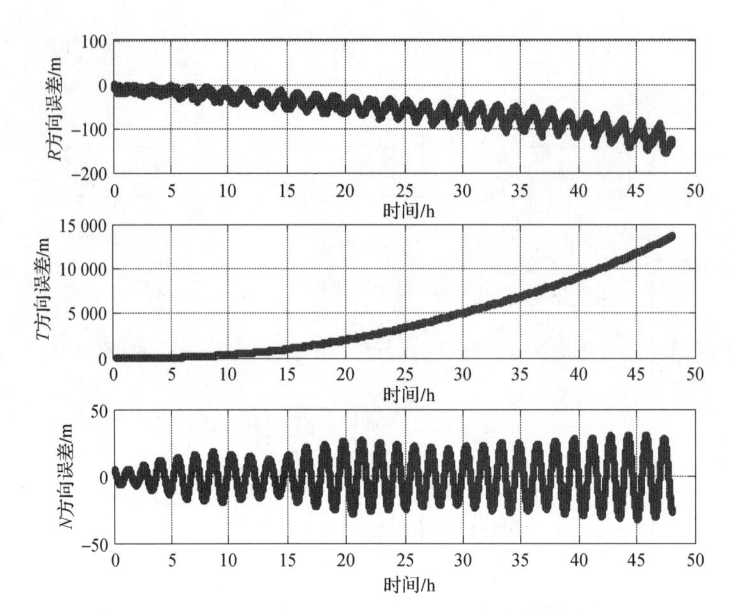


**图 6.17 使用 JACCHIA70 模式进行轨道预报的误差**

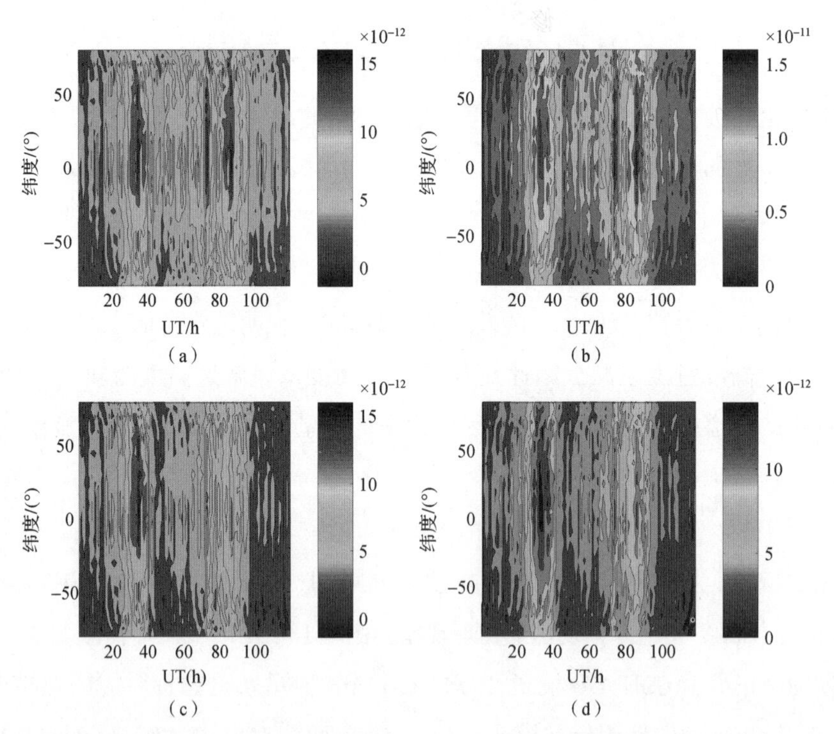


**图 6.18 2004 年 11 月 7—10 日日照区 [(a),(c)] 和阴影区 [(b),(d)] 标准 JACCHIA70 模式与修正的 JACCHIA70 模式预测的热层密度纬度 - 时间分布图**

JACCHIA70 模式计算的第 2 阶磁暴期间的密度值比第 1 阶磁暴期间小，白天赤道地区的密度峰值降低了 22.8%，夜晚则降低了 12.6%，间歇期和恢复相的密度值也较低，与实测密度的变化趋势比较一致。这说明修正的 JACCHIA70 模式能够刻画连续磁暴期间热层密度涨幅的实际变化趋势。

### 6.3.2　对修正 JACCHIA70 模式的验证与分析

本小节选择了 4 个多阶磁暴事件，基于 CHAMP 卫星的 GPS 定位数据进行定轨和轨道预报的分析，GPS 位置结果既是定轨数据来源，同时也是作为比对的基准轨道。具体方法如下：首先，利用第一个磁暴期间的 GPS 数据进行定轨，在定轨中使用标准的 JACCHIA70 模式计算热层密度。其次，对第二个磁暴及恢复相期间的卫星轨道进行预报，预报过程分别使用标准的 JACCHIA70 模式和修正的 JACCHIA70 模式；然后，将预报轨道结果与基准轨道进行比对，确定 $T_x$ 的最优修正量 $\Delta T_x$；最后，对 $\Delta T_x$ 的修正幅度和修正时机进行分析。下面对 4 个案例进行具体介绍：

1. 2002 年 4 月 17—20 日案例

利用 2002 年 4 月 17 日 12UT—18 日 12UT 之间的 24 h 数据定轨，预报 18 日 12UT—21 日 10UT 期间的轨道，结果如下图 6.19 所示，其中 19 日 12UT—21 日 10UT（即图中的 36 ~ 84 h）期间对 JACCHIA70 模式中的 $T_x$ 做 −8 ℃的修正。利用修正的 JACCHIA70 模式做轨道预报，$R$ 方向最大误差由 −70 m 降至 −44.1 m，$T$ 方向最大误差由 4 628.8 m 降至 990.8 m，$N$ 方向误差几乎没有变化。

2. 2003 年 10 月 29—31 日案例

2003 年 10 月 29—31 日发生的超级磁暴，ap 指数达到 400，这期间模式预测的热层密度误差较大，因此定轨和轨道预报的精度都比较低。利用 2003 年 10 月 29 日 08UT—30 日 08UT 之间的 24 h 数据定轨，预报 30 日 08UT—11 月 1 日 08UT 期间 2 天的轨道，结果如下图 6.20 所示，其中预报期间（即图中的 8 ~ 56h）对 JACCHIA70 模式中的 $T_x$ 做 −30 ℃的修正。利用修正的 JACCHIA70 模式做轨道预报，$R$ 方向最大误差由 −192.1 m 降至 −34 m，$T$ 方向最大误差由 17 800.7 m 降至 859.7 m，$N$ 方向误差几乎没有变化。

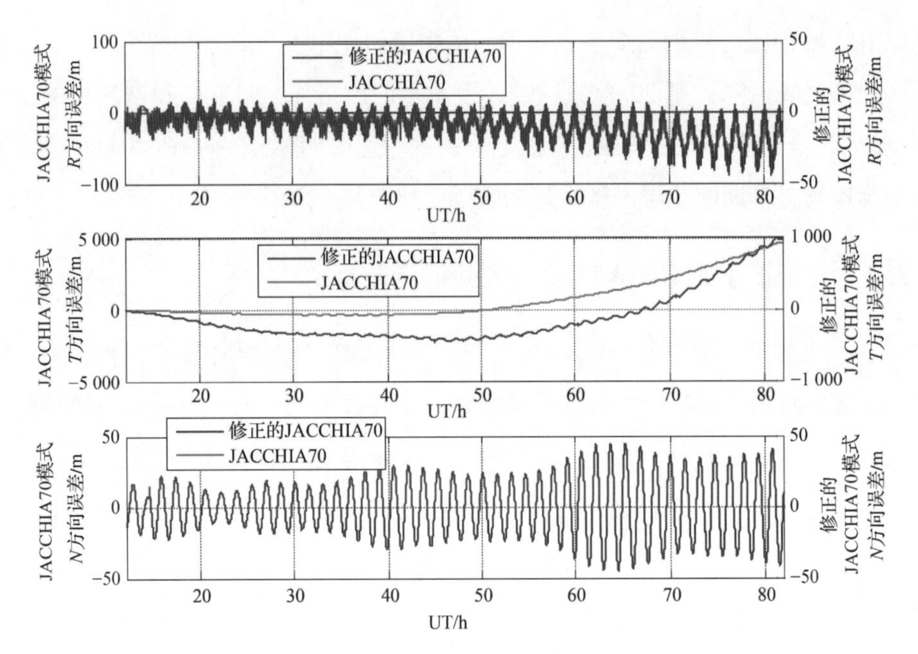


图 6.19 2002 年 4 月 18—21 日使用标准 JACCHIA70 模式与修正的 JACCHIA70 模式进行轨道预报的误差比较（附彩图）

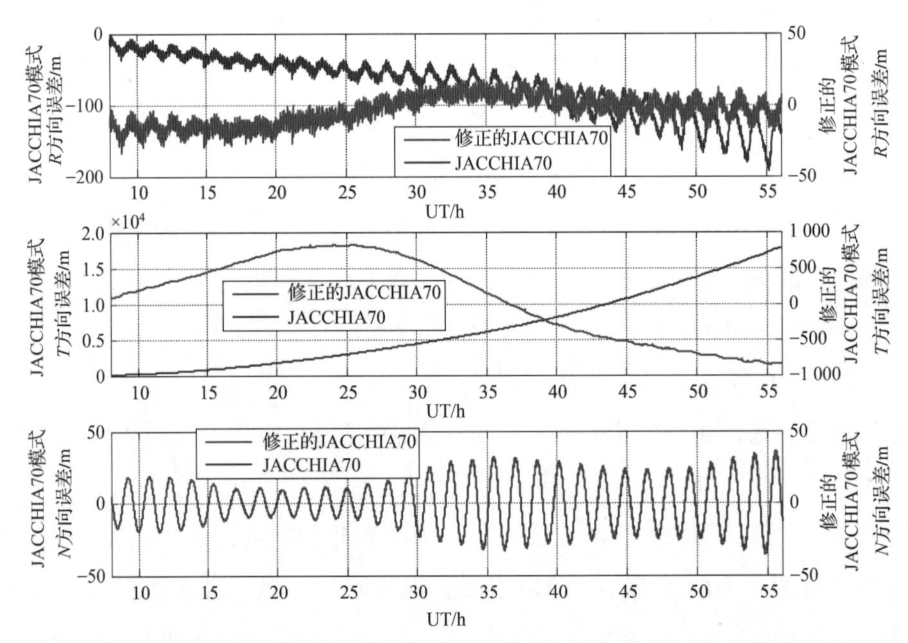


图 6.20 2003 年 10 月 30 日—11 月 1 日使用标准 JACCHIA70 模式与修正的 JACCHIA70 模式进行轨道预报的误差比较（附彩图）

3. 2004 年 7 月 25—28 日案例

利用2004 年 7 月 25 日 00UT—26 日 04UT 之间 28 h 数据定轨，预报 26 日 04UT—28 日 04UT 期间 2 天的轨道，结果如图 6.21 所示，其中预报期间对 JACCHIA70 模式中的 $T_x$ 做 -21 ℃的修正。利用修正的 JACCHIA70 模式做轨道预报，$R$ 方向最大误差由 -61.2 m 降至 -29 m，$T$ 方向最大误差由 5 374.9 m 降至 709.6 m，$N$ 方向误差几乎没有变化。

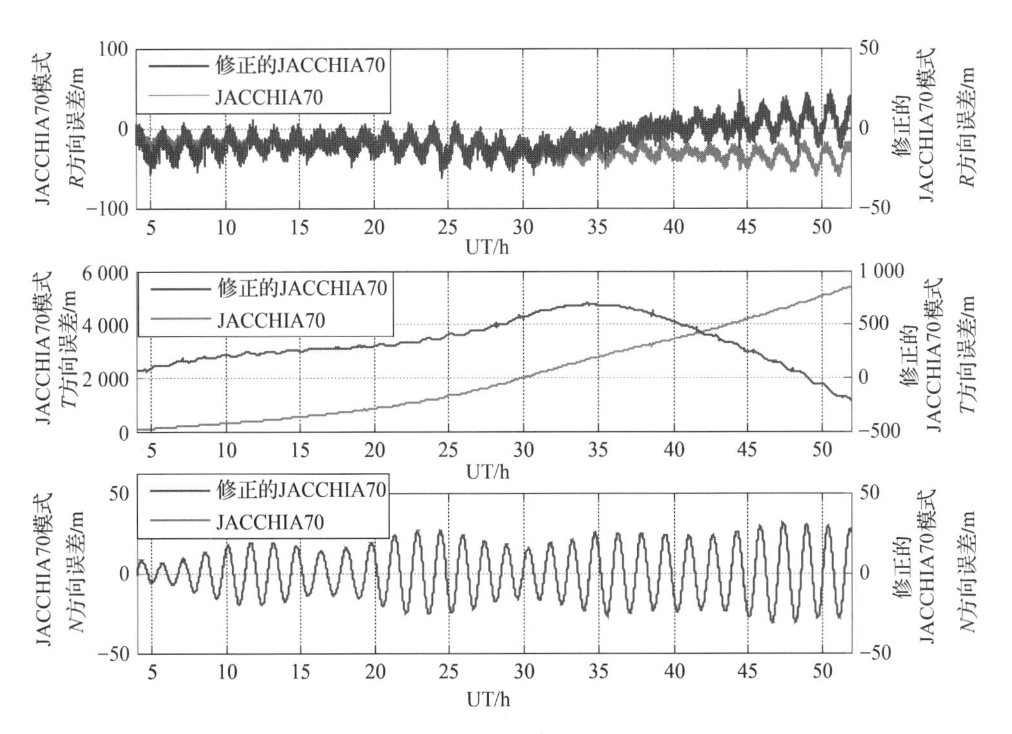


**图 6.21　2004 年 7 月 26—28 日使用标准 JACCHIA70 模式与修正的 JACCHIA70 模式进行轨道预报的误差比较（附彩图）**

4. 2004 年 11 月 7—11 日案例

利用2004 年 11 月 7 日 18UT—8 日 09 UT 之间 15 h 数据定轨，预报 08 日 09UT—11 日 04UT 期间 67 h 的轨道，结果如图 6.22 所示，其中 9 日 14UT—11 日 04UT（即图中的 38～76 h）期间对 JACCHIA70 模式中的 $T_x$ 做 -24 ℃的修正。利用修正的 JACCHIA70 模式做轨道预报，$R$ 方向最大误差由 -100.8 m 降至 -38.4 m，$T$ 方向最大误差由 8 123 m 降至 655.5 m，$N$ 方向误差几乎没有变化。

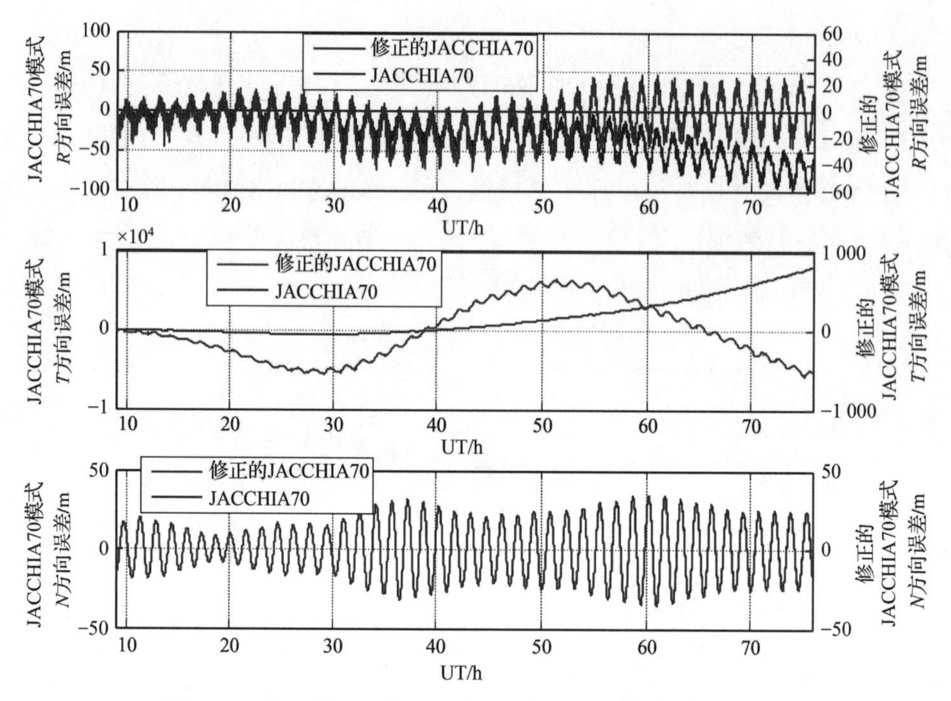


**图 6.22 2004 年 11 月 8—11 日使用标准 JACCHIA70 模式与修正的 JACCHIA70 模式进行轨道预报的误差比较（附彩图）**

从上述 4 个案例定轨和轨道预报的结果来看，适当地减小后发生磁暴期间 JACCHIA70 模式中的 $T_x$，更符合实际热层密度的变化，轨道预报的位置精度能提高一个数量级，本小节讨论如何确定修正量和开始修正的时刻。

将上述 4 个磁暴期间的 ap 指数变化绘制如图 6.23，图中黑色直线表示定轨时段，红色直线表示预报时段。第 1 阶磁暴 ap 指数最大值从小到大依次为 154、207、300、400，而 $T_x$ 的修正值相应为 −8 ℃、−21 ℃、−24 ℃、−30 ℃，第 1 阶磁暴强度越大，引起的 NO 冷却率涨幅越大，应增大对 $T_x$ 的修正量，但是由于焦耳加热也相应增大，因此第 1 阶磁暴 ap 指数最大值与 $\Delta T_x$ 并非绝对的线性关系。

2003 年 10 月和 2004 年 7 月两个案例的整个预报时段都对 $T_x$ 做了修正，而 2002 年 4 月和 2004 年 11 月的两个案例则只针对预报时段后期的 $T_x$ 做了修正，对 4 个案例定轨弧段内的残差进行分析，并给出了地固系坐标 $X$、$Y$、$Z$ 方向残差的均方根值（RMS），如图 6.24 所示。可以看出，2002 年 4 月和 2004 年 11 月定轨弧段内的残差较小，基本在 20 m 以内，3 个方向残差总 RMS 分别为 17.2 m 和 11.2 m；

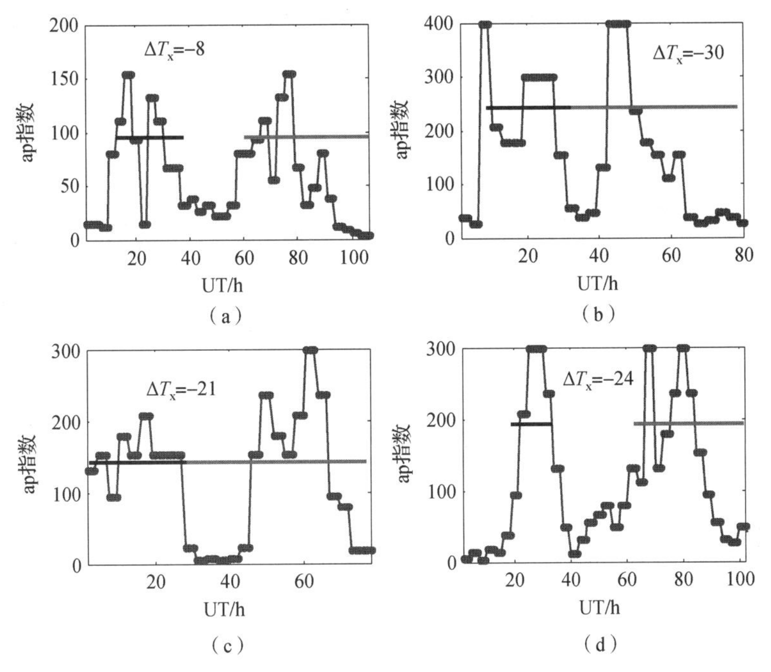


**图 6.23　4 个磁暴期间 ap 指数变化及定轨时段、预报时段分布**

(a) 2002 年 4 月 17—21 日；(b) 2003 年 10 月 29 日—11 月 1 日；

(c) 2004 年 7 月 25—28 日；(d) 2004 年 11 月 7—11 日

而 2003 年 10 月和 2004 年 7 月定轨弧段内的残差则较大，最大值超过 50 m，3 个方向残差总 RMS 为 44.6 m 和 28 m。根据 6.1 节的分析可知，如果定轨弧段内残差较小，那么预报轨道的精度有可能较高，因此可以推迟 $T_x$ 的修正时刻。

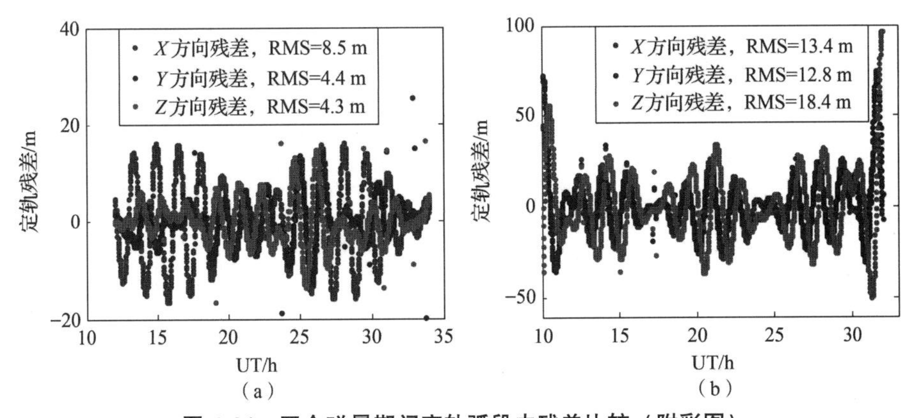


**图 6.24　四个磁暴期间定轨弧段内残差比较（附彩图）**

(a) 2002 年 4 月 17—18 日；(b) 2003 年 10 月 29—30 日

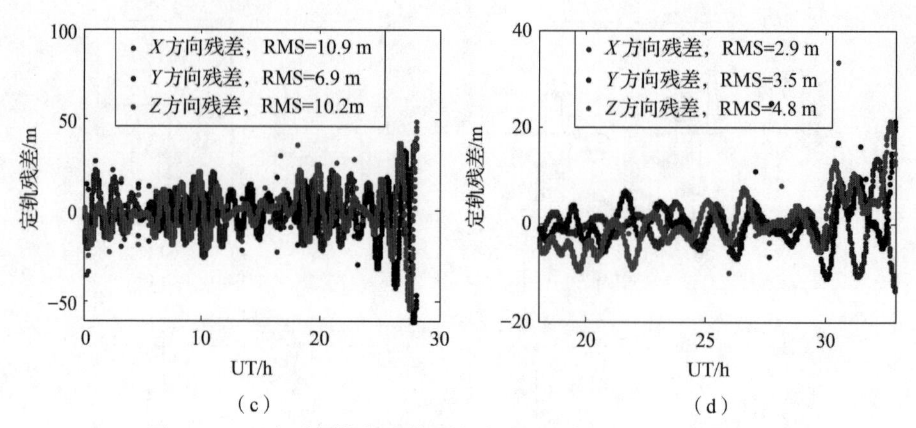


**图 6.24 四个磁暴期间定轨弧段内残差比较（续）（附彩图）**

（c）2004 年 7 月 25—26 日；（d）2004 年 11 月 7—8 日

在本节的 4 个案例中，通过反复调整 $T_x$，比对预报轨道与基准轨道误差，大幅度提高了预报轨道精度。本研究的结果说明，在复杂空间天气条件下，考虑冷却效应因素，开展热层大气模式修正是一个有效的手段，值得进一步开展研究。

# 参考文献


[1] Anderson R L, Born G H, Forbes J M. Sensitivity of orbit predictions to density variability [J]. J Spacecr Rockets, 2009, 46 (6): 1214 - 1230.

[2] Akmaev R A. Thermospheric resistance to "greenhouse cooling": Effect of the collisional excitation rate by atomic oxygen on the thermal response to $CO_2$ forcing [J]. J Geophys Res, 2003, 108.

[3] Akmaev R A, Fuller - Rowell T J, Wu F, et al. Tidal variability in the lower thermosphere: comparison of whole atmosphere model (WAM) simulations with observations from TIMED [J]. Geophys. Res. Lett, 2008, 35: L03810.

[4] Aponte N, Nicolls M J, González S A, et al. Instantaneous electric field measurements and derived neutral winds at Arecibo [J]. Geophys. Res. Lett., 2005, 32: L12107.

[5] Battin R H. An introduction to the mathematics and methods of astrodynamics, revised edition [M]. AIAA Education series, Reston, VA.

[6] Bates D R. The temperature of the upper atmosphere [J]. Proc. Phys. Soc., Ser. B, 1951, 64: 805 - 821.

[7] Beagley S R, Grandpre J de, Koshyk J N, et al. Radiative - dynamical climatology of the firstgeneration Canadian Middle Atmosphere Model [J]. Atmos. Ocean, 1997, 35: 293 - 331.

[8] Berger C, Biancale R, Ill M, et al. Improvement of the empirical thermospheric model DTM: DTM - 94—a comparative review of various temporal variations and

prospects in space geodesy applications [J]. Journal of Geodesy, 1998, 72 (3): 161 - 178.

[9] Borovsky J E, Denton M H. Differences between CME - driven storms and CIR - driven storms [J]. J. Geophys. Res., 2006, 111: A07S08.

[10] Boville B A. Middle atmosphere version of CCM2 (MACCM2): Annual cycle and interannual variability [J] J. Geophys. Res., 1995, 100: 9017 - 9039.

[11] Bowman B R, Storz M R. High accuracy satellite drag model (HASDM) review [J]. Advances in the Astronautical ences, 2003, 116: 1943 - 1952.

[12] Bowman B R, Tobiska W K, Kendra M J. The thermospheric semiannual density response to solar EUV heating [J]. J. Atmos. Sol. Terr. Phys., 2008, 70 (11 - 12): 1482 - 1496.

[13] Brasseur G P, Hauglustaine D A, Walters S, et al. MOZART: A global chemical transport model for ozone and related chemical tracers: 1. Model description, [J]. J. Geophys. Res., 1998, 103 (21): 28265 - 28289.

[14] Bruinsma S L, Forbes J M. Global observation of traveling atmospheric disturbances (TADs) in the thermosphere [J]. Geophys. Res. Lett., 2007, 34: L14103.

[15] Bruinsma S L, Forbes J M. Storm - Time equatorial density enhancements observed by CHAMP and GRACE [J]. J. Spacecr. Rockets, 2007, 44 (6): 1154 - 1159.

[16] Bruinsma S L, Forbes J M, Nerem R S, et al. Thermosphere density response to the 20—21 November 2003 solar and geomagnetic storm from CHAMP and GRACE accelerometer data [J]. J. Geophys. Res., 2006, 111: A06303.

[17] Burns A G, Solomon S C, Qian L, et al. The effects of corotating interaction region/high speed stream storms on the thermosphere and ionosphere during the last solar minimum [J]. J. Atmos. Solar - Terr. Phys., 2012.

[18] Casali S J, Barker W N. Dynamic calibration atmospheric (DCA) for the high accuracy satellite drag model (HASDM) [C]//AIAA/AAS Astrodynamics Specialist Conference and Exhibit, 2002.

[19] Carruthers G R. Apollo 16 far ultraviolet imagery of the polar auroras, tropical airglow belt, and general airglow [J]. Journal of Geophysical Research, 1976, 81: 483 -496.

[20] Castle K J, Kleissas K M, Rhinehart J M, et al. Vibrational relaxation of $CO_2$ by atomic oxygen [J]. J. Geophys. Res., 2006, 111: A09303.

[21] Chen G, Li X, He M, et al. Longitudinal variation of thermospheric density during low solar activity from APOD observations [J]. Atmosphere, 2023, 14: 155.

[22] Chen G, Xu J, Wang W, et al. A comparison of the effects of CIR - and CME - induced geomagnetic activity on thermospheric densities and spacecraft orbits: Case studies [J]. J. Geophys. Res., 2012, 117: A08315.

[23] Chen G, Xu J, Wang W, et al., A comparison of the effects of CIR - and CME - induced geomagnetic activity on thermospheric densities and spacecraft orbits: Statistical studies [J]. J. Geophys. Res., 2014: JA019831.

[24] Cook G E. Satellite drag coefficients [J]. Planetary and Space Science, 1965, 13: 929 -946.

[25] Cook G E. The effect of aerodynamic lift on satellite orbits [J]. Planetary and Space Science, 1964, 12 (11): 1009 -1020.

[26] Cook G E. The large semiannual variation in exospheric density: A possible explanation, Planet [J]. Space Sci., 1967, 15: 627 -632.

[27] Cook G E. The semiannual variation in the upper atmosphere: A review, Ann. Geophys., 1969, 25: 451 -469.

[28] Dickinson R E, Ridley E C, Roble R G. A three - dimensional general circulation model of the thermosphere [J]. J. Geophys. Res., 1981, 86 (A3): 1499 - 1512.

[29] Dickinson R E, Ridley E C, Roble R G. Thermospheric general circulation with coupled dynamics and composition [J]. J. Atmos. Sci., 1984, 41: 205 -219.

[30] Deng Y, Richmond A D, Ridley A J, et al. Assessment of the non - hydrostatic

effect on the upper atmosphere using a general circulation model (GCM) [J]. Geophys. Res. Lett. 2008, 35: L01104.

[31] Denton M H, Borovsky J E, Skoug R M, et al. Geomagnetic storms driven by ICME – and CIR – dominated solar wind [J]. J. Geophys. Res., 2006, 111: A07S07.

[32] Emery B A, Coumans V, Evans D S, et al. Seasonal, Kp, solar wind, and solar flux variations in long – term single – pass satellite estimates of electron and ion auroral hemispheric power [J]. J. Geophys. Res., 2008, 113: A06311.

[33] Emery B A, Richardson I G, Evans D S, et al. Solar wind structure sources and periodicities of global electron hemispheric power over three solar cycles [J]. J. Atmos. Sol. Terr. Phys., 2009, 71: 1157 – 1175.

[34] Emmert J T, Meier R R, Picone J M, et al. Thermospheric density 2002—2004: TIMED/GUVI dayside limb observations and satellite drag [J]. J. Geophys. Res., 2006, 111: A10S16.

[35] Emmert J T, Lean J L, Picone J M. Record – low thermospheric density during the 2008 solar minimum [J]. Geophys. Res. Lett., 2010, 37: L12102.

[36] Falin J L, Barlier F, Kockarts G. Densities from the CACTUS accelerometer as an external test of the validity of the thermospheric models [J]. Advances in Space Research, 1981, 1 (12): 221 – 225.

[37] Forbes J M, Roble R G, Marcos F A. Magnetic activity dependence of high – latitude thermospheric winds and densities below 200 km [J]. Journal of Geophysical Research, 1993, 98: 13693 – 13702.

[38] Fleming E L, Chandra S, Barnett J J, et al. Zonal mean temperature, pressure, zonal wind and geopotential height as functions of latitude [J]. Adv. Space Res., 1990, 10 (12).

[39] Flury J, Bettadpur S, Tapley Byron D. Precise accelerometer onboard the GRACE gravity field satellite mission [J]. Advances in Space Research, 2008, 42 (8): 1414 – 1423.

[40] Friis – Christensen E, Lühr H, Knudsen D, et al. Swarm—An earth observation

mission investigating geospace [J]. Advances in Space Research, 2008, 41 (1): 210 -216.

[41] Froehlich C. Observations of irradiance variations [J]. Space Sci. Rev., 2000, 94: 15 -24.

[42] Forbes J M, Lu G, Bruinsma L S, et al. Thermosphere density variations due to the 15—24 April 2002 solar events from CHAMP/STAR accelerometer measurements [J]. J. Geophys. Res., 2005, 110: A12S27.

[43] Forbes J M, Zhang X, Sutton E K, et al. Response characteristics of orbit - mean satellite drag to varying geomagnetic conditions [C]//AIAA/AAS Astrodynamics Specialist Conference and Exhibit, Honolulu, Hawaii AIAA, 2008, 2008 -6945.

[44] Fuller - Rowell T J, Rees D, Quegan S, et al. Interactions between neutral themospheric composition and the polar ionosphere using a coupled ionosphere - thermosphere model [J]. J. Geophys. Res., 1987 (92): 7744 -7748.

[45] Garcia R R., Marsh D R, Kinnison D E, et al. Simulation of secular trends in the middle atmosphere, 1950—2003 [J]. J. Geophys. Res., 2007, 112: D09301.

[46] Guo J, Wan W, Forbes J M, et al. Effects of solar variability on thermosphere density from CHAMP accelerometer data [J]. J. Geophys. Res., 2007, 112: A10308.

[47] Guo J, Wan W, Forbes J M, et al. Interannual and latitudinal variability of the thermosphere density annual harmonics [J]. J. Geophys. Res., 2008, 113: A08301.

[48] Guo J, Feng X, Forbes J M, et al. On the relationship between thermosphere density and solar wind parameters during intense geomagnetic storms [J]. J. Geophys. Res., 2010, 115: A12335.

[49] Hagan M E, Forbes J M. Migrating and nonmigrating semidiurnal tides in the upper atmosphere excited by tropospheric latent heat release [J]. J. Geophys. Res., 2003, 108 (A2): 1062.

[50] Hedin A E. MSIS - 86 thermospheric model [J]. Journal of Geophysical Research, 1987, 92: 4649 - 4662.

[51] Hedin A E, Mayr H G. Solar EUV Induced Variations in the Thermosphere [J]. J. Geophys. Res., 1987, 92 (D1): 869 - 875.

[52] Hedin A E. Extension of the MSIS thermosphere model into the middle and lower atmosphere [J]. J. Geophys. Res., 1991, 96: 1159 - 1172.

[53] Hedin A E, Fleming E L, Manson A H, et al. An empirical wind model for the upper, middle and lower atmosphere [J]. Journal of Atmospheric and Terrestrial Physics, 1996, 58 (13): 1421 - 1447.

[54] Hubert B, Gerard J - C, Evans D S, et al. Total electron and proton energy input during auroral substorms: Remote sensing with IMAGE - FUV [J]. J. Geophys. Res., 2002, 107: A81183.

[55] Jacchia L G, Slowey J. Accurate drag determinations for eight artificial satellites: Atmospheric densities and temperatures [R]. SAO Special Report #100, 1962.

[56] Jacchia, L G. Density variations in the heterosphere [J]. Ann. Geophys., 1966, 22: 75 - 85.

[57] Jacchia L G. Semiannual variation in the heterosphere: A reappraisal [J]. J. Geophys. Res., 1971, 76: 4602 - 4607.

[58] Jekeli C. The determination of gravitational potential differences from satellite - to - satellite tracking [J]. Celestial Mechanics and Dynamical Astronomy, 1999, 75: 85 - 101.

[59] Jian L. Radial evolution of large - scale solar wind structures [D]. Los Angeles: University of California, 2008.

[60] Kamide Y, Rostoker G. What is the physical meaning of the AE index? Eos Trans. AGU, 2004, 85 (19): 188.

[61] Kinnison D E, et al. Sensitivity of chemical tracers to meteorological parameters in the MOZART—3 chemical transport model [J], J. Geophys. Res., 2007, 112: D20302.

[62] Knipp D J, Tobiska W K, Emery B A, Direct and indirect thermospheric

heating sources for solar cycles 21 - 23 [J]. Sol. Phys., 2004, 224, 1 - 2: 495 - 505.

[63] [美] Liou K N, 大气辐射导论 [M]. 郭彩丽, 周诗健, 译. 气象出版社, 2004.

[64] Kohl M, King J W. Atmospheric winds between 100 and 700 km and their effects on ionosphere [J]. J. Atoms. Terr. Phys., 1967 (29): 1045 - 1062.

[65] Lathuillere C, Menvielle M, Marchaudon A, et al. A statistical study of the observed and modeled global thermosphere response to magnetic activity at middle and low latitudes [J]. J. Geophys. Res., 2008, 113: A07311.

[66] Lei J, Thayer J P, Forbes J M, et al. Rotating solar coronal holes and periodic modulation of the upper atmosphere [J]. Geophys. Res. Lett., 2008, 35: L10109.

[67] Lei J, Thayer J P, Lu G, et al. Rapid recovery of thermosphere density during the October 2003 geomagnetic storms [J]. J. Geophys. Res., 2011, 116: A03306.

[68] Lei J, Thayer J P, Wang W, et al. Impact of CIR storms on thermosphere density variability during the solar minimum of 2008 [J]. Sol. Phys., 2011, 274: 427 - 437.

[69] Lei J, Matsuo T, Dou X, et al. Annual and semiannual variations of thermospheric density: EOF analysis of CHAMP and GRACE data [J]. J. Geophys. Res., 2012, 117: A01310.

[70] Li X, Xu J, Tang G, et al. Processing and calibrating of in - situ atmospheric densities for APOD [J]. Chinese Journal of Geophysics, 2018, 61 (9): 3567 - 3576.

[71] Lindzen R S. Turbulence and stress owing to gravity wave and tidal breakdown [J]. J. Geophys. Res., 1981, 86: 9707 - 9714.

[72] Liu H, Luhr H. Strong disturbance of the upper thermospheric density due to magnetic storms: CHAMP observations [J]. J. Geophys. Res., 2005, 110: A09S29.

[73] Liu H, Lühr H, Henize V, et al. Global distribution of the thermospheric total mass density derived from CHAMP [J]. J. Geophys. Res., 2005, 110: A04301.

[74] Liu H - L, Foster B T, Hagan M E, et al. Thermosphere extension of the whole atmosphere community climate model [J]. J. Geophys. Res., 2010, 115: A12302.

[75] Liu H - L, Bardeen C G, Foster B T, Development and validation of the whole atmosphere community climate model with thermosphere and ionosphere extension (WACCM - X 2. 0) [J]. Journal of Advances in Modeling Earth Systems, 2018, 10: 381 - 402.

[76] Liu S, Shepherd G G, Chen Y, et al. WINDII observations and WACCM - X simulations of high - latitude winds under different solar radio flux and geomagnetic disturbance conditions [J]. Journal of Geophysical Research: Space Physics, 2019, 124: 6087 - 6096.

[77] Loewe C A, Pröss G W. Classification and mean behavior of magnetic storms [J]. J. Geophys. Res., 1997, 102 (A7): 14209 - 14214.

[78] Lummerzheim D, Brittnacher M, Evans D. High time resolution study of the hemispheric power carried by energetic electrons into the ionosphere during the May 19/20, 1996 auroral activity [J]. Geophys. Res. Lett., 1997, 24: 987.

[79] Marcos F. Accuracy of atmospheric drag models at low satellite altitudes [J]. Advances in Space Research, 1990, 10 (3): 417 - 422.

[80] Marsal S, Richmond A, Maute A, et al. Forcing the TIEGCM model with Birkeland currents from the active magnetosphere and planetary electrodynamics response experiment [J]. Geophys. Res., 2012, 777 (A6).

[81] Maus S, Macmillan S, Chernova T. The 10th generation International geomagnetic reference field [J]. Physics of the Earth and Planetary Interiors, 2005, 151: 320 - 322.

[82] McCormack J P, et al. NOGAPS - ALPHA model simulations of stratospheric ozone during the SOLVE2 campaign [J]. Atmos. Chem. Phys., 2004, 4: 2401 - 2423.

[83] Meier R R, Ultraviolet spectroscopy and remote sensing of the upper atmosphere [J]. Space Science Reviews, 1991, 58 (1): 1 -185.

[84] Meng C I, Huffman R E. Ultraviolet imaging from space of the aurora under full sunlight [J]. Geophysical Research Letters, 1984, 11 (4): 315 -318.

[85] Miyoshi Y, Fujiwara H. Day - to - day variations of migrating diurnal tide simulated by a GCM from the ground surface to the exobase [J]. Geophys. Res. Lett., 1989, 30 (15): 1789.

[86] Mlynczak M G, et al. The natural thermostat of nitric oxide emission at 5. 3μm in the thermosphere observed during the solar storms of April 2002 [J]. Geophys. Res. Lett., 2003, 30 (21): 2100.

[87] Mlynczak M G, Martin - Torres F J, Johnson D G, et al. Observations of the O (3P) fine structure line at 63 mm in the upper mesosphere and lower thermosphere [J]. J. Geophys. Res., 2004, 109: A12306.

[88] Mlynczak M G, Martin - Torres F J, Crowley G, et al. Energy transport in the thermosphere during the solar storms of April 2002 [J]. J. Geophys. Res., 2005, 110: A12S25.

[89] Moe K, Moe M M, Wallace S D. Improved satellite drag coefficient calculations from orbital measurements of energy accommodation [J]. Journal of Spacecraft and Rockets, 1998, 35 (3): 266 -272.

[90] Moe Kenneth, Moe Mildred M, Rice Carl J. Simultaneous analysis of multi - instrument satellite measurements of atmospheric density [J]. Journal of Spacecraft and Rockets, 2004, 41 (5): 849 -853.

[91] Moe K., Moe M M. Gas - surface interactions and satellite drag coefficients [J]. Planetary and Space Science, 2005, 53: 793 -801.

[92] Nett H, Perron G. ENVISAT MIPAS: Instrument commissioning & early results [C]//2002 IEEE International, Geoscience and Remote Sensing Symposium (IGARSS'02), 2002, 1: 602 -604.

[93] Pawlowski D J, Ridley A J. Quantifying the effect of thermospheric parameterization in a global model [J]. J. Atmos. Solar - Terr. Phys. 2009, 71: 2017 -2026.

[94] Paxton L J, Meng C I, Fountain G H, et al. Special sensor ultraviolet spectrographic imager (SSUSI): An instrument description [J]. SPIE, 1992, 1745: 2 -15.

[95] Paxton L J, Christensen A B, Humm D C, et al. Global ultraviolet imager (GUVI): Measuring composition and energy inputs for the NASA Thermosphere Ionosphere Energetics and Dynamics (TIMED) mission [J]. SPIE, 1999, 3756: 265 -276.

[96] Pelz D T, Reber C A, Hedin A E, et al. A neutral - atmosphere composition experiment for the atmosphere explorer - C, - D, - E [J]. Radio Science, 1973, 8: 277 -283.

[97] Picone J M, Hedin A E, Drob D P, et al. Enhanced empirical models of the thermosphere [J]. Physics and Chemistry of the Earth Part C., 2000, 25 (5 - 6): 531 -542.

[98] Picone J M, Hedin A E, Drob D P, et al. NRLMSISE -00 empirical model of the atmosphere: Statistical comparisons and scientific issues [J]. Journal of Geophysical Research, 2002, 107 (A12): 1468.

[99] Prölss G W. Magnetic storm associated perturbations of the upper atmosphere: Recent results obtained by satellite - borne gas analyzers [J]. Rev. Geophys., 1980, 18: 183 -202.

[100] Qian L, Solomon S C, Kane T J. Seasonal variation of thermospheric density and composition [J]. J. Geophys. Res., 2009, 114: A01312.

[101] Rees D, Fuller - Rowell T. Modelling the response of the thermosphere/ ionosphere system to time dependent forcing [J]. Adv. Space Res., 1992, 12 (6): 69 -87.

[102] Reigber C, Lühr H, Schwintzer P. CHAMP mission status [J]. Adv. Space Res., 2002, 30 (2): 129 -134.

[103] Richards P, Fennelly J, Torr D. EUVAC: A solar EUV flux model for aeronomic calculations [J]. Geophys. Res., 1994, 99 (A5): 8981 -8992.

[104] Richardson I G, Cane H V. Near - earth interplanetary coronal mass ejections

during solar cycle 23 (1996—2009): Catalog and summary of properties [J]. Sol. Phys., 2010, 264 (1): 189 -237.

[105] Richmond A D, Blanc M. Emery B A, et al. An empirical model of quiet - day ionospheric electric fields at middle and low latitudes [J]. J. Geophys. Res., 1980, 85: 4658 -4664.

[106] Richmond A, Kamide Y. Mapping electrodynamic features of the high - latitude ionosphere from localized observations: Technique [J]. J. Geophys. Res., 1988, 93 (A6): 5741 -5759.

[107] Richmond A D, Ridley E C, Roble R G. A thermosphere ionosphere general circulation model with coupled electrodynamics [J]. Geophys. Res. Lett., 1992, 19 (6): 601 -604.

[108] Rishbeth H, Setty C S G K. The F layer at sunrise [J]. J. Atmos. Terr. Phys., 1961 (20): 263.

[109] Roble R G, Dickinsion R E, Ridley E C. Seasonal and solar cycle variations of the zonal mean circulation in the thermosphere [J]. J. Geophys. Res., 1977, 82: 5493 -5540.

[110] Roble R G, Dickinson R E, Ridley E C. Global circulation and temperature structure of thermosphere with high - latitude plasma convection [J]. J. Geophys. Res., 1982, 87: 1599 -1614.

[111] Roble R, Ridley E C. An auroral model for the NCAR thermospheric general circulation model (TGCM) [J]. Ann. Geophys., 1987, 5 (A): 369 -382.

[112] Roble R G, Ridley E C, Richmond A D, et al. A coupled thermosphere ionsphere general circulation model, Geophys. Res. Lett., 1988, 75 (12): 1325 -1328.

[113] Roble R G, Dickinson R E. How will changes in carbon dioxide and methane modify the mean structure of the mesosphere and thermosphere. Geophys. Res. Lett., 1989, 16: 1441 -1444.

[114] Roble R G, Ridley E C. Athermosphere - ionosphere - mesosphere - electrodynamics general circulation model (TIME - GCM): Equinox solar cycle

minimum simulations (30 – 500km) [J]. Geophys. Res. Lett., 1994, 27 (6): 417 –420.

[115] Roble R G. Energetics of the mesosphere and thermosphere: A review of experiment and theory [J]. Geophysical Monograph Series, 1995, 87: 1 –21.

[116] Sang J, Bennett J C, Smith C H. Estimation of ballistic coefficients of low altitude debris objects from historical two line elements [J]. Advances in Space Research, 2013, 52 (1): 117 –124.

[117] Santos P T, Brum C G M, Tepley C A, et al. Using incoherent scatter radar to investigate the neutral wind long – term trend over Arecibo [J]. J. Geophys. Res., 2011, 116: A00H13.

[118] Saunders A, Swinerd G G, Lewis H G. Deriving accurate satellite ballistic coefficients from two – line element data [J]. Journal of Spacecraft and Rockets, 2012, 49 (1): 175 –184.

[119] Schmidt H, et al. The HAMMONIA chemistry climate model: Sensitivity of the mesopause region to the 11 – year solar cycle and $CO_2$ doubling [J]. J. Clim., 2006, 19: 3903 –3931.

[120] Sentman L H. Comparison of the exact and approximate methods for predicting free molecule aerodynamic coefficients [J]. American Rocket Society Journal, 1961, 31: 1576 –1579.

[121] Shapiro R. Smoothing, filtering, and boundary effects [J]. Rev. Geophys., 1970, 8 (2).

[122] Solomon S C, Qian L. Solar extreme – ultraviolet irradiance for general circulation models [J]. J. Geophys. Res., 2005, 110: A10306.

[123] Solomon S C, Woods T N, Didkovsky L V, et al. Anomalously low solar extreme ultraviolet irradiance and thermospheric density during solar minimum [J]. Geophys. Res. Lett., 2010, 37: L16103.

[124] Strickland D J, Bishop J, Evans J S, et al. Atmospheric ultraviolet radiance integrated code (AURIC): Theory, software architecture, inputs, and selected results [J]. J. Quant. Spectrosc. Radiat. Transfer, 1999, 62: 689 –742.

[125] Storz M, Bowman B, Branson M. High accuracy satellite drag model (HASDM). [C]//AIAA/AAS Astrodynamics Specialist Conference (Monterey California), 2002, AIAA - 2002 - 4886.

[126] Sutton E K, Forbes J M, Nerem R S. Global thermospheric neutral density and wind response to the severe 2003 geomagnetic storms from CHAMP accelerometer data [J]. J. Geophys. Res., 2005, 110: A09S40.

[127] Sutton E K. Normalized force coefficients for satellites with elongated shapes [J]. J. Spacecr. Rockets, 2009, 46 (1): 112 - 116.

[128] Sutton E K, Nerem R S, Forbes J M. Density and winds in the thermosphere deduced from accelerometer data [J]. Journal of spacecraft and rockets, 2007, 44 (6): 1210 - 1219.

[129] Tang G, Li X, Cao J, et al. APOD mission status and preliminary results [J]. Science China Earth Sciences, 2020, 63 (2): 257 - 266.

[130] Tapley B D, Ries J C, Bettadpur S, et al. Neutral density measurements from the gravity recovery and climate experiment accelerometers [J]. J. Spacecr. Rockets, 2007, 44 (6).

[131] Thayer J P, Lei J, Forbes J M, et al. Thermospheric density oscillations due to periodic solar wind high - speed streams [J]. J. Geophys. Res., 2008, 113: A06307.

[132] Thomsen M F. Why Kp is such a good measure of magnetospheric convection [J]. Space Weather, 2004, 2: S11004.

[133] Tsurutani B T, Echer E, Guarnieri F L, et al. CAWSES November 7 - 8, 2004, superstorm: Complex solar and interplanetary features in the post - solar maximum phase [J]. Geophys. Res. Lett., 2008, 35: L06S05.

[134] Tsurutani B T, Gonzalez W D. The cause of high - intensity long - duration continuous AE activity (HILDCAAs): Interplanetary Alfven wave trains [J]. Planet. Space Sci., 1987, 35: 405 - 412.

[135] Turner N E, Cramer W D, Earles S K, et al. Geoefficiency and energy partitioning in CIR - driven and CME - driven storms, J. Atmos. Sol. Terr.

Phys., 2009, 71: 1023 - 1031.

[136] Temmer M, Vrsnak B, Veronig A M. Periodic appearance of coronal holes and the related variation of solar wind parameters [J]. Sol. Phys., 2007, 241: 371 - 383.

[137] van Helleputte T, Doornbos E, Visser P. CHAMP and GRACE accelerometer calibration by GPS - based orbit determination [M]. Advances in Space Research, In Press, Corrected Proof, Available online 9 March 2009.

[138] Vickers H, Kosch M J, Sutton E, et al. Thermospheric atomic oxygen density estimates using the EISCAT Svalbard Radar [J]. J. Geophys. Res. Space Physics, 2013, 118: 1319 - 1330.

[139] Visser P N A M. GOCE gradiometer: estimation of biases and scale factors of all six individual accelerometers by precise orbit determination [J]. Journal of Geodesy, 2009, 83 (1): 69 - 85.

[140] Vrsnak B, Temmer M, Veronig A M. Coronal holes and solar wind high - speed streams: I. Forecasting the solar wind parameters [J]. Sol. Phys., 2007, 240: 315 - 330.

[141] Walterscheid R L. Solar cycle effects on the upper atmosphere: Implications for satellite drag [J]. J. Spacecr. Rocket, 1989, 26: 439 - 444.

[142] Wang W, Killeen T L, Burns A G, et al. A high resolution, three - dimensional, time dependent, nested grid model of the coupled thermosphere - ionosphere [J]. Journal of Atmospheric and Solar - Terrestrial Physics, 1999, 61: 385 - 397.

[143] Wang W, Lei J, Burns A G, et al. Ionospheric electric field variations during a geomagnetic storm simulated by a coupled magnetosphere ionosphere thermosphere (CMIT) model [J]. Geophys. Res. Lett, 2008, 35: L18105.

[144] Wiltberger M, Wang W, Burns A G, et al. Initial results from the coupled magnetosphere ionosphere thermosphere model: magnetospheric and ionospheric responses [J]. J. Atmos. Sol. Terr. Phys., 2004, 66 (5): 1411 - 1423.

[145] Wilson G R, Weimer D R, Wise J O, et al. Response of the thermosphere to

Joule heating and particle precipitation [J]. J. Geophys. Res., 2006, 111: A10314.

[146] Wright D. Space debris [J]. Phys. Today, 2007, 60 (10): 35 -40.

[147] Weimer D R. Models of high - latitude electric potentials derived with a least error fit of spherical harmonic coefficients [J]. J. Geophys. Res., 1995, 100: 19595 -19608.

[148] Weimer D R, Bowman B R, Sutton E K, et al. Predicting global average thermospheric temperature changes resulting from auroral heating [J]. J. Geophys. Res., 2011, 116: A01312.

[149] Woods T, Rottman G. Solar ultraviolet variability over time periods of aeronomic interest, in Atmospheres in the Solar System: Comparative Aeronomy [J]. Geophys. Monogr. Ser., 2002, 130: 221 -234.

[150] Woods T N, Eparvier F G, Bailey S M, et al. Solar EUV Experiment (SEE): Mission overview and first results [J]. J. Geophys. Res., 2005, 110, A01、312.

[151] Xu J, Wang W, Lei J, et al. The effect of periodic variations of thermospheric density on CHAMP and GRACE orbits [J]. J. Geophys. Res., 2011, 116: A02315.

[152] Zhang J - C, Liemohn M W, Kozyra J U, et al. A statistical comparison of solar wind sources of moderate and intense geomagnetic storms at solar minimum and maximum [J]. J. Geophys. Res., 2006, 111: A01104.

[153] Zhang X, Wang Y, Cai Q, et al. Seasonal oscillations of thermosphere neutral density at dusk/dawn as measured by three satellite missions [J]. Journal of Geophysical Research: Space Physics, 127, e2021JA030197.

[154] 李勰，徐寄遥，唐歌实，等. APOD 卫星大气密度数据处理与标校 [J]. 地球物理学报，2018，61 (9): 3567 -3576.

[155] 李勰，刘舒莳，满海钧，等. 基于航天器探测密度与轨道数据的密度模式精度评估 [J]. 载人航天，2001，27 (1): 1 -9.

[156] 刘林. 航天器轨道理论 [M]. 北京：国防工业出版社，2000.

[157] 刘亚英，气球卫星 1990—81B 和 1990 - 81C 的轨道变化和高层大气密度的测定 [J]. 空间科学学报，1994：320 - 327.

[158] 刘振兴. 太空物理学 [M]. 哈尔滨：哈尔滨工业大学出版社，2005.

[159] 秦国泰，邱时彦，贺爱卿. “神舟二号” 大气密度探测器的探测结果 (I) 日照和阴影区域热层大气密度变化 [J]. 空间科学学报，2002，23 (2)，135 - 141.

[160] 秦国泰，邱时彦，叶海华，等. “神舟四号” 大气成分探测的新结果 [J]. 空间科学学报，2004，24 (6)：448 - 454.

[161] 秦国泰，邱时彦，贺爱卿，等. “神舟三号” 运行高度上大气密度的变化 [J]. 空间科学学报，2004，24 (4)：269 - 274.

[162] 秦国泰，孙丽琳，曾宏，等. 2005 年 8 月 24 日强磁暴事件对高层大气密度的扰动 [J]. 空间科学学报，2008，28 (2)，137 - 141.

[163] 陈光明，符养，薛震刚，等. 利用星载加速度计数据反演高层大气密度的方法 [J]. 解放军理工大学学报：自然科学版，2010，11 (3)：371 - 376.

[164] 陈光明，符养，徐寄遥. 基于 CHAMP 卫星加速度计观测的高层大气密度研究 [M]. 西安：西安地图出版社，2010：59 - 64.

[165] 王英鉴. 中高层大气对卫星系统的影响 [J]. 中国科学 (A 辑)，2000，30 (增刊)：17 - 20.

[166] 徐天河，杨元喜. CHAMP 卫星快速科学轨道数据的使用及精度评定 [J]. 大地测量与地球动力学，2004，24 (01)，81 - 84.

[167] 任德馨. 热层大气对太阳辐射变化的响应机制及预报研究 [D]. 合肥：中国科学技术大学，2021.

[168] 张建奇，方小平. 红外物理 [M]. 西安电子科技大学出版社，2004.

[169] 周云良，马淑英，Lühr H，等，2003 年 11 月超强磁暴热层大气密度扰动及其与焦耳加热和环电流指数的关系——CHAMP 卫星观测 [J]. 地球物理学报，2007，50 (4)：986 - 994.

[170] 陈旭杏，胡雄，肖存英，等. 基于卫星数据和 NRLMSISE00 模型的低轨道大气密度预报修正方法 [J]. 地球物理学报，2013，56 (10)：3247 - 3254.

# 索 引

## 0～9（数字）

4 个磁暴期间 ap 指数变化及定轨时段、预报时段分布（图） 191

4 个磁暴期间定轨弧段内残差比较（图） 191、192

20 世纪热层大气密度的主要探测卫星（表） 44

21 世纪搭载加速度计的卫星（表） 47

300 km、400 km 和 600 km HASDM 与 MSISE00 模式月均值变化（图） 176

1967—2010 年 400 km 高度处热层大气密度和 $F_{10.7}$ 太阳辐射通量的变化对比（图） 18

2002—2007 年间不同地磁暴期间 $\Delta\rho_m$ 和 $\Delta Dh_m$ 随 $\Delta HP_m$ 的变化（图） 109

2002—2007 年间每次磁暴引起的极光能量输入、热层密度总增加、CHAMP 卫星轨道总衰变之间的关系（图） 111

2002—2007 年间每年 CIR 和 CME 事件触发的地磁/热层暴的总持续时间（图） 113

2002—2007 年间每年地磁暴引起的 CHAMP 卫星轨道总衰变（图） 114

2002 年 4 月 17—20 日 CHAMP 卫星观测和 NRLMSISE00 模拟的热层密度分布（图） 30

2002 年 4 月 17—20 日案例 187

2002 年 4 月 17—20 日白天和夜间热层密度与 NO 冷却率随时间的变化（图） 11

2002 年 4 月 17—20 日地磁指数 ap 和太阳辐射指数 $F_{10.7}$ 随时间的变化（图） 29

2002 年 4 月 18—21 日使用标准 JACCHIA70 模式与修正的 JACCHIA70 模式进行轨道预报的误差比较（图） 188

2002 年第 74—96 天的地磁活动 101

2002 年第 74—96 天期间 $F_{10.7}$ 指数，IMF 的 Bz 分量，太阳风密度和速度，Dst、ap 和 AE 指数，半球极光功率，CHAMP 卫星观测大气密度（轨道平均），轨道衰变率和地磁活动引起的卫星轨道总衰变（图） 102

2002 年第 140—153 天的地磁活动 98

2002 年第 140—153 天期间 $F_{10.7}$ 指数，IMF 的 Bz 分量，太阳风密度和速度，Dst、ap 和 AE 指

数，半球极光功率，CHAMP 卫星观测大气密度，轨道衰变率和地磁活动引起的卫星轨道总衰变（图） 99
2003—2005 年 CHAMP 卫星热层大气密度和 EUV27 天变化比较（图） 18
2003 年 10 月 29—31 日案例 187
2003 年 10 月 30 日—11 月 1 日使用标准 JACCHIA70 模式与修正的 JACCHIA70 模式进行轨道预报的误差比较（图） 188
2004 年 11 月 7—10 日日照区和阴影区标准 JACCHIA70 模式与修正的 JACCHIA70 模式预测的热层密度纬度—时间分布（图） 186
2004 年 11 月 7—11 日 CHAMP 卫星观测、NRLMSISE00 模拟的热层密度分布，地磁指数 ap 和太阳辐射指数 $F_{10.7}$ 的变化（图） 31
2004 年 11 月 7—11 日案例 189
2004 年 11 月 8—11 日使用标准 JACCHIA70 模式与修正的 JACCHIA70 模式进行轨道预报的误差比较（图） 190
2004 年 7 月 25—28 日案例 189
2004 年 7 月 26—28 日使用标准 JACCHIA70 模式与修正的 JACCHIA70 模式进行轨道预报的误差比较（图） 189
2006 年第 324—340 天的地磁活动 104
2006 年第 324—340 天期间 $F_{10.7}$ 指数，IMF 的 Bz 分量，太阳风密度和速度，Dst、ap 和 AE 指数，半球极光功率，CHAMP 卫星观测大气密度（轨道平均），轨道衰变率和地磁活动引起的卫星轨道总衰变（图） 105
2015 年 12 月 20.04 日昏侧大气密度随纬度分布和空间环境参数（图） 26
2015 年 12 月 20.23 日昏侧大气密度随纬度分布和空间环境参数（图） 26
2015 年 12 月 20.30 日昏侧大气密度随纬度分布和空间环境参数（图） 27
2015 年 12 月 20.88 日昏侧大气密度随纬度分布和空间环境参数（图） 27
2015 年 12 月 21.34 日昏侧大气密度随纬度分布和空间环境参数（图） 28
2015 年 12 月磁暴期间 APOD 探测密度的绝对涨幅和相对涨幅（图） 23
2016 年 6 月磁暴期间 APOD 探测密度的绝对涨幅和相对涨幅（图） 24
2016 年夏季磁暴期间密度涨幅随纬度变化（图） 23
2016 年夏季磁暴前后密度比对（图） 22
2020 年在 9 月分点和 12 月至点时 400 km 高度 NRLMSISE00 模式热层大气密度纬度地方时分布（图） 16

## A ~ Z、Δ

APOD 探测器密度数据与精密星历数据反演密度比较（图） 56
APOD 卫星轨道的地方时—纬度覆盖（图） 54
APOD 卫星结构及大气密度探测载荷布局（图） 55
APOD 卫星外形简化示意（图） 123
APOD 卫星在地磁宁静时的平均轨道衰减及对应地磁指数变化（图） 37
APOD 卫星阻尼系数 124、125
　敏感分析关键参数变化范围（表） 124
　随能量适应系数、大气相对速度、大气温度及表面温度的变化（图） 125
　随时间变化（图） 124
ap 误差引起的轨道预报位置误差（图） 130

ASPEN 模型计算的 2002 年 4 月磁暴期间热传导冷却速率（图） 15
CHAMP 计划 47
CHAMP 数据与 CO 数据比较（图） 52
CHAMP 卫星 47
CHAMP 卫星和 GRACE 卫星非保守力加速度的长期变化（图） 50
CHAMP 卫星及加速度计（图） 48
$CO_2$ 辐射 11
　冷却 11
$CO_2$ 辐射率随纬度和高度变化（图） 13
DTM77 模式 88
DTM 系列模式 87
EPP 7
$F_{10.7}$误差引起的轨道预报位置误差（图） 129
GRACE 数据与 CO 数据比较（图） 53
GRACE 卫星 47
HASDM 168、172～177
　测试评估 172
　关键技术 168
　和 MSISE00 模式值在不同类磁暴期间的差异（图） 177
　模式与经验模式的比较评估 175
JACCHIA 系列 82
MSISE00 和 HASDM 模式值在不同太阳活动条件下的差异（图） 177
MSIS 系列 83、120
　经验密度模式 120
NCAR 热层大气环流模式发展路线（图） 70
NO 9、10
　辐射冷却 9
　红外辐射 9
　冷却率与 ap 指数相关性以及相对 ap 指数的延迟时间（图） 10
　损失过程 9
NRLMSIE00 模式误差随时间的变化（图） 164
$T_c$ 和 $T_x$ 修正 179
TIEGCM 模式 69
TLE 根数 148、153
　解算弹道系数（图） 153
TLE 数据的反演密度与 APOD 卫星探测数据的比较（图） 40
TLE 异常数据处理 148
WACCM—X 模拟中性温度与来自 GUVI 测量和 NRLMSIS 经验模型在 2002 年 11 月和 2007 年 7 月中纬度、亚热带和赤道纬度的比较（图） 80
WACCM—X 模拟纬向风场与来自 WINDII 测量结果在地磁活跃期的比较（图） 81
WACCM—X 模式 75～79
　编译、运行步骤 78
　发展框架（图） 76
　所需支持软件（表） 79
WACCM—X 在太阳活跃条件下模拟的 9 月 400 km 高度的中性大气密度（图） 80
$\Delta T_c$ 和 $\Delta T_x$ 修正 180

## B

半长轴平滑值与实测值的差异（图） 149
暴时大气密度 22、25
　季节变化特征 22
　演化规律 25
暴时热层 20、114
　大气纬度变化特征 20
　密度与轨道数学关系 114

标校模型对定轨精度影响（图） 175
标校前后密度误差（图） 174
补偿算法 146、147
应用于 CHAMP 卫星的定轨和预报（表） 146
应用于天宫一号的定轨和预报（表） 147
不同方法反演的 CHAMP 卫星密度与 JB2008 模式预测值的比较（图） 121
不同方法反演的 GRACE 卫星密度与 JB2008 模式预测值的比较（图） 122
不同方法反演的 GRACE 卫星密度与 NRLMSISE00 模式预测值的比较（图） 122
不同方法反演的密度数据（图） 120
不同高度上 NRLMSIE00 模式误差随时间的变化（图） 164

## C

参考文献 193
常用经验模式介绍 82
常用模式精度评估 89
常用物理模式介绍 69
常用阻力系数计算方法 117
尺度因子方法修正前后 164～166
弹道系数标准偏差变化情况（图） 165、166
模式相对误差（表） 164
尺度因子修正方法流程（图） 162
初始轨道根数（表） 127
磁暴 5、14、106、112
持续时间与轨道衰变关系 112
前和磁暴期间原子氧冷却速率（图） 14
引起热层密度和卫星轨道的变化（表） 106
磁暴期间 12、21、97、191、192
ap 指数变化及定轨时段、预报时段分布（图） 191
定轨弧段内残差比较（图） 191、192
全球密度变化特征（图） 21
热层密度变化引起的卫星轨道扰动 97
实测密度、模式密度以及地磁指数随时间的变化（图） 12
磁层 4～6
能量加热大气机制 6
能量注入对热层大气加热 5

## D

搭载加速度计的卫星（表） 47
大气密度 55、56、95、170
动态校正技术 170
探测载荷布局（图） 55
遥感探测 56
影响航天器轨道基本原理 95
大气密度模式 55、127、135、138
误差引起的轨道预报位置误差（图） 127
在航天器定轨和轨道预报中的应用效果评估 135
在航天器定轨中的应用效果评估 135
在航天器轨道预报中的应用效果评估 138
大气密度模式或大气阻力系数误差对轨道预报影响 127
大气模式 137、147、157
定轨残差统计（图） 137
动态修正 157
在航天器再入陨落预报中的应用 147
大气温度和平均分子量（图） 2
大气遥感探测 56

大气阻力 126、131
计算误差对轨道预报影响 126
加速度误差变化对轨道预报影响 131
大气阻力系数 128、141～146
补偿算法 142
补偿算法在轨道预报中的应用 146
常用解算方法 141
误差引起的轨道预报位置误差（图） 128
大气作用引起加速度计算 49
弹道系数 152、168
解算流程（图） 152
确定技术 168
低层大气波动对热层大气加热 7
低轨航天器典型的受力量级（表） 96
地磁活动引起的热层大气密度变化 19
地磁条件下时间分辨率与轨道衰减的关系（表） 37
地磁指数 ap 变化（图） 150
地基遥感探测 60
地球大气 1
地球大气分层结构 1～3
按成分分层 3
按电离化程度分层 3
按温度变化分层 1
典型卫星阻力系数变化特征 123
典型物理模式建模方式（表） 63
电离层 4、72
基本方程 72
电离层—热层系统 73
定轨弧段解算的 $C_D$（表） 142
定轨与轨道预报测试评估 174
冬夏季半球暴时密度涨幅比较（表） 24
动态修正算法 179
对不同经验密度模式修正前后的均方根误差比较（图） 166
对流层 1
多阶磁暴期间能量传输示意（图） 185
多颗目标模式修正前后弹道系数反演值和真实值之比（图） 164
多元线性回归分析步骤 144

## F～G

非均质层 3
改变中性大气热力学状态 7
个例分析 97
各国发布的陨落预报误差比较（图） 156
各模式密度 92、93
相对于 GOCE 卫星观测密度的误差（图） 93
相对于 SWARM 卫星观测密度的误差（图） 92
各模式相对于 GOCE 卫星观测密度 93
均方根误差（表） 93
系统误差（表） 93
各模式相对于 SWARM 卫星观测密度 91
均方根误差（表） 91
相对系统误差（表） 91
轨道动力学 33
大气密度反演 33
轨道动力学法 33
轨道高度大气密度观测值与模式值之比随时间的变化（图） 159
轨道预报 141、143
位置误差比较（图） 143
大气阻力系数解算 141
轨道预报中使用不同大气模式 140

位置误差（表） 140
最优表现案例个数及所占比例（表） 140

## H

航天器 35、148～150
再入陨落轨道预报方法 148
再入陨落预报中弹道系数解算方法 150
在轨道坐标系中运动示意（图） 35
红外辐射冷却 8

## J

基于 TLE 数据的反演密度与 APOD 卫星探测数据的比较（图） 40
基于尺度因子方法的模式修正 158～162
修正结果分析 162
修正原理 158
基于轨道大气模式动态修正 157
基于轨道动力学的大气密度反演 33
基于精密星历的热层大气密度反演 34
基于镜面反射理论计算方法 117
基于落球探测的临近空间大气参数反演 40
基于冷却效应对大气模式的修正方法 184
基于漫反射理论阻力系数计算方法 118
基于模式参数的动态修正 167
基于实测密度数据的大气模式修正 178
极光输入功率与大气密度、轨道衰变的关系 108
加速度计 49
密度探测方法 49
焦耳加热 6
结果比对和讨论 52
精密星历的热层大气密度反演 34
经验大气模式动态修正 157
经验模式 81、82
建模数据与建模方法 81
模式介绍 82
镜面反射理论计算方法 117
静力平衡 64
均方根误差比较（图） 166
均质层 3

## K～L

空间环境参数 126、128
变化（图） 126
误差对轨道预报的影响 128
空间目标筛选规则样例（图） 160
落球法 40
落球探测的临近空间大气参数反演 40
冷却效应对大气模式的修正方法 184
利用不同阻力理论计算阻力系数和阻力加速度随卫星长宽比的变化（图） 119
粒子成分的辐射波长和作用高度（表） 9
连续磁暴 28、184
大气密度变化特征 28
大气模式修正 184
引起的轨道预报位置误差（图） 131

## M～Q

漫反射理论阻力系数计算方法 118
密度预报 172
面向航天器定轨预报的大气模式应用 135
模式参数动态修正 167
模式动态修正 158
模式输入参数 73
内部重力波 7
耦合模式 68

偏导数计算 181
平流层 2
评估期间 $F_{10.7}$和 ap 指数变化（图） 136
七次磁暴引起热层密度和卫星轨道的变化（表） 106

R

热层 2
热层大气 1～8、33、62、71、95、135
变化的物理过程 1
变化特征 1
对低轨航天器轨道影响分析 95
基本方程 71
加热机制 4
冷却机制 8
模式 62
能量变化 7
能量来源 4
阻力 135
热层大气密度 15、17、19、33、66
变化（图） 17、19
变化特征 15
测量 33
建模 66
热传导 14

S

散逸层 3
实测密度数据的大气模式修正 178
时间分辨率 36、37
选取原则 36
与轨道衰减的关系（表） 37
使用 JACCHIA70 模式进行轨道预报的误差（图） 186
使用不同 $C_D$ 系数的轨道预报位置误差比较（图） 143
使用不同大气模式的 1 天、2 天和 3 天轨道预报误差（图） 139
使用不同大气模式解算的大气阻力系数（图） 138
使用不同弹道系数的预报误差（图） 155
数值方法 74

T

太阳风事件引发的地磁暴的持续时间与极光能量输入和卫星轨道高度总变化关系（图） 110
太阳辐射 4、5、15
对热层大气加热 4
引起热层大气密度变化 15
太阳活动低年不同大气模式计算密度的全球分布（图） 89
太阳活动低年条件下热层大气密度变化（图） 19
太阳活动高年不同大气模式计算密度的全球分布（图） 90
太阳活动中等条件下热层大气密度变化（图） 17
逃逸层 3
天宫一号 153、154
TLE 半长轴平滑检测结果（图） 154
陨落预报验证分析 153
天基红外探测 59
天基遥感探测 57
天基原位热层大气密度测量 43
统计分析 108

**W**


外层　3
纬度平均经向风场（图）　20
卫星加速度计数据预处理　49
卫星阻力系数变化特征　123
温度修正场测试评估　172
物理模式　62～66、69
　发展趋势　66
　基本建模思想　63
　建模方式（表）　63
　建模过程　65
　建模假设　64
　介绍　69


**X**


线性误差模型系数随时间的变化（图）　163
相似卫星的 $B'$ 比较（表）　169
星载加速度计测量热层大气密度方法　46
修正 JACCHIA70 模式的验证与分析　187
修正参数选取　178


**Y**


压力规　54
　基本原理、测量要素与方法　54
原子氧辐射冷却　13
远紫外探测　57
陨落前 30 天不同观测弧段解算的弹道系数（图）　155
陨落预报误差比较（图）　156


**Z**


质谱计　43～46
　测量原理　43
　大气成分谱图示意（图）　46
　基本原理、测量要素与方法　43
中间层　2
中性层　3
重力波　7
周期阻力加速度误差引起的轨道预报误差（图）　133
自由分子流气面作用原理　116
阻力加速度　131～134
　随机误差引起的轨道误差（图）　131
　误差时变特性（图）　133
　误差引起的轨道预报误差（图）　134
　误差周期特性（图）　132
阻力理论计算的阻力系数和阻力加速度随卫星长宽比的变化（图）　119
阻力系数　116、117、143
　补偿算法　143
　计算方法　116、117
最优 $C_D$ 与 $T$ 向残差、ap 平均值比例的统计（表）　144


（王彦祥、张若舒　编制）

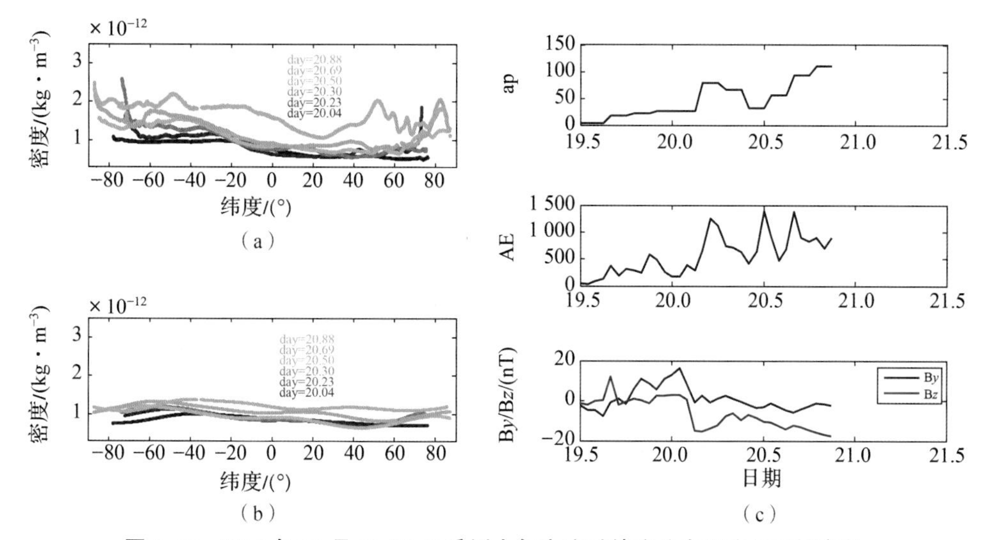


**图 1.22　2015 年 12 月 20.88 日昏侧大气密度随纬度分布和空间环境参数**

(a) APOD；(b) MSISE；(c) ap 指数、AE 指数及行星际磁场

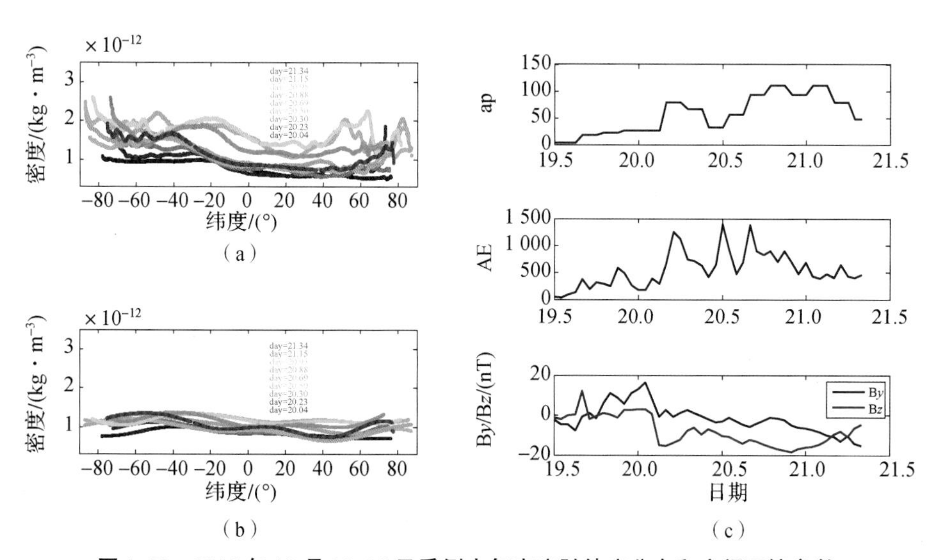


**图 1.23　2015 年 12 月 21.34 日昏侧大气密度随纬度分布和空间环境参数**

(a) APOD；(b) MSISE；(c) ap 指数、AE 指数及行星际磁场

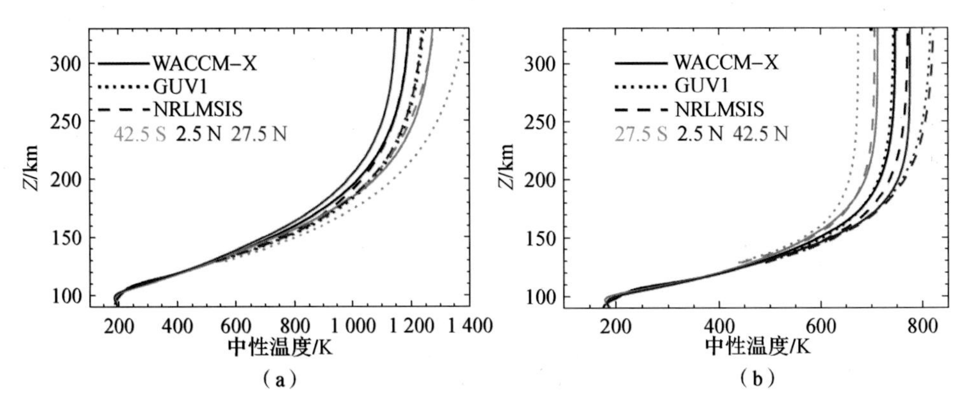


**图 3.3　WACCM－X 模拟的中性温度与来自 GUVI 测量和 NRLMSIS 经验模型在 2002 年 11 月（a）和 2007 年 7 月（b）中纬度、亚热带和赤道纬度的比较（Liu 等，2018）**

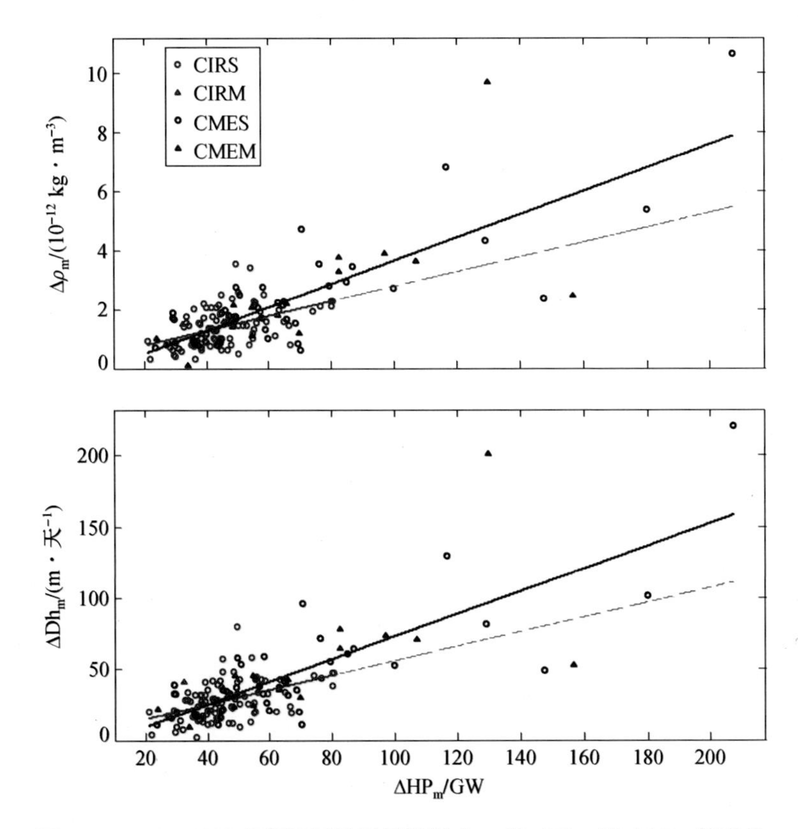


**图 4.4　2002—2007 年间不同地磁暴期间 $\Delta\rho_m$ 和 $\Delta Dh_m$ 随 $\Delta HP_m$ 的变化**

（CIRS 和 CIRM 分别表示单个或多个 CIR 事件触发的地磁暴，CMES 和 CMEM 分别表示由单个或多个 CME 事件触发的地磁暴，实线为 CME 和 CIR 各触发磁暴期间观测的线性拟合结果，虚线为实线外推的结果）

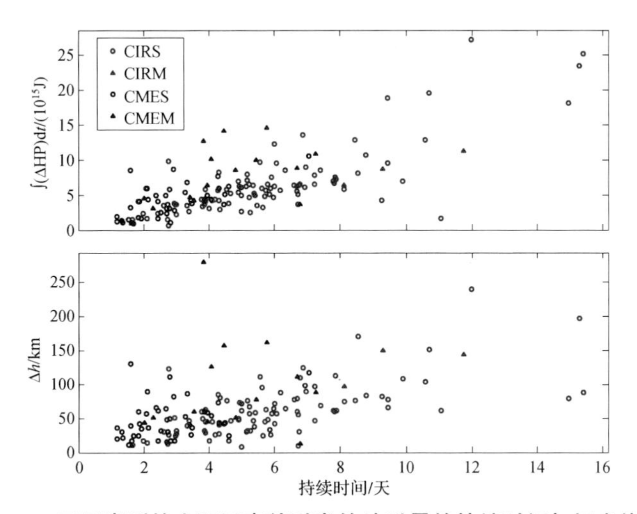


图 4.5　不同类型的太阳风事件引发的地磁暴的持续时间与极光能量输入 $\int(\Delta HP)\,dt$ 和卫星轨道高度总变化 $\boldsymbol{\Delta h}$ 的关系

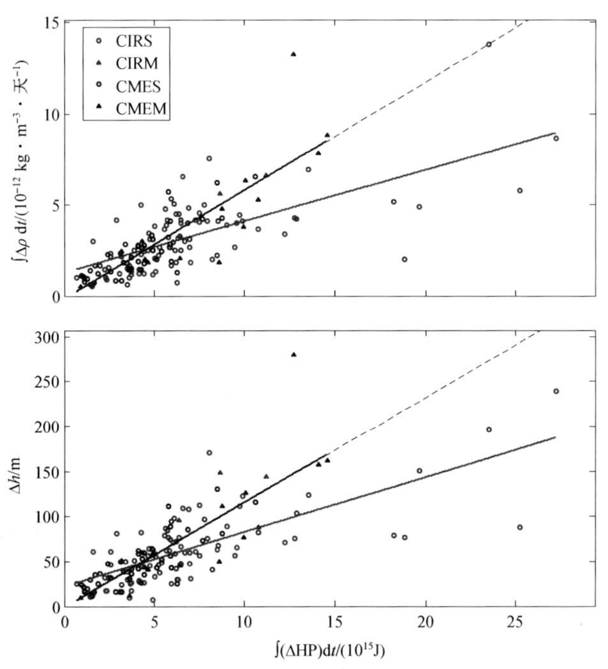


**图 4.6　2002—2007 年间每次磁暴引起的极光能量输入、热层密度总增加、CHAMP 卫星轨道总衰变之间的关系**

（横坐标为磁暴期间极光能量的最大增加值，纵坐标依次为 CHAMP 卫星轨道上的大气密度总增加值和卫星轨道总衰减）

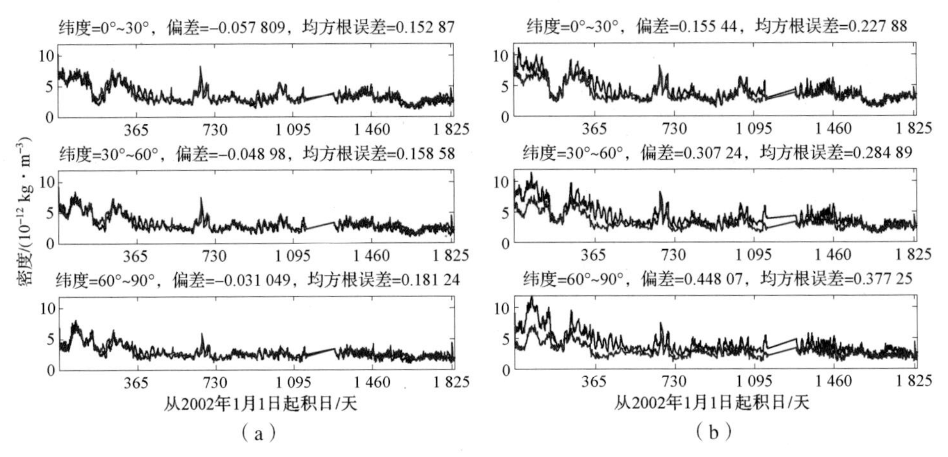


**图 4.10　不同方法反演的密度数据**

（CHAMP 与 NRLMSISE00 模式预测值的比较，蓝线为 CHAMP 卫星值，红线为 NRLMSISE00 模式预测值）

（a）利用 Sentman 的阻力系数计算方法反演所得数据；（b）利用 Cook 的阻力系数计算方法反演所得数据

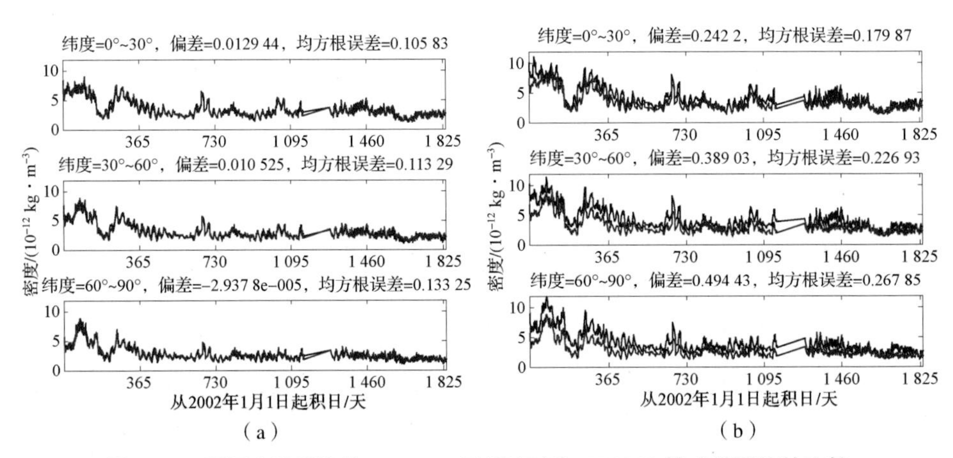


**图 4.11　不同方法反演的 CHAMP 卫星密度与 JB2008 模式预测值的比较**

（蓝线表示 CHAMP 卫星观测值，红线表示 JB2008 模式的预测值）

（a）利用 Sentman 的阻力系数计算方法反演所得数据；（b）利用 Cook 的阻力系数计算方法反演所得数据

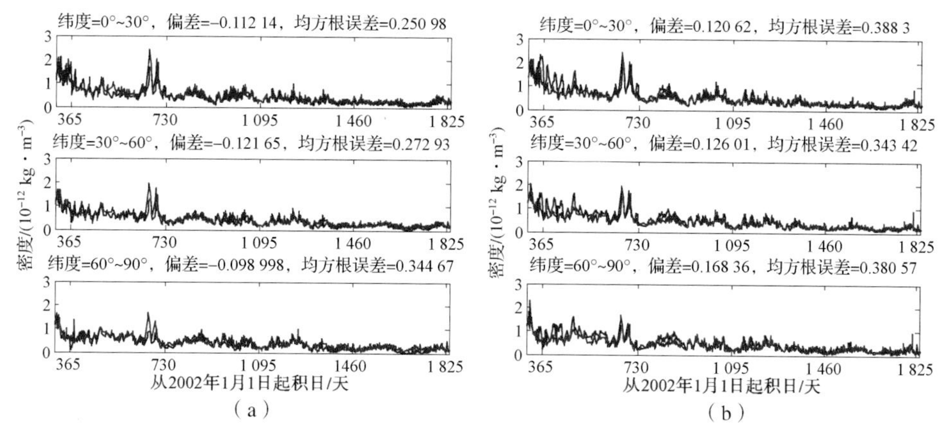


**图 4.12　不同方法反演的 GRACE 卫星密度与 NRLMSISE00 模式预测值的比较**

（蓝线表示 GRACE 卫星观测值，红线表示 NRLMSISE00 模式的预测值）

（a）利用 Sentman 的阻力系数计算方法反演所得数据；

（b）利用 Cook 的阻力系数计算方法反演所得数据

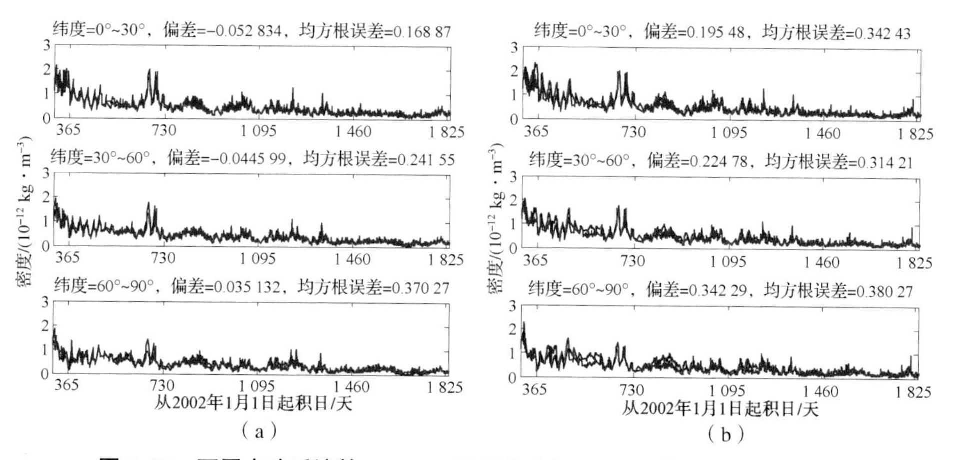


**图 4.13　不同方法反演的 GRACE 卫星密度与 JB2008 模式预测值的比较**

（蓝线表示 GRACE 卫星观测值，红线表示 JB2008 模式预测值）

（a）利用 Sentman 的阻力系数计算方法反演所得数据；

（b）利用 Cook 的阻力系数方法反演所得数据

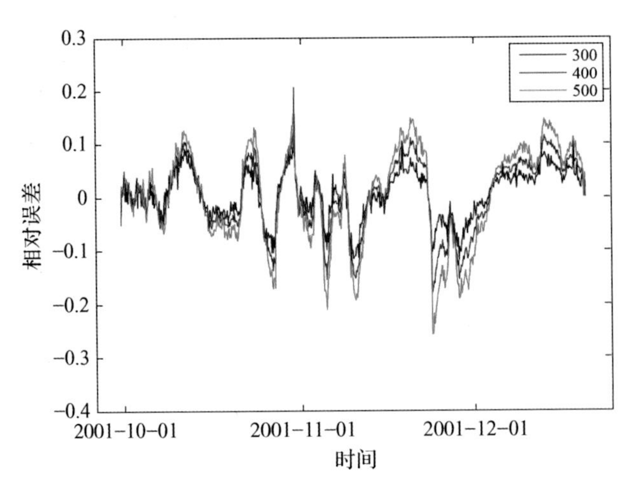


**图 6.5　不同高度上 NRLMSIE00 模式误差随时间的变化**

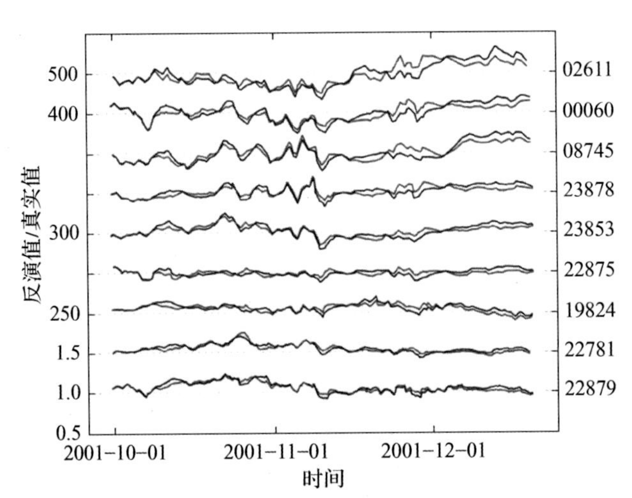


**图 6.6　多颗目标模式修正前后弹道系数反演值和真实值之比**

（深色：修正前；浅色：修正后）

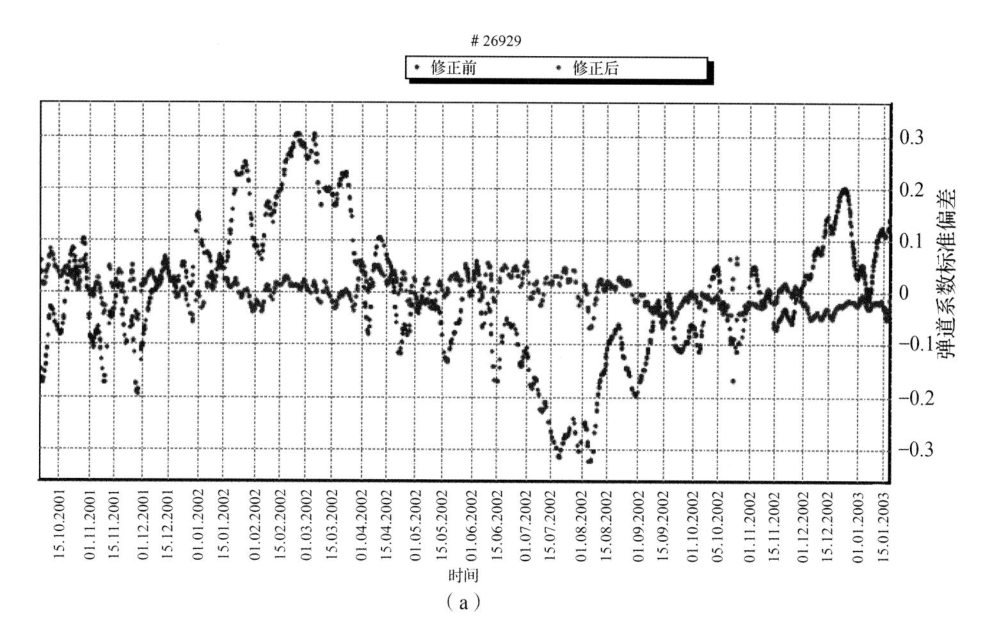


（a）

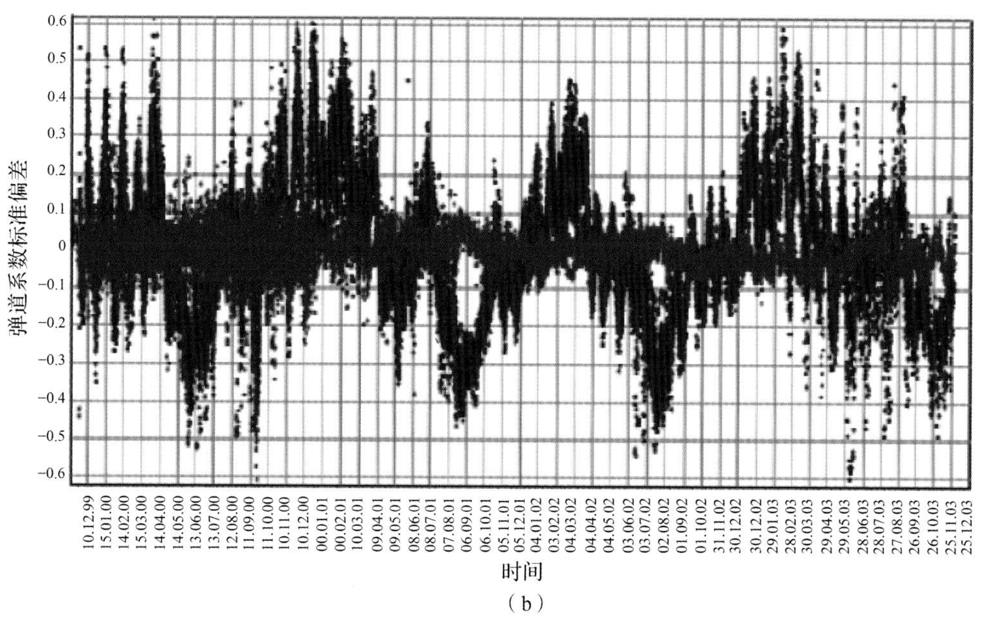


（b）

**图 6.7　尺度因子方法修正前后的弹道系数标准偏差变化情况**

（a）GOST 模式；（b）NRLMSISE00 模式

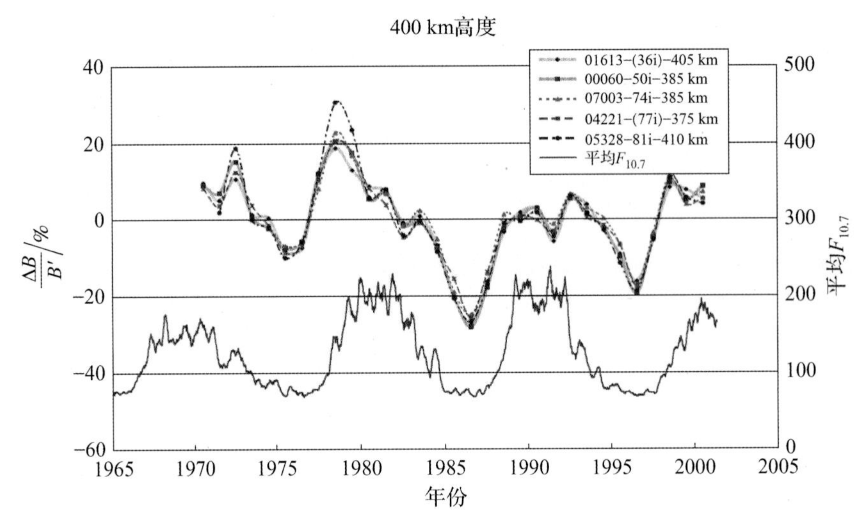


**图 6.10　弹道系数的年均值变化（Bowman，2003）**

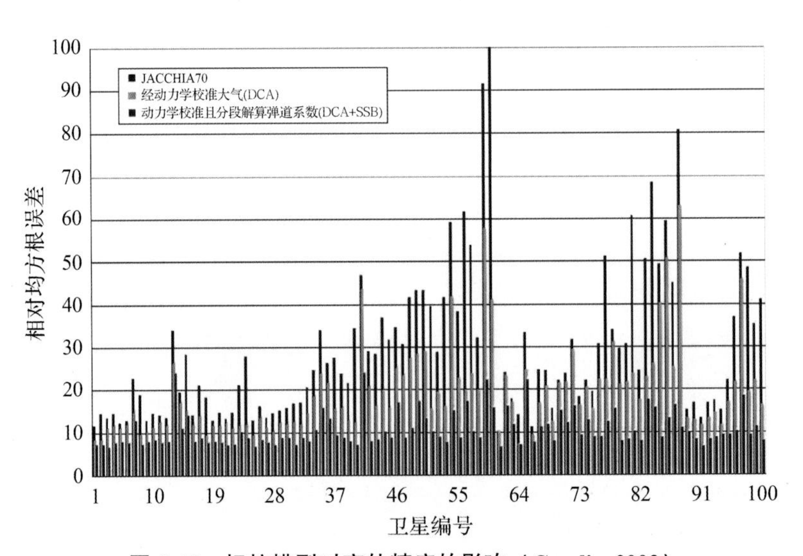


**图 6.12　标校模型对定轨精度的影响（Casali，2002）**

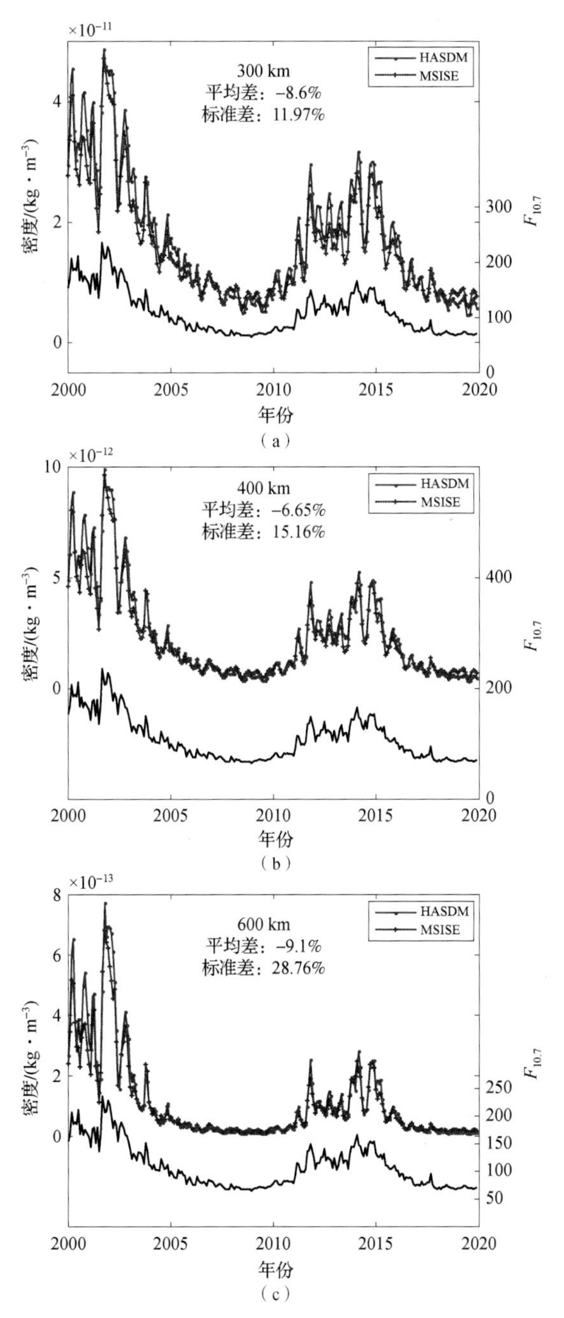


**图 6.13　300 km（a）、400 km（b）和 600 km（c）HASDM 与 MSISE00 模式月均值变化**

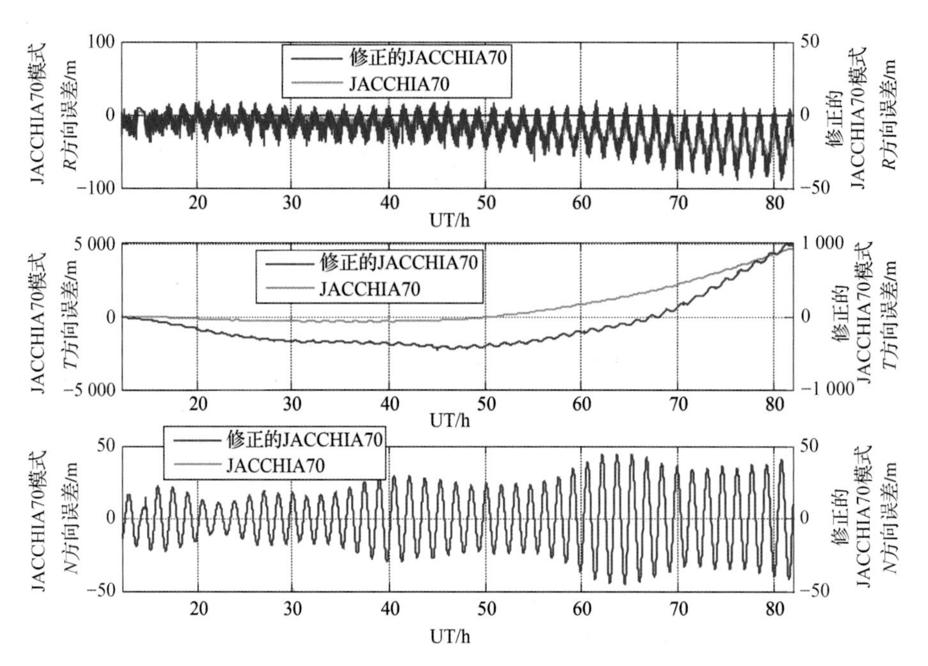


图 6.19　2002 年 4 月 18—21 日使用标准 JACCHIA70 模式与

修正的 JACCHIA70 模式进行轨道预报的误差比较

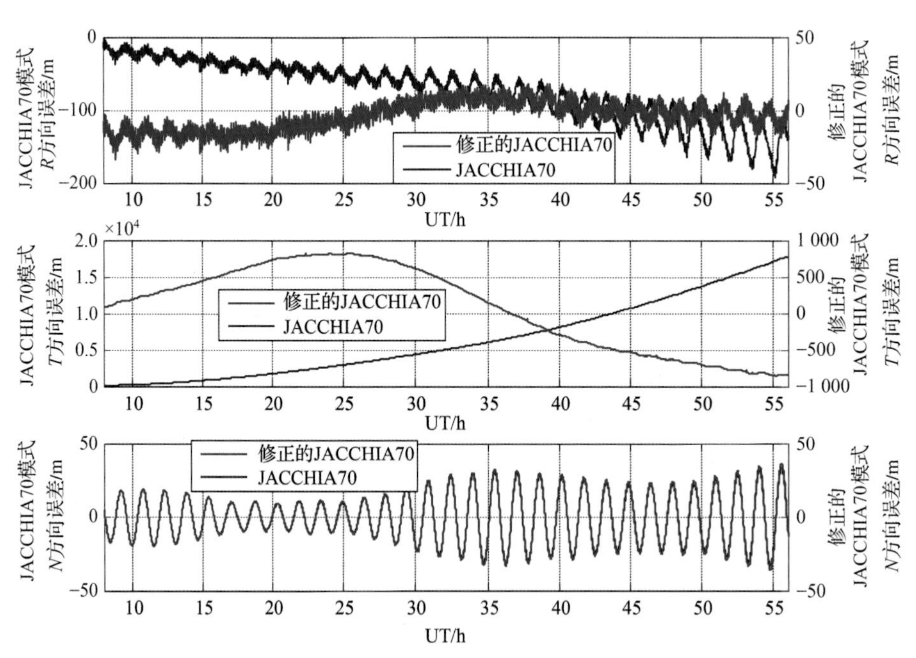


图 6.20　2003 年 10 月 30 日—11 月 1 日使用标准 JACCHIA70 模式与

修正的 JACCHIA70 模式进行轨道预报的误差比较

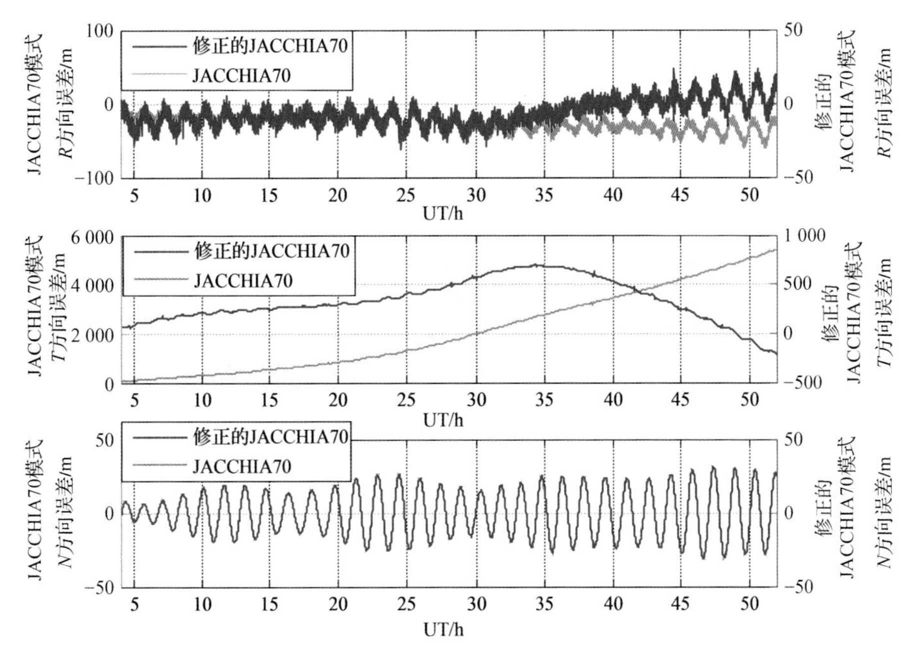


**图 6.21　2004 年 7 月 26—28 日使用标准 JACCHIA70 模式与修正的 JACCHIA70 模式进行轨道预报的误差比较**

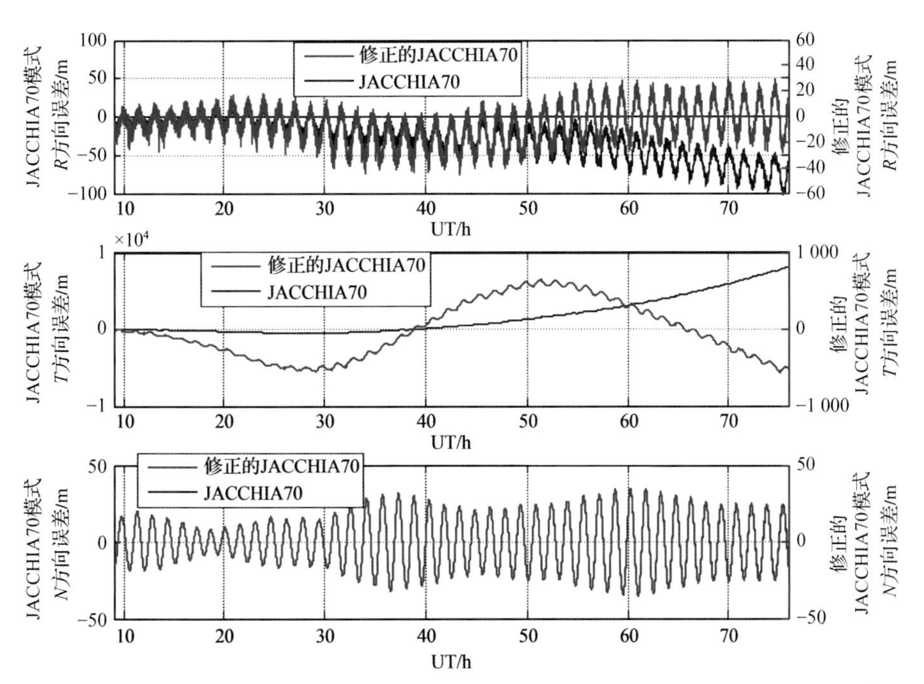


**图 6.22　2004 年 11 月 8—11 日使用标准 JACCHIA70 模式与修正的 JACCHIA70 模式进行轨道预报的误差比较**

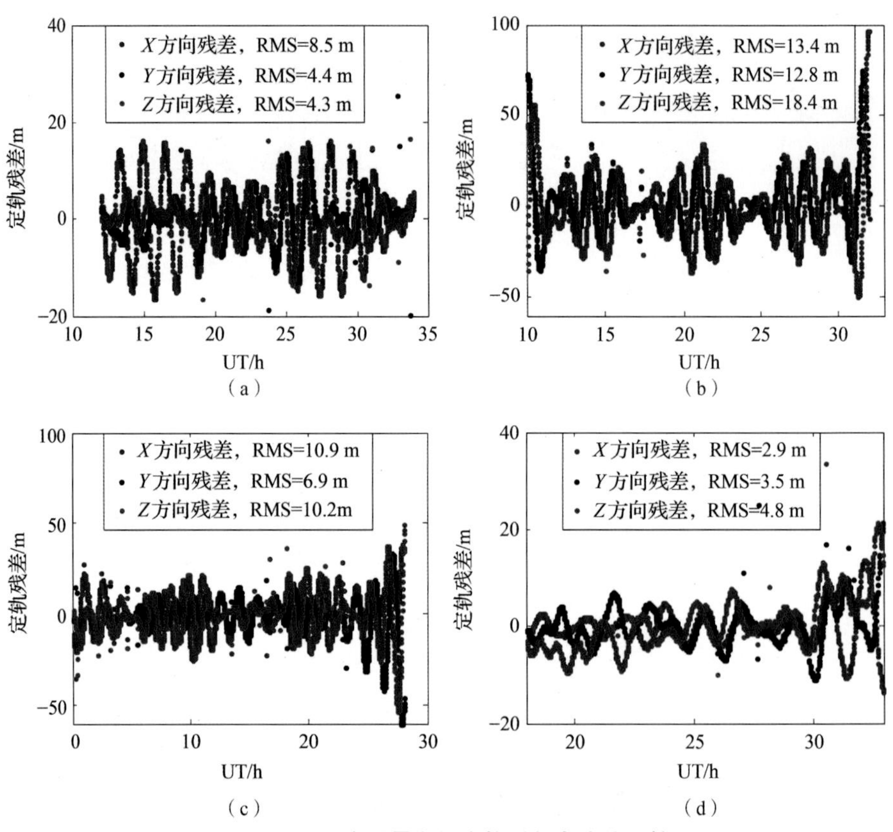


**图 6.24　四个磁暴期间定轨弧段内残差比较**

（a）2002 年 4 月 17—18 日；（b）2003 年 10 月 29—30 日；

（c）2004 年 7 月 25—26 日；（d）2004 年 11 月 7—8 日